개념의 구조로서 건축 Ⅱ

건축과 도시의 상호작용

Understanding Contempory Architectural Designs and Cities

개념의 구조로서 건축 Ⅱ

건축과 도시의 상호작용

글 장정제
사진 박성현

우리가 얻고자 하는 세계는 매우 견고한 토대이며 그것으로부터 자유롭고 창조적인 무대를 펼치는 것입니다. 우리 자신에게 가장 훌륭한 건축적 토대는 과거와 전혀 다른 새로운 것이 아닙니다. 우리는 이제 새로운 토대가 어떻게 이루어지고 어떻게 질서를 구축하고 있는가를 확인해야만 합니다.

경복궁 근정전 앞마당

개념의 구조로서 건축 II

건축과 도시의 상호작용

우리는 언제나 짜여진 틀과 질서를 통하여 세계를 바라봅니다. 건축 역시 디자인의 질서와 시각적 틀을 지니고 있습니다. 그 시각을 구축하는 것은 절대적인 것이 아니라 스스로 창조해 내는 것입니다.

Understanding Contemporary Architectural Designs and Cities.

Jungjae Jang; Sunghyun Park

복궁 담장

개념의 구조로서의 건축 Ⅱ

Book 1. 창조적 사고와 디자인의 도전

1. 건축의 정체성

건축 = 건축물 + 건축하기 /30 건축을 가늠하기 /32 건축 architecture /34 건축으로부터 도시 /38 건축한다는 것 : 생산한다는 것 /40 채워짐과 비워짐 /42 큰것과 작은것 등.

2. 건축의 이론적 접근 : 다양한 사고의 근원

원리 /126 원인 그리고 사원인설 /128 범주 그리고 원리적 범주 / 130 해석과 의미의 범주/132 건축의 분야들 그리고 건축의 정의 /134 규정하기불가능한 건축의 내용 /136 건축연구의 역사 등

3. 형태의 발견

Metamorphosis... 신화적 기원/ 의미와 개념 / 변형/ Primitivism /174 그래픽 그리고 영화적 이미지 /176 변화와 변이의 자유로움 / 178 / 생명력 그리고 변화의 단계 / 180 Digital Software / 비물질성 등

4. 시각적 세계의 구축과 감각

본다는 것 /208 이미지, 시각적인 생산과 다이어그램 /210 시각적 세계의 질서와 변화 /212 시각적 세계의 이미지와 조절 /214 눈 /216 응시.공간.시각.이미지.변형 / 218 빛 /221 키클롭스 /224 시각의 힘 등

5. 건축의 경험. 행위 그리고 이벤트

6. 디자인으로서의 건축

청계천

5. 건축의 경험. 행위 그리고 이벤트

감각적 경험의 확대 : 다양한 주체와 주체의 관계 260 행위 act. action. behavior /262 복합체계, 복합성, 복수성 ......결합 /264 이벤트 Event /266 연쇄와 연속 /268 확장과 충진 /272 침투 /274 등

6. 디자인으로서의 건축

디자인 design /276 예술의 영역과 건축의 영역 /278 건축의 표현 경험 그리고 상대적 관계 /280 건축과 사회제도 /282 건축가의 창조적 작업 /284 창조적 작업의 프로세스 /286 건축의 창조와 삶의 풍요 /288 창조와 건축적 생산의 의미와 차이 /290 표준화 등

개념의 구조로서의 건축 II

Book 2 건축과 도시의 상호작용

머리말
찾아보기

1. 건축 ...... 상호작용에 의한 구축
   상호작용 /24
   변화와 역동성 /27
   도시 통로의 네트워크와 그물들 /29
   통로의 확장과 영역 그리고 지역 또 거주지 /30
   통로와 거주지의 변형 : 소비구조 그리고 호텔 /32
   흐름 Flow /34
   흐름의 존재와 가치 /36
   작용 혹은 효과 /38
   건축적 반작용 /40
   상호작용과 상호작용성 /42
   상호공통성.상호변화.시너지 /44
   상호작용=울림=반향=공명=조화 /46
   상호교차와 연관 /48
   유연성.가변성.변동가능성... /50
   섬.고립지.제한된 인터페이스 /52
   새로운 시간과 공간의 무대 /54
   삶-일-휴식 /55
   도시의 유랑자.퀴담 그리고 집없는 사람들 /56

2. 건축의 ... 곳
   환경 Environment.Situation.Ground. /58
   형상과 배경 /60
   얼룩.흔적.랜드스케이프 ... /62

공간 space /66
다중적 공간 multispace /71
새로운 공간 Newspace /73
시간 time /74
시공 Spacetime /78
영토.토지.지역 ... Territory/80
곳.장소.처 ... Place /82
장소를 한정하는 거리와 영역 /84
비장소.장소없음... Noplace /86
새로운 자연 New Naturalism /88

3.장소들 가운데 특별한 장소 ... 도시
Seoul /93
다층적 도시 multicity /94
다중심적 도시 /98
폴리스 Polis /103
메타폴리스. 메트로폴리스. 멀티시티 /104
텔레폴리스 Telepolis /108
조합적 도시 Patchwork city /110
E-city. Hy-periphery /114
선형도시 Linearcity /116
도시의 주변부. 경계. 교회. Rurburbia /118
Rurban = Rural + Urban /120
환경 그리고 영역의 체계화와 조직 Grids /124
보이지 않는 구조 Matrix /126
새로운 현존 : 유비쿼터스 Ubiquitous /128
유블리쿼티 Ubliquity /130
Digital Normad(ism) /134

4. 건축 그리고 인간 그리고 문화
건축에 관한 질문 그리고 인간 /136
건축철학 그리고 주체 /138
건축의 사고로부터 철학으로 /140
건축문화 /142
우리시대의 건축문화 그리고 문명 /148
진보.혁신.발전 혹은 진화 /150
건축가의 역량과 건축디자인 /152
우리시대 건축교육이 얻은 것과 잃어버린 것 /154
건축가의 사고와 건축디자인의 개념 /156
우리시대의 건축교육 그리고 문화의 이해 /158
우리시대 건축문화의 이해 /162

5. 건축을 배우는 과정 : 우리시대의 건축교육
5년제 교과과정과 자격 /164
수행평가기준 /166
수행평가기준의 체계와 건축교육의 단계 /172
건축을 배운다는 것 /174
건축의 교과목 /176

6. 건축을 연구하는 이야기 그리고 건축을 건축으로 성립시키는 이야기
건축이야기 /192
건축은 관계의 구조입니다. /196
건축과 학문 /200
건축의 표현과 의미 ... 그 언어들 /202
표현과 의미의 언어들 : 정보 그리고 의사소통과 대중화 /204
건축과 기술의 기록들 : 건축이야기 /206
다양한 건축 이야기 ... 건축의 테마들 /208
우리시대의 건축적 태마의 다양성 /210
우리시대의 건축 ... 포스트모더니즘 /212
우리시대의 건축 Contemporary Architecture /214
우리시대 건축의 역사 Contemporary Architectural History /216
우리시대의 도시 /218

한강 둔치 영화대교 인근

7. 커뮤니케이션과 언어 그리고 기호학
건축개념의 이해로부터 /220
건축의 커뮤니케이션 /222
건축의 커뮤니케이션의 배경과 체계 /223
커뮤니케이션과 건축적 사고 /226
건축적 개념과 정보의 단계적 구조 /228
언어와 사물 그리고 주체의 관계에서 생겨나는 의미 /231
언어의 체계가 만들어 준 새로운 세계의 창조 /233
모든 것의 질서를 세계우기 = 개념과 언어 /234
이미지의 숲을 이루는 건축의 창조와 장(場) /236
기호의 구성원리 /238

통사론. 의미론. 화용론 /240
건축에 있어서 기호학적 해석과 분석의 적용 /242
건축 기호학의 본질적 내용과 기능 /246
건축의미론. 내포와 외시 /249
소쉬르의 언어학. 언어의 작동과 건축언어 /250
언어의 학습과 건축언어의 통제 그리고 통사구조 /252
건축언어의 문법과 구조 /254

8. 건축을 구체화하는 여러 가지 범주
양식 style /258
이즘 or 주의 Ism /260
패러다임 Paradigm /262
우리시대의 패러다임 /266
패러다임 1 현상학 /267
패러다임 2 숭고함 /268
패러다임 3 언어학 /270
패러다임 4 막시즘 + 5 페미니즘 /272
현대 건축의 테마들 /274
테마 1 역사주의 /274
테마 2 의미 /275
테마 3 장소 /276
테마 4 도시이론 /278
테마 5 정치적 윤리적 계획 /282
테마 6 신체 /283
유형 Type /284
장르 Genre /286
규범 Canon /287
형식 Form /288
내용과 형식 그리고 구조 /290
새로운 도전 : 구조주의,탈구조, 그리고 구조의 변화 /294

참고문헌
저자소개

개념의 구조로서의 건축 III

Book 3. 아름다운 건축. 창조와 디자인으로서의 건축

경희루

머리말

우리는 지금 새로운 세기에 살고 있습니다. 매우 빠르게 변화하는 세계 속에서 숨 돌릴 틈도 없이 새로운 문화와 사건들에 휩싸여 있습니다. 종종 전혀 알지 못하는 것들과 부닥치기도 하고 놀라운 광경에 신기함을 느끼기도 합니다. 그렇게 되면서, 지나간 모든 문화는 구식의 낡은 것으로 치부되고 새로운 것만이 훌륭한 것으로 여겨지는 시간에 살고 있습니다. 우리시대의 건축은 과거의 범위 밖으로 끊임없이 확장하고 수 많은 가능성을 창조하고 있습니다. 건축을 처음 접하는 학생, 일반인 그리고 건축과 관련된 분야의 종사자, 예술과 디자인 분야의 종사자 모두가 우리 시대의 변화를 함께 겪고 있습니다. 그러므로 이 시기에 새로운 건축을 바라보고 이 시대를 생각해 본다는 것은 매우 의미 있다고 하겠습니다. 이 시대는 바로 지금에 와서 매우 확고한 새로운 개념들을 요구하는지도 모르겠습니다. 우리 주변에서 새로운 생겨나는 많은 사전들, 새로운 언어들, 기호들 그리고 표현의 방식들, 나아가 여러 사회문화적인 사건들이 보여주는 것은 아직 아무 것도 정립된 것은 없다는 것을 이야기하고 있습니다. 그 모든 것이 개념을 통하여 확립된 결과입니다. 그것은 궁극적으로 자유로운 건축을 향한 첫걸음입니다. 그리고 자유로운 인간 존재의 실현입니다. 따라서 개념은 필연적으로 인간과 인간의 삶 그리고 인간의 이해를 수반합니다. 개념을 통하여 건축은 새로운 창조를 할 수 있었으며 우리 주변의 놀라운 건축물을 창조하고 인간의 삶을 풍부하게 해 주었습니다. 건축을 개념적으로 바라볼 수 있게 된 것은 건축을 통하여 인간 자신이 발전하게 된 계기를 만들어 주었습니다. 어떠한 구조를 정립하고 체계를 제시하는 것은 아닙니다. 개념이 형성해 놓은 건축의 규모와 범위를 가늠하기 위한 것입니다. 그러한 많은 의미의 테마들이 건축을 더욱 풍요롭게 만들고 있다는 것을 확인하게 될 것입니다. 건축은 거대한 이야기로 이루어진 세계입니다. 이 책의 이야기는 많은 건축이론가들로부터 도움을 받은 것입니다. 많은 부분 원전의 내용을 이 책에 맞도록 요약하고 정리하여 올바르게 옮기고자 하였습니다. 부족하거나 더 깊고 폭넓은 이야기를 이해하고 싶다면 참고문헌의 도서들을 읽어보는 것이 바람직합니다. 참고문헌의 책들은 여러분들이 생각의 범위를 넓히는데 도움을 줄 것이기 때문입니다. 그 책들이 무슨 이야기를 하고 있으며 무엇을 목적으로 하는가를 판단할 수 있기를 바랍니다.

이 책은 「자유로운 건축 개념의 구조로서의 건축」(시공문화사. 2007)의 다음 이야기라고 할 수 있습니다. 이 책은 다양한 테마를 소개하고 개념들이 얼마나 많은 건축적 사고를 발전시켜 왔는가를 보여주게 될 것입니다. 여러분이 건축으로부터 많은 이야기에 관심을 기울이게 되고 스스로 개념에 가까이 갈 수 있기를 바랍니다. 소개되는 다양한 테마들은 건축에 있어서 흥미로운 논의의 주제들입니다. 그리고 그 주제들이 건축 개념의 접근을 넘어서 건축을 통한 창조적인 사고에 다가갈 수 있도록 해 줄 것입니다. 그리고 그 모든 것을 견고하게 연결시켜줄 끈이 될 것입니다. 그것으로 여러분은 전혀 다른 사고에 닿을 수 있습니다. 이 책이 바라는 또 다른 목적은 폭넓은 사고에 있습니다. 현대건축을 구성하는 사고에 접하고자 하는 것입니다. 자유롭고 풍부한 사고이며 그 결과로서 나타나는 건축적 양상을 건축 사고로서 제시하고자 하는 것입니다. 나의 바램은 여러분이 현대 건축의 거대한 정보와 체계가 낳게 된 질적인 전환을 깨닫는 것입니다. 또 풍부한 가치를 대변하는 이론들이 현대 건축의 사고에 누적되어 있음을 확인하는 것입니다. 이 책은 훌륭한 건축의 선험자들이 제시한 사고로부터 많은 도움을 받았습니다. 일단 우리 시대의 건축이 직면한 상태와 갈증을 해소하기 위하여 우리 주변에서 일어나는 다양한 테마들을 쉽게 접근하고 소개하기 위한 책입니다. 더 넓게는 이후에 확대되고 심화될 주제에 앞서 적합한 논의가 될 수 있도록 구상하였습니다. 이 책에서 소개하듯이 우리는 모두가 훌륭한 건축가이고 감상자이고 비평가이며 사용자일 수 있습니다. 이 책의 많은 이미지를 함께 구상하고 준비해준 나의 사랑 박서영에게 감사합니다. 이 책의 이미지 혹은 사진 가운데 눈 표시가 되어있는 이미지는 박서영님이 직접 작업한 것임을 미리 밝힙니다. 그리고 아들에게 힘이 되어주신 아버지 어머니 동생 유진에게도 감사합니다.

장 정 제

찾아보기

찾아보기는 이 책을 직선적인 서술의 연속 이상으로 확장 될 수 있음을 보여줍니다. 동일한 의미가 다양한 페이지에 나타나고 모든 내용들이 거대한 그물망을 구성하고 있다는 것을 확인시켜줍니다. 우리는 인덱스를 통하여 이 전체 글을 꿰고 있는 의미들의 연결 고리를 제시합니다. 이 책에는 아주 많은 내용들이 서로 하나로 묶여 있습니다. 그리고 그 모두가 책 내에 다양한 층위와 의미의 복합성을 확인시켜줍니다. 모든 책은 나름의 차례를 가지고 있습니다. 표지, 머릿글, 목차, 본문, 찾아보기, 참고문헌. 그리고 본문은 제시된 차례대로 서술됩니다. 이러한 형식은 텍스트의 구조이고 글이 갖는 의미, 책이 갖는 의미, 그리고 다양한 가능성을 고정시켜 놓은 것입니다. 찾아보기는 그러므로 이 책이 가지고 있는 내적 구조를 확장시켜줍니다. 여러분은 하나 하나 새로운 내용을 확인하면서 새로운 의미와 새로운 사고의 길을 찾을 수 있습니다.

archimusic 79
bit 121
cad 176
canon 287
contemporary 214
digital nomad 135
e-city 114
environment 58
figure-background 58
flexibility 50
flow 34
form 288
genre 286
grid 122
grund 59
homeless 57
hyperiphery 114
hyperplace 106
island 52
linear city 116
matrix 124
metapolis 105
metropolis 105
milieu 58
multicity 94
multispace 70
nomad 134
noplace 86
patchwork city 110
periphery 115
place 82
polis 102
quidam 56
reaction 40
rurban 120
rurburbia 118

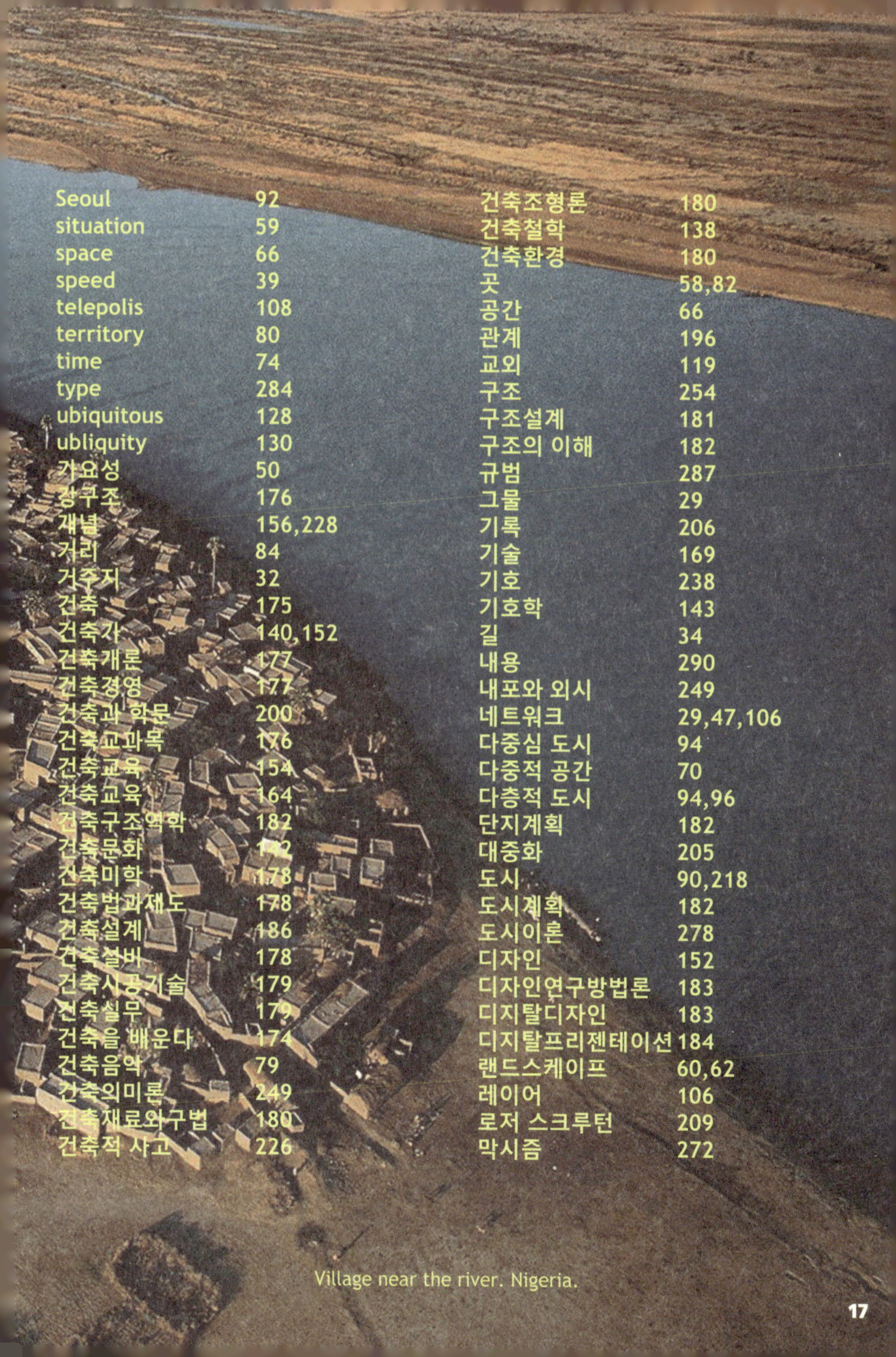

Seoul 92
situation 59
space 66
speed 39
telepolis 108
territory 80
time 74
type 284
ubiquitous 128
ubliquity 130
가요성 50
강구조 176
개념 156,228
거리 84
거주지 32
건축 175
건축가 140,152
건축개론 177
건축경영 177
건축과 학문 200
건축교과목 176
건축교육 154
건축교육 164
건축구조역학 182
건축문화 142
건축미학 178
건축법과제도 178
건축설계 186
건축설비 178
건축시공기술 179
건축실무 179
건축을 배운다 174
건축음악 79
건축의미론 249
건축재료와구법 180
건축적 사고 226
건축조형론 180
건축철학 138
건축환경 180
곳 58,82
공간 66
관계 196
교외 119
구조 254
구조설계 181
구조의 이해 182
규범 287
그물 29
기록 206
기술 169
기호 238
기호학 143
길 34
내용 290
내포와 외시 249
네트워크 29,47,106
다중심 도시 94
다중적 공간 70
다층적 도시 94,96
단지계획 182
대중화 205
도시 90,218
도시계획 182
도시이론 278
디자인 152
디자인연구방법론 183
디지탈디자인 183
디지탈프리젠테이션 184
랜드스케이프 60,62
레이어 106
로저 스크루턴 209
막시즘 272

Village near the river. Nigeria.

매개체 200
멀티시티 105
메타폴리스 105
메트로폴리스 105
무대 54
문명 148
문법 254
문화 136
문화 146
문화적맥락 167
반작용 40
발전 150
방랑자 56
범주 258
본타 245
부랑자 57
브로드벤트 245
블랙홀 24
비어드 245
비장소 86
비트루비우스 206
사고 156
삶 55
상호교차 48
상호변화 44
상호작용 24,42
상호작용성 43
생산성 251
서양건축사 185
선형도시 116
설계 168
섬 52
성호공통성 44
세계건축사 185
소비구조 32
소쉬르 250
속도 39
수행평가기준 166,172
수형도 252
숭고함 268
숲 229
스텐리 크롬비 208
시간 54,74
시공간 76
시너지 45
시원론 217
신체 283
실내건축계획 185
실무 170
아방가르드 158
아카데미 160
야콥슨 246
양식 258
어트랙터 27
언어 202
언어학 250,270
얼룩 62
에너지 24
역량 152
역사주의 274
연관 48
영토 80

Temple d'Abou-Simbel. Egypt . (National Geographic)

예술 197
유블리쿼티 130
유비워터스 128
유연성 50
유클리드 60
유형 284
의미 275
의미론 240
의사소통 204
이동 27
이산조합체계 251
이전 27
이즘 260
인간 136
일 55
임의성 250
자연 88
작용 38
장 236
장르 286
장소 31,82,276
장소없음 86
장소의 한정 84
점거 62
정보 204
정보 234
정치와 윤리 282
젱크스 245
조합적 도시 110
주체 138
진보 149
진화151
질서 234
창조 236
철근콘크리트구조학 188
친환경건축 190
커뮤니케이션 108
커뮤니케이션 167
커뮤니케이션 "220,222"
컨테이너 50
컨텍스트 84
컨텍스트 162
쿼담 56
크람펜 245
탈영토 108
테마 208
텍토닉 60
토지 80
통로 24
통로 29
통로의 확장 30
통사구조 252
통사론 240
패러다임 262
페미니즘 272
포스트모더니즘 212
폴리스 102
표현과 의미 202
플랙탈 60
하이퍼플레이스 106
학습 252
한국건축사 189

혁신 150
현대건축 189
현대건축론 190
현상학 267
형상과 배경 58
형식 288
호텔 32
화용론 240
환경 122
효과 38
휴식 55
흐름 27
흐름 34
흔적 62

Egypt. Spinx.

무엇보다고 중요한 것은 건축을 배우고 작업하고 경험하는 일이 즐겁고 행복한 일이며 그것으로부터 다른 모든 삶의 관계가 자유롭고 편안해야만 한다는 것입니다. 건축은 그러므로 가장 부드럽고 자유로우며 진실한 것이어야만 합니다. 그래야만 건축은 훌륭한 힘을 발휘할 수 있습니다.

건축은 그 나름의 모습을 지니고 있으며 그 모습은 항상 변화합니다. 스스로 성장하고 발전하고 진화합니다. 건축물은 본질적으로 자연과는 다른 인공물임에 틀림이 없습니다. 그러나 일단 그 모습을 드러내는 순간부터 거의 모든 존재하는 것과 상호작용하고 의미와 내용을 생산합니다. 그러므로 건축이 장소가 될 수 있고 환경에 수용될 수 있습니다. 이름없는 건축가의 도시와 건축은 우리들 삶의 배경이 되었습니다.

Valle de Aezkoa. Navarre. Spain

새로운 건축 활기찬 도시

Interaction - Corelation

1. 건축 …… 상호작용에 의한 구축

우리가 지금까지 이해하고 가치 있다고 보아온 건축은 살아 있는 건축입니다. 그러한 살아 있음 그리고 생명체와 같이 진화하고 변화하고 발전하며 어떠한 관계를 맺는 건축은 무엇입니까

?

상호작용

도시와 유기적인 대상들은 비정형적인 에너지를 축적합니다. 그 다양한 중심 핵들을 별처럼 여길 수 있습니다. 그들은 주변환경의 에너지를 흡수하고 확장되어 갑니다. 그리고 어떠한 반작용들의 연쇄들을 생산하고 그 환경에 그들의 에너지와 상태를 강요합니다. 그러한 요소들은 블랙홀이라고 부를 수 있으며 그들의 기반구조와 장소적인 특성에 의하여 강력한 잠재성을 얻게 됩니다. 주변의 모든 활동과 공간, 장소들은 그 핵으로 빨려 들어가게 됩니다. 블랙홀에서 도시의 거점적인 중심지는 가장 큰 흐름을 창조하는 지역을 부르는 것입니다. 실제로 그러한 거점은 비어있는 곳이고 또한 기능이 존재하는 곳이며 장소입니다. 그러나 무엇보다도 그러한 가능성은 우리 자신이 닿을 수 있는 통로와 흐름 그리고 많은 사람들이 존재하는 곳이기 때문에 가능합니다. 그곳은 많은 것을 흡수하고 더 많은 것을 생산합니다. 우리는 그곳을 블랙 홀 black holes 이라고 부르곤 합니다. 그 모든 것은 바로 상호작용을 생산하기 때문입니다.

경복궁

건축이 가진 시간의 개념은 무엇입니까 그것은 거리의 개념이고 연속적인 장소와 공간 그리고 그 사이에 일어나는 상호작용의 개념입니다. 우리는 그 안에서 어떠한 지속적인 가능성의 관계를 만들어 냅니다. 그것은 바로 길을 형성합니다.

현대 도시의 길과 과거의 오래된 길은 무엇이 다르게 느껴집니까 그리고 교통의 흐름과 그 흐름이 낳는 건축적인 문제와 차이는 무엇입니까 우리는 시골의 한적하고 운치가 있는 길을 걸어본 적이 있습니까 우리는 다양한 접근이 가능하고 복잡하며 선택적이고 복잡한 현대의 길 위에 서 있습니다. 우리는 그 길 위에서 어느 곳인가 방향을 잡아야 하고 그 길 끝에 새로운 목적지를 발견 할 수 있게 됩니다.

인사동

OO도 OO시 OO구 OO동.

OO로. O가. OOO번지. OO길 …

우리가 강제로 지명을 부여한 도시의 지역은 통제와 관리를 위한 것입니다. 그것은 과거와 역사를 가지고 있고 다행하게도 주요 도로와 가로 즉 통로를 기준으로 분할되었습니다. 이 통로는 그 여러 지역을 묶고 있는 거대한 혈관입니다. 이곳을 통하여 모든 흐름이 가능하고 그 덕분에 흐름이 유지되는 영역들 사이에 상호작용이 일어날 수 있게 됩니다. 우리 도시는 높은 고층건물과 화려한 네온사인은 이 통로를 통하여 숨을 쉬고 관계를 마련하고 행위와 이벤트의 가능성을 지니게 됩니다.

우리 도시는 그러한 길들로 묶여 있고 그 길로부터 시작되는 흐름과 상호작용의 무대입니다. 그러한 관계가 가능함으로써 도시는 기능합니다. 우리는 그 길을 따라 집에 가고 직장에 가고 학교에 마트에 서점에 주점에 갑니다. 길은 무대입니다.

우리가 서있는 이 도시에는 그리고 어떠한 장소에도 어떠한 공간에도 어느 곳이나 그러한 흐름의 관계가 존재합니다. 그리고 머물러 있는 곳은 셀 수 없이 많은 다양한 주체, 장소들 사이에 존재하는 심리적인 물리적인 거리와 공간적인 힘의 관계들 사이에 놓여 있습니다. 그러한 많은 힘들은 자연스러운 방향성을 만들고 어떠한 벡터들의 합을 만들어 냅니다. 그러므로 역학적인 관계의 장 field이 됩니다. 그것은 어떠한 다양한 변화와 균형 그리고 불확정적인 형태를 유도합니다. 그것으로부터 우리가 얻게 되는 안정된 한계가 한정적인 구축환경이 될 수 있습니다. 거의 모든 변화와 역동적 가능성은 고정되어 있지 않은 흐름과 고정적 관계 사이에서 일어나는 흔적입니다.

변화 역동성 그리고 어트랙터

흐름 변화 가능성 animation은 역동성의 개념이 바탕이 됩니다. 이동과 변화, 이전과 통과, 즉 animalism, animism, evolution, growth, actuation, vitality, virtuality 의 의미를 포함하고 있습니다. 혹은 유연성, 변형 가능한 구조물과 기하학을 의미하기도 합니다. 동시에 단계적인 변화의 양상과 과정을 의미합니다. 그 가운데 어트랙터 attractors는 유인하는 것이며 기준이 되는 시각적 중심입니다. 모든 임의적이고 역동적이며 변화하는 과정에서 안정화된 대상으로 정의 될 수 있는 것은 모두 어트랙터입니다. 시각적 형태적인 안정화 요소, 질서 유지의 임의적 요소, 형태 균형의 요소들, 혁신적인 유기적 형태의 과정을 암시하는 궤적, 모든 불규칙한 정보의 통일과 추상적인 형태와 결론을 일컫는 수도 있습니다.

이 도시의 비어있거나 혹은 통로만이 존재하는 곳 … 그곳이 우리가 보고 이해하고 있는 도시입니다. 이 도시는 바로 그 밖의 모습입니다.

광화문

우리도시의 형태는 건축구조물을 통하여 생겨난다고 볼 수 없습니다. 궁극적으로 그러한 형태와 외형을 가능하게 하는 비어있는 공간이 도시적 이미지를 창조하고 바라보고 작용할 수 있도록 합니다.

도시 통로의 네트워크와 그물들

건축에 있어서 움직임, 도시에서의 통로는 무엇을 의미합니까 우리 도시의 흐름을 통제하는 것은 무엇이고 가능하게 하는 것은 무엇입니까 그리고 건축은 어떻게 흐름을 통제합니까

?

통로란 무엇을 의미합니까 건축물과 통로는 상호의존적입니다. 모든 여정은 피난처shelter의 장소들로부터 시작되고 또 그곳으로 되돌아 옵니다 거의 모든 안식처는 단순한 곳이 아니라 마음의 휴식처이기도 합니다. 정상적으로는 건축물이겠지만 그리고 건축물이 사용되어진다면, 모든 건축물은 접근이 가능해야만 한다는 기본적인 요구를 충족해야 합니다. 통로는 정착의 유형에 영향을 미치게 됩니다. 그리고 건축물의 배치와 배열에 영향을 주고 확대되어 더 큰 영역에서 도시들, 중소도시, 촌락들에서 통로는 그 나름의 위계와 유형을 지니게 됩니다.다. 그 유형은 격자형, 선형, 방사형, 등이 있으며 이러한 유형은 방향의 실마리를 제공하고 지역의 형태와 특성을 제시합니다. 그리고 통로는 중요한 건축물과 공간들의 위치를 만들어냅니다. 사람들이 돌아다니는 것을 가능하게 하는 것은 물론이고 통로는 사람들이 상호 작용하도록 기회를 제공하고, 통로에 장소의 감각을 부여하는 사회적 상호작용을 위한 배경과 시작이 되므로 도시와 건축물의 디자인에 매우 중요한 요소가 될 수 있습니다.

동일한 경우가 건축물 내부에서도 적용됩니다. 통로는 질서의 감각과 기대되는 행위의 실마리를 제공하며 그 공간이 담아내는 유형을 생성합니다. 그러한 측면에서 출입구들, 즉 통로를 따라서 생기는 영역들은 특별히 중요한 것이 됩니다. 왜냐하면, 출입구들은 그들의 기본적인 기능으로서 출입을 제어하는 것에 뿐 아니라, 많은 종류의 행위들을 의례화합니다. 물론 많은 예에서 통로는 특별한 종류의 흐름을 배타적으로 유지하기도 합니다. 그것은 높은 속력으로 달리는 자동차들을 위한 고속도로, 철로, 그러한 통로를 지나가지 위한 인도교 그리고 수직적으로 분리된 교통체계가 그것입니다. 그러한 정교한 설비들은 장소의 감각과는 대조적으로 다양하게 기능합니다. 건축은 3차원적이며 가장 훌륭하고, 가장 완전하게, 역동적으로 즐길 수 있는 것이며 공간이고 배경입니다.

통로의 확장과 영역 그리고 지역 또 거주지

창 밖으로 보이는 통로는 나와 타인을 하나로 묶는 곳이고 그 경계를 이루는 창은 나 자신을 그들과 분리시킵니다. 이 처럼 통로는 경계를 형성하는 수많은 구조물들에 의하여 세분화되고 단계를 지닙니다.

통로는 이동을 위한 여백이며 사람들과 생산물들을 위한 공간입니다. 거주지는 인간의 뿌리를 내리고 그들 자신과 그들의 삶을 위한 피난처로 사용하기 위한 구조체를 만들어 놓은 곳을 말합니다. 사람들은 이동을 하면서 부를 생산하고, 문화를 생산하고, 장소들간에 교류를 가능하게 합니다. 그러나 그러한 이동은 또한 거주지를 붕괴시킵니다. 이동하는 사람들과 그들 거주지로서 이웃, 읍내 그리고 도시에 남아있는 사람들 사이의 긴장은 거주지 그 자체만큼 오래된 것입니다. 통로는 영속적인 거주지보다 시간적으로 앞서 있으며 더 오래 남겨질 것입니다. 초기의 인간 사회는 피난처로 자연적인 특성들을 이용하면서, 자연의 경관 속으로 흩어져 들어갔습니다. 많은 사회집단들은 유목적인 생활을 유지했습니다. 대지를 따라서 혹은 정신 속으로 자국을 남기면서 신화와 여행자의 무용담과 같은 그들의 표식도 남겼습니다. 브루스 챗윈 Bruce Chatwin은 「송라인 The Songlines (1987)」에서 호주 조상 신화의 역할을, 통로와 방향을 제시하는 지도로서, 명확하게 기술하였습니다. 정착한 사람들은 공통적으로 생존과 유목민으로서의 임시 정착지에 위협을 느꼈습니다. 그 사회를 위한 거대한 복합적인 정착지를 만들어 놓았던 많은 현대의 사회들은, 지역의 원주민 사회들로부터 살아남은 생존자로서이든지 혹은 유럽의 여행자들과 같던지 간에, 여전히 함께 영역을 공유합니다. 한 사회의 통로와 정착의 패턴은 공통적으로 다른 사회의 통로와 정착과 층을 이루며 형성됩니다. 그리고 한 집단과 또 다른 집단은 서로 다른 통로와 정착의 층을 구성합니다. 이것은 거의 사회 안에서 존재합니다. 현대 도시들의 교외로부터 도심 업무지구 central business district로 통근하는 사람들은, 아마도 그들의 이웃을 거의 떠나지 않은 가족들의 거주지들을, 열차의 창문을 통해 들여다 볼 수 있을 것입니다. 삶의 유형들이 공간적으로 한정되어 있는 어떤 사람들은 아마도 가난, 무능력, 이동 수단의 접근 부족 혹은 인종적 불평등 등의 결과로서 그와 같은 상황에 있게 된 것입니다. 많은 사람들은 도시 속의 촌락 village in the city (Taylor 1973)의 한정된 라이프스타일을 선호하게 되며 그것이 당연한 것으로 받아들입니다.

우리가 정착하는 장소를 규정하고 삶을 유지하는데 통로는 어떠한 역할을 하였습니까 흐름이 불가능하고 접근이 불가능한 거주지는 존재할 수 없습니다 그리고 우리들의 삶은 끊임없는 이동과 흐름의 가능성으로부터 영역과 행위를 창조합니다.

통로는 정착에 있어서 본래부터 타고난 것입니다. 그 정착은 사람들과 물건들의 순환을 위하여 그리고 순환에 의하여 만들어진 것이라고 할 수 있습니다. 정주지가 발전함에 따라서 도시 city, 소도시 town, 촌락 village의 사회적 원동력과 그 지역들의 내적 그리고 외적 관계 사이에는 복잡한 두 가지 방향의 상호작용이 있어 왔습니다. 그리고 이러한 관계들의 물리적인 차원을 표현하는 것이 통로로서 나타났고 그 안에서 더욱 강화되고 분화되었습니다. 많은 유럽의 로마시대의 길과 선사시대의 이동로와 같은 어떤 통로는 인간의 역사를 통하여 매우 특별하게 지속되어 왔습니다. 정주 장소의 결정과 내적인 배치는 수세기 동안 이러한 통로의 영향에 의하여 유형을 갖게 되었습니다. 또 다른 곳은 경제적 기술적인 변화에 의하여 변화되기도 하였습니다. 새로운 운송수단의 필요와 산업혁명의 가능성은 운하와 철도를 생산하였습니다. 자동차는 전세계적으로 소통하고 이동하고 경험하게 만들었습니다. 20세기 후반에 이르러 공항을 낳고, 고속도로를 낳고 전기통신 선로를 낳았습니다. 이제 우리는 거의 모든 곳에 가볼 수 있고 구경할 수 있으며 모든 사람들과 이야기하고 소식을 전할 수 있게 되었습니다. 이제 지구상의 대부분에 물리적이나 의미적으로 통로가 구축되었습니다. 새로운 장소들과 정착의 형태를 위한 이러한 원동력이 되는 가능성들이 이제 막 만들어진 것입니다. 그러한 대립적인 배경에서 교외 surburbia의 개념은 특별히 20세기에 만들어진 유형입니다. 이 유형은 자동차라는 것을 빌어서 생성된 개인적인 운송수단의 확대와 깊이 연관되어 있습니다. 거의 모든 통로의 형식은 과거의 기억과 사건들을 기록하고 사실로 구축합니다. 그리고 미래를 구조화하는 것을 돕고 있으며 가능성을 제시합니다. 새로운 통로는 어떠한 장소에 있어서 경제적인 문제에서 위협이 되기도 합니다. 수많은 통로를 구축하고 경제적 정치적 우선권을 얻고자 하는 이유는 바로 그러한 탓입니다.

통로와 거주지의 변형 : 소비구조 그리고 호텔

1960년대까지 호텔은 두 명확한 대립적인 상태 즉 효율성(경제성)과 화려함 사이에서 정도를 달리하면서 발전해왔습니다. 그것은 여전히 하나로 통합되거나 중재될 수 없는 개념이기도 합니다. 다른 모든 건축물과 마찬가지로 호텔은 어떠한 필요성과 기대를 지니고 있었습니다. 20세기의 특성에 따라 귀족 중심적 소비주의를 거대한 대중 소비사회로 이끌어 가려는 시도는 효율성과 화려함의 통합을 점진적으로 발전시켜왔습니다. 그것은 미국의 호텔 체인에서 커다란 성과를 거두었습니다. 그것은 어떠한 키취적인 서비스와 장식을 낳았고 가식적인 수사학적 표현들을 낳았습니다. 오늘날 새로운 호텔사업의 전망의 양상은 기본적인 기능성의 효과적인 수행을 넘어서 상업성과 다양한 문화 유흥산업의 결합을 가져왔습니다. 또한 그 역할에 따라서 많은 분화가 이루어졌습니다. 그러한 가운데 어떠한 세계화적 확장은 호텔을 테마호텔로서 변화시키는 계기를 만들었습니다. 그것은 과거와는 다른 건축적 생산이고 치장이며 장식을 낳았습니다. 프로그램과 행위의 복잡한 구조가 오늘날의 호텔을 점점 더 확장시키고 변화시키고 있습니다. 호텔은 오늘날 쇼핑몰의 조직화에 있어서 외적으로 복층화 되고 있습니다. 그리고 도시 변두리와 프로그램적으로 비결정적인 공원시설들에 의하여 호텔을 자극 받습니다. 오늘날 호텔에서 커뮤니케이션의 밀접한 네트워크 속에서 길을 잃는 것도 생겨났으며 많은 사람들과 기능들이 서로 다른 방식으로 직접적으로 연관되고 만남을 얻고 있습니다. 새로운 기술은 시스템적으로 오래된 공간과 새로운 공간을 연관시키고 이들간의 관계를 설정함으로써 변화를 주도하고 있습니다. 무엇보다도 우리가 잃어버린 호텔의 형상과 행위들은 통제할 수 없이 사라진 것이 아니라 거대한 에스컬레이터와 엘리베이터에 의하여 새롭게 변모한 것이라고 할 수 있습니다. 그것은 새로운 사용자의 새로운 요구에 의한 변화입니다.

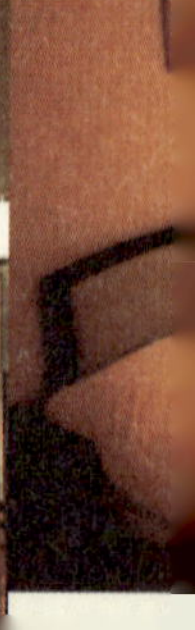

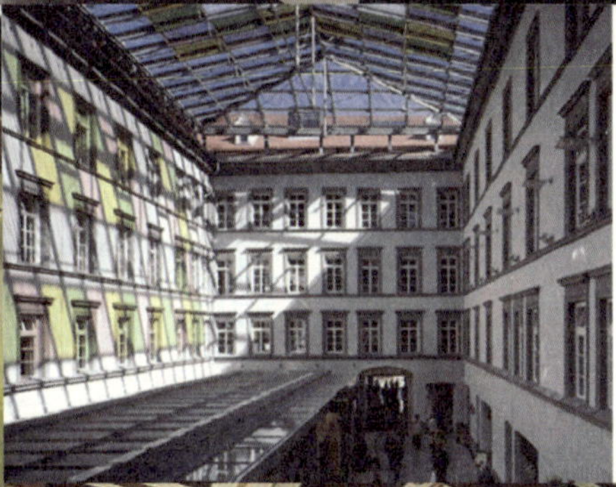

흐름 Flow

비어있음-연속-길-골목

우리시대의 흐름은 어떠한 관계를 구축하고 유지시키는 것입니다.

그리고 끊임없는 변화이고 움직임을 의미합니다.

.그것은 동선이기도 하고 순환이기도 하며 그 자체로 남겨진 물리적 의미적 심리적 가능성이다 통로이기도 합니다.

.피라네지의 에칭 판화에서와 같이 동시대 건축물이 가지고 있는 환경은 불확정적인 경계들의 무한한 내부공간으로 이해되고 있습니다.

이러한 내부공간에서 거주자는 어떠한 흐름의 형식에서 존재하고 동선 순환체계를 형성합니다.

이러한 상황에서 거리의 기반구조는 질서를 형성하는 중요한 역할을 하게 됩니다.

그렇게 생겨난 질서는 형태적인 질서를 갖기 보다는 오히려 추상적인 정보의 단위들에 근거합니다.

즉 어떠한 도로들은 어떠한 지형학적인 변수에 상관없이 목적지에 도달합니다

그것은 일련의 비연속적인 메시지를 따라서 진행해 가변서 가능해 집니다.

그것은 영역의 연속적인 결합에 있어서 비물질적인 속성을 지니고 있습니다.

흐름은 사실상 다중적인 일련의 연속적 의식과 방향성을 가지고 있습니다. 이러한 다중적 가능성의 수용 가능한 정보가 구조화되는 것이며, 어떠한 경우에 잠재적인 규칙을 만들어 냅니다.

그러한 양상은 우리 도시에서 어디서나 발견할 수 있습니다. 그리고 그 양상은 논리적으로 제공되는 중요한 기준의 시스템으로서 흐름에 단서를 제공합니다. 그것은 사실 직관적인 상태의 판단에 의하여 어떠한 대상과 영역적인 구조 그리고 철학적, 정치적, 문화적 가치를 대변해 줍니다. 그러한 양상을 보여주는 어떠한 배열들은 모두 순간적으로 형성되지만, 지속적인 시간성을 지닙니다. 이 모든 연쇄적 의미의 결합, 사건의 증가, 이벤트의 성장, 물리적 실체의 상호작용은 하나의 흐름이며 가능성입니다. 우리는 그것을 흐름 flow라고 부를 수 있습니다.

서로 다른 길들은 어떠한 모습과 기능을 하고 있습니까

우리가 지나치는 이 도시의 공간은 무엇입니까 비어있는 통로의 흐름이 거대한 도시의 혈관처럼 흩어져 있습니다. 우리가 점유할 수 있는 곳은 그 통로가 닿는 곳이며 통로의 연장입니다. 그리고 더 큰 통로이고 머물 수 있는 느린 통로입니다.

이 도시에서 우리가 할 수 있는 행위는 무엇입니까
우리가 도시에서 얻는 행복과 가치는 무엇입니까

흐름의 존재와 가치

우리가 통로로 이야기 할 수 있는 것은 다양한 흐름이 존재하기 때문입니다. 그리고 그 흐름이 상호작용을 가능하게 합니다. 고정되거나 가능성을 지니지 못한 공간에서는 이벤트의 가능성을 지닐 수 없습니다. 그러나 흐름 자체만을 위한 공간은 오히려 상호작용을 불가능하게 하고 공간을 무가치하게 만들기도 합니다.

새로운 길들이 생겨났습니다. 수많은 통로가 생겨나고 그 통로들은 나름의 속도와 흐름의 방식을 가지고 있습니다. 그 흐름은 근본적으로 존재적 차원의 차이를 보여줍니다. 흐름의 방향, 속도, 폭, 가능성, 행위의 범위, 다양성, 그리고 무엇보다고 그 곳에서 우리자신이 무엇을 얻는가의 범위와 가능성이 확연하게 다릅니다. 우리 도시를 채우고 있는 이 흐름의 통로는 궁극적인 도시의 본질을 규정하게 됩니다. 어느 것이 훌륭한 것입니까?

반적인 통로들은 다수 공간의 상호작용을 가능하게 하고 이벤트와 행위를 유도합니다.
리고 그 통로들은 나름의 형식과 여건에 의하여 다양한 가능성을 지닐 뿐 아니라 우리
과 소통합니다. 종종 특정한 통로들은 상호작용하기 보다는 그 속도와 형태로 인하여 공
적인 단절을 낳기도 하고 통합하기도 합니다. 통로는 거대한 비어있음의 흐름입니다.

물리적 실체로서 건축물 혹은 장소에서 일어나는 모든 이벤트는 상호작용에 의한 것이고 그것은 그 작용을 가능하게 하는 우리 자신의 행위로부터 시작되는 것입니다. 모든 죽어있는 물리적 실체가 작용하고 살아있게 하는 것은 바로 우리자신으로부터 시작되는 것입니다.

작용 혹은 효과 operation

그곳에서 일어나는 어떠한 작용을 의미하며 그것은 행태를 발생시키는 것을 목적으로 합니다. 그러나 어떠한 물리적인 변형의 의도를 지니고 있지 않습니다. 단지 그것은 장소의 일시적인 점유를 가능하게 하는 것이며 어떠한 층위를 현실화하는 목적이며 어떠한 행위들을 발전시키고자 하는 목적을 지니고 있습니다. 그러므로 효과적이라는 것은 어떠한 시스템이나 장치로서 작용하는 것으로 근본적인 가치를 지닌다는 것을 의미합니다. 또한 그 시스템 혹은 장치가 통합적인 진보적 발전을 이루어 낼 수 있으며 열린 논리적 진실에 근거하고 있습니다. 환경은 행위를 발생시킵니다. 그 행위는 매우 효과적인 작용을 의미합니다.

우리가 머물고 뛰고 쉬고 바라보고 경험하는 공간은 통제와 한정의 경계가 존재하지 않으며 강제적인 구조물이 부재한 곳입니다.

시청앞 광장

speed 속도— 빠르기— 반응의 정도 ……

오늘날 스피드는 모든 건축적 평가와 가능성의 판단 기준이며 현대 사회가 가지고 있는 새로운 삶의 방식을 규정하는 단위입니다. 시간의 단위는 더욱 견고하고 짧아지고 있으며 반복적이며 중첩되고 있습니다. 공간의 변화는 필연적으로 시간적인 간격을 변화시킵니다. 그것은 거리를 두고 그 사이의 이동의 시간을 측정하는 것 뿐 아니라 정보통신의 이동, 작업의 변환, 정보의 작성과 이전에 관한 무형적 공간의 시간 개념을 포함합니다. 도시민의 삶은 더 많은 시간적인 중첩과 단위로 인하여 지나치게 황폐화되고 있습니다. 스피드는 더욱 빠르고 더욱 복합적이고 더욱 가속도를 얻고자 합니다. 그러나 우리 모두는 각자 저마다의 체력과 호흡과 심장의 박동수를 지니고 있습니다. 스스로 달음질 할 수 있는 적절한 스피드와 한계를 지니고 있습니다. 그것이 저마다의 스피드이고 삶의 호흡일 수 있습니다. 우리 도시가 잃어버린 것은 바로 개개인의 나름의 삶과 호흡입니다. 디자인에의 집중. 도시적 집중이 거대한 곳. 도시의 내부적 한계에 있어서 혹은 그 외적인 경계에 있어서, 그 경계를 넘어서 어떠한 과도한 집중화가 존재하는 곳으로 도시적으로 언급된 환경 내에서 기존의 도시와 는 다른 집중화를 발견할 수 있을 때 우리는 고속화의 범위를 느낍니다. 우리는 어떠한 지점들에서 교통수단에 의한 시간적인 거리를 더욱 가속화하고 그 결과 더 넓은 지역을 한계 속에 넣을 수 있습니다. 그렇게 됨으로써 장소는 더욱 도시화되고 그들 사이에 거리는 더욱 좁혀지게 됩니다. 근접한 거리 사이의 경과와 거리는 오늘날 물리적인 거리와 공간을 뛰어넘고 도시가 가진 가능성과 영역을 확대시키는 것을 가능하게 합니다. 도시의 경계는 물리적인 한계를 지니고 있지 않으며 다만 시간적인 거리만이 존재합니다. 그리고 그 도시를 넘어서 개개인의 접근 가능한 공간적인 범위 역시 시간적인 접근성으로 경계 지어집니다. 오늘날 발전한 교통수단과 그 너머의 통신수단은 그 경계를 거의 허물고 말았습니다.

건축적 반작용

창 밖으로 보이는 통로는 나와 타인을 하나로 묶는 곳이고 그 경계를 이루는 창은 나 자신을 그들과 분리시킵니다. 이 처럼 통로는 경계를 형성하는 수많은 구조물들에 의하여 세분화되고 단계를 지닙니다.

공정적인 시각에서 반작용은 새로운 전체성을 발생시키는 둘 셋의 요소들의 통합이고 보충입니다. 이러한 현상은 근원적 요소들의 내적인 특성의 축소를 의미합니다. 그러나 이것은 하나의 손실로서 나타나는 것은 아닙니다. 그것은 오히려 진보를 풍부하게 하는 것입니다. 반작용과 활성화는 통합되어 이동을 가능하게 하고 용도, 기능, 이벤트, 스케일, 시나리오 사이에 존재하는 에너지와 관계를 전달하는 것입니다. 그 자체의 본성에 의하여 그것은 하나의 역동적인 프로세스, 진보적이고 발전적인 프로세스에 종속됩니다. 그러한 반작용을 중시하는 경향은 어떠한 반박들의 시나리오와 직면하게 되는데 그것은 모순들을 이해하고 반대 상황들을 수용하고 비평적이고 선택적인 정보의 축약을 받아들일 것을 요구합니다. 그것은 잠재적으로 발전적인 사고의 시작이며 변형의 과정으로 제시됩니다. 그것은 재구성을 생산합니다.

명확성, 정확성, 권위를 통하여 적절하게 기록하고 다시 프로그래밍함으로써 제한되지 않은 작용들을 통하여 제한된 방향으로의 전환이 가능해지는 것입니다. 새로운 관계와 새로운 통합은 예상하지 않았던 건축 작용을 재구성합니다. 그러므로 더 이상 형상적인 어휘로서 건축을 구성하는 것이 아니라 행태의 다이어그램적인 어휘들을 통하여 구성하는 것입니다. 그것은 어떠한 상호변화의 다이어그램입니다. 다시 말하자면, 역동적인 작용의 지도를 구성하는 어휘들을 통하여 구성하는 것입니다. 그렇기 때문에 실체를 재구성하고 재한정하고 변형시키며 재발생 시킵니다. 반작용을 중시하는 것은 하나의 실체를 변형시키고 재구성하고 선택하고 상호작용 시키기 위한 조화와 공명의 상태를 유도하는 것이고 문제화하는 것입니다. 총체적으로 보자면, 이러한 프로세스는 인식, 선택, 변형의 더욱 관계적이고 중요한 정보의 단위들을 생성하는 것입니다. 또한 실체를 실질적으로 혹은 가상적으로 또는 복합적으로 그리고 복수적으로 이전시킬 수 있는 궤적과 가능한 통로를 유도하기 위한 것입니다.

반작용과 활성화는 통합되어 이동을 가능하게 하고 용도, 기능, 이벤트, 스케일, 시나리오 사이에 존재하는 에너지와 관계를 전달하는 것입니다.

의도된 구축은 그리고 하나의 분명한 작용은 대상에 의한 반작용을 불러 옵니다.그것은 연속적인 상호작용의 시작이고 지속적인 변화와 발전의 근거가 됩니다.

Trahan Architects. Holy Rosary Catholic Church Complex. 2004.

상호작용 Interaction

하나에서 다른 하나로, 그리고 여럿으로 그리고 그 여럿으로부터 또 다른 여럿으로 일어나는 어떠한 변화와 정보의 전달은 새로운 의미와 관계를 만들어내는 근본적인 바탕이 됩니다. 우리는 그것을 상호작용으로 일컫습니다.

!

상호작용은 상호변화이며 상호관계를 만들어 냅니다. 상호작용은 어떠한 전달과 전이 그리고 변화되는 정보입니다. 그것은 서로 다르고 동시적인 에너지와 이벤트 그리고 장면들사이에 일어나는 것입니다. 상호작용은 두 개 시스템이 서로 다른 시스템에 부여하는 영향력입니다. 시스템은 진정한 오브젝트로 이해됩니다. 그리고 상호작용은 전체의 속성이라기 보다는 부분들의 외적인 속성의 합을 의미합니다. 상호작용은 서로 영향을 미치는 것과 같습니다. 살아있는 유기체는 그들의 환경과 상호작용합니다. 그리고 세가지 중요한 수준에서 상호변화 합니다. 그것은 사건, 에너지, 정보입니다. 이들 중 어느 한 측면에서 고립된다는 것은 치명적인 것입니다. 물리적으로 상호작용은 역사적으로 뛰어난 개념이었습니다. 그것은 다른 대상에 대하여 신체가 작용하는 것을 고려한 논의를 낳았습니다. 자연적이거나 인위적인 시스템에서 상호작용은 무엇이 개별적인 문제인가를 낳았습니다. 가치 있는 제안은 개개인은 부분들에 의하여 구성된 독립된 전체라는 것입니다. 그 부분들은 사실 서로 다른 요소들이 서로 의존적이라는 것입니다. 상호작용은 상호호혜적인 영향이며 서로 다른 개개인의 작용들입니다. 그러므로 공간적인 여건을 사회적인 이벤트로 전환시키는 그 무엇이 상호작용입니다. 상호작용은 상호 존재에 접근이 가능하고 주어진 상황이 발생할 수 있는 조건들을 중재하는 것입니다. 상호작용은 어떠한 법칙들을 받아들이고 커뮤니케이션을 중시함으로써 개방성을 확보할 수 있습니다.

상호작용성 Interactivity

만약 오브제가 생각되고 반작용하고 그들의 재료적 특성을 넘어서 작용한다면 공간과 장소는 그러한 요소와 상호작용하여야 합니다. 오브제는 사람들에게 사고되고 인식되며 고려되어야만 합니다. 그러한 오브제에 누군가 프로그램하고 어떠한 특성을 부여함으로써 모든 것이 서로 연관되기 시작하는 것입니다. 그리고 그렇게 부여된 것에 의하여 세계의 새로운 논리로 통합될 수 있습니다. 다가오는 시대에 컴퓨터화는 어떠한 모니터를 가진 기계장치들을 확대시킬 것입니다. 그 모니터는 물리적 세계의 모든 상태에 적용될 것이고 인류는 인간의 유전자 지도의 연구 이후에 자신들에 관하여 더 많은 것을 알게 될 것입니다. 그리고 나노칩의 발전은 인간의 신체로까지 적용될 것입니다. 물리적 세계에서 전통적인 환경과 기후적 상황은 디지털 방식에 의하여 매개됩니다. 그리고 그것은 전통적인 공간-시간의 관계를 사라지게 하고 새로운 관계를 설정했습니다. 그러므로 지성적 작용들이 우리의 주거, 건축물, 공공 스페이스, 도시에 적용되어야 합니다. 그것은 어떠한 오브제와 사람들이 서로 작용하는 공간을 창조하게 할 것이고 그러한 창조는 정확한 코드에 의하여 형성될 것입니다. 그리고 그러한 과정에서 누가 누구이고, 누가 무엇을 하는가와 같은 정보에 의하여 사람들 사이에 또 다른 공간을 형성할 것입니다. 세계는 하나의 거대한 네트를 형성합니다. 그리고 지속적으로 새로운 레이어를 창조해 갈 것입니다.

Peter Stutchbury. SpringWater. Sydney. 2002.

Intercommunity

상호공통성

상호공통성은 새로운 정보사회의 작용 가능한 가정입니다. 상호공통성은 인터넷의 기반 위에서 구축된 사회적 네트워크의 구조망에 근거하는 새로운 사회구조입니다. 그러한 인터넷 망과 공동체의 발전을 유도합니다. 정보 사회는 산업사회와 인터넷의 결과만은 아닙니다. 이것은 새로운 공통체의 생산입니다. 그것은 형식적인 무대에서 새롭고 복잡한 인간 네트워크의 모든 유형들이 될 수 있습니다. 그것은 현재의 사회와는 매우 다른 것이며 농경사회의 것과는 전혀 다른 것입니다.

Interchange

상호변화

진보된 건축은 상호변화하는 건축입니다. 그것은 어떠한 실체 내부의 그리고 실체와 공존하는 것이며 많은 실체들 사이에 존재하는 것입니다. 진보된 건축은 목수성을 지니고 있는 연관이며 상호작용입니다, 그것은 다중적인 지역적 세계적 관계를 만들어내고 사용자와 다양한 문화문화적 환경 사이에 존재하는 상호변화입니다. 어떠한 장소와 도시, 정보 기술과 행위의 직접적인 논리 사이에 존재하며 시간의 잠재성과 컨텍스트의 가능성 사이에 존재합니다. 서로 더욱 독립적인 특별한 공간적 조직화를 통하여 그리고 어떠한 습관과 행태 그리고 규율의 조직화가 이루어집니다. 많은 경우에 외부의 충격에 더욱 직접적이고 순응적이며 침투성을 지니고 유연하며 변동 가능한 것이 됩니다. 그러므로 복수적이며 통합적이며 상호조정적이고 발전적입니다. 그것은 역전과 동시적 메시지를 발전시킵니다. 추상적이면서 구체적이며, 일반적이면서 특수하며 디지털적이고 물질적인 것 모두를 발전시킵니다.

우리가 감각하는 수많은 감각과 정보는 서로간에 상호작용을 통하여 새로운 양상을 생산하고 스스로 변화하며 또한 시너지를 얻게 됩니다.

시너지

synergy

공명-시너지-상호작용의 관계. 오늘날 우리는 상호작용적 가설적 시너지가 가지는 역할과의 관계를 위한 동시대적 프로젝트의 의지와 관계합니다. 환경으로서의 장소와의 시너지, 또한 시간과 순간, 공간과의 시너지에 관계합니다. 도시 사회의 조직들은 그들 자신의 지형학을 구축하고 있습니다. 동시에 자연적 요소들은 점진적으로 단계적으로 자연의 실체를 층위화합니다. 공명-시너지-상호작용의 관계. 오늘날 우리는 상호작용적 가설적 시너지가 가지는 역할과의 관계를 위한 동시대적 프로젝트의 의지와 관계합니다. 환경으로서의 장소와의 시너지, 또한 시간과 순간, 공간과의 시너지에 관계합니다.도시 사회의 조직들은 그들 자신의 지형학을 구축하고 있습니다. 동시에 자연적 요소들은 점진적으로 단계적으로 자연의 실체를 층위화합니다.

Moshe Safdie. Holocaust Museum, Yad Vashem. Jerusalem. 2005.

그리고 층위적인 존재는 상호 신뢰적인 타협으로서의 조절이며 시너지적이며 대상적인 실체세계로의 전환을 함의합니다. 그러한 가능성에 의한 실체의 수행은 복수적인 상호변화를 제시합니다. 다시 말하자면, 어떠한 과정적인 장치들을 종합적으로 조율하고 하나의 톤으로 조화시키게 되는 것입니다. 시너지적인 것 그리고 상호작용적인 것은 풍부한 결과를 생성합니다. 그것은 능동적이며 다른 실체들간의 상호작용의 산물이며 상호작용되고 상호변화 된 정보에 의하여 제공된 결과입니다. 시너지는 서로 다른 방향성을 지닌 대상들 사이에 선형적인 영향력에 의하여 다중적 연관을 형성하고 확립함으로써 부분들 사이에 전체가 가진 독립적인 가능성을 진작하고 총체적인 환경의 불확정성을 넘어서 독립성에 의한 전체성을 강화하는 것입니다. 이러한 작용의 장(場)은 조직을 가능하게 하는 지속적인 변형을 유도합니다. 시너지는 어떠한 상호작용이 일어날 수 있는 상황이며 여건입니다. 그러한 상호작용은 유기체들과 개별적인 부분들 그리고 개인들 사이에 일어납니다. 총체적으로 시너지는 모든 상호작용이 경쟁적 여건이기 보다는 통합적인 협력적인 여건일 때 더욱 강화됩니다. 그것은 공생, 공존, 이중적 실체로 존재합니다. 시너지의 의미는 과학적 이론의 자기 조직화에서 더 많은 것을 발견할 수 있습니다. 어떠한 이론들은 도시공학적인 이론에서 더 훌륭하게 적용될 수 있었습니다.

공명

상호작용을 통하여 공통의 기반과 배경을 확보하게 되고 건축환경은 질서와 조화를 얻게 됩니다. 그것은 물리적 구축으로서 건축이 의미를 얻고 그 공간이 장소가 되고 우리의 삶에서 훌륭한 배경이자 행위의 장이 될 수 있도록 해 줍니다. 그 조화는 공명입니다.

공명은 어떠한 그 자체의 반향에 의하여 형성되는 소리의 조율입니다. 공명은 어떠한 다른 실체에 대한 진동의 반발에 의한 것이기도 합니다. 상호작용은 어떠한 상호호혜의 자극을 통하여 변화하는 것입니다. 시너지는 다양한 현상들의 능동적인 통합이고 집적입니다. 공명은 조화로운 시너지의 동일명암을 형성하고 정도를 만들어 내는 것입니다. 상호작용은 연관된 에너지의 상호변화입니다. 시너지는 다중적 에너지의 통합입니다. 그것은 환경에 의한 균형적 관계에 대한 관계이며 영역의 인식 공간으로서 장을 인식하는 것입니다. 공명에 의한 역동적인 시스템은 그 나름의 복합체를 구축하고 복잡성을 증가시킵니다. 그것은 다양한 정보의 수준을 모두 중첩시켜 담을 수 있는 통합적인 과정이며 가능성입니다. 그러한 상황에서 차이를 지닌 행위와 자극들 사이에 거대한 상호작용을 생성시킵니다. 그것은 더 이상 부가적인 이벤트가 아닙니다. 오히려 상호작용적이고 다중적인 정보의 극소단위들로서 생성됩니다. 그러한 생성은 어떠한 전지구적인 환경의 변화와 영향력을 제시하는 것에 목적이 있습니다. 그러한 과정에서 각각의 이벤트의 상호작용의 정도는 사실상 근본적인 체계의 변수들과 공명하고 조화를 갖는 정도에 따라 다릅니다. 그러한 체계는 동시에 집적과 누적을 동일시하며 그러한 상태들을 이전시키는 것입니다. 그러므로 새로운 에너지를 제공하고 새로운 추진력을 얻게 됩니다. 이러한 상황은 더욱 불확정적이고 비규정적인 상황을 유도하고 생산합니다. 그것은 덜 형식적인 것이며 또한 서로 다른 통합적이 상태를 유도하기도 합니다. 조화와 공명은 질적인 기준에 의하여 공간적인 해결을 생성하며 그것은 더욱 복수적이고 균형적인 해결이며 또한 지역적이며 세계적인 장치로서의 관계를 형성합니다.

호작용 = 울림=반향=공명=조화

Alvaro Siza. Serralves Foundation. Portugal. 1999.

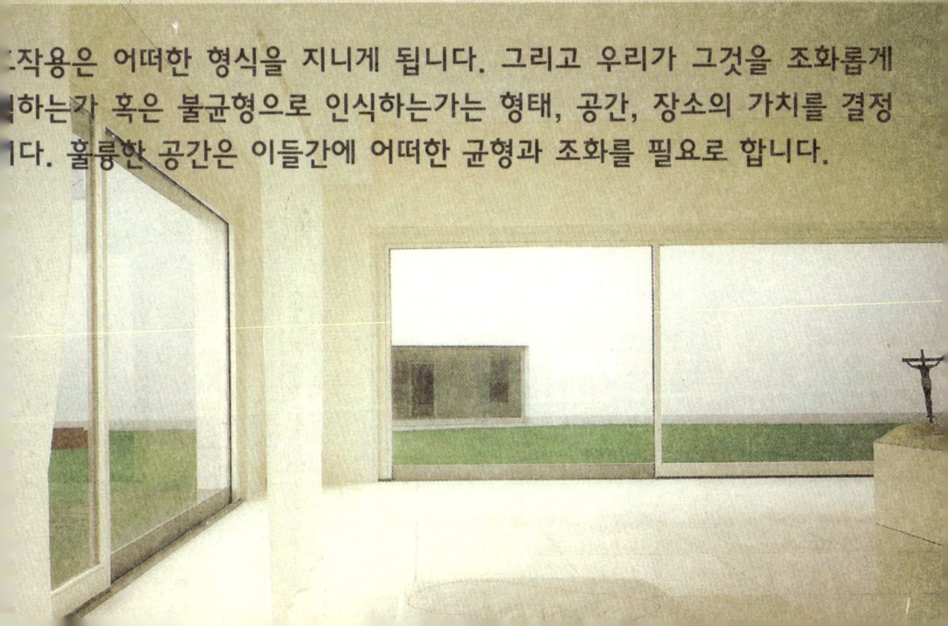

작용은 어떠한 형식을 지니게 됩니다. 그리고 우리가 그것을 조화롭게 하는가 혹은 불균형으로 인식하는가는 형태, 공간, 장소의 가치를 결정 다. 훌륭한 공간은 이들간에 어떠한 균형과 조화를 필요로 합니다.

상호교차와 연관

상호작용을 통하여 안정화된 건축 환경과 건축 의미의 관계는 장소의 네트워크를 형성하고 실질적인 흐름과 힘을 만들어 냅니다. 우리가 통로라고 부르고 장소라고 부르는 전체가 서로 연관되고 안정된 구조를 형성합니다. 그것은 도시의 네트워크를 형성합니다.

하나의 복잡하고 능동적인 구조는 어떠한 조직 그리고 구조를 연상시키고 그것은 거대한 조직을 떠오르게 합니다. 그러한 조직을 짠다는 것을 강조하고 지지하는 것은 도구적인 필요에 의한 것입니다. 우리시대의 사고와 체계 그리고 세계의 이해를 위하여 고안된 개념적 원리입니다. 가상적이고 진화적인 상호교차와 관계설정의 장치기 고안된 것입니다. 이러한 조직 혹은 구조는 사실 역동적이며 이동의 순환이고 규범적인 배열입니다. 동시에 조직화와 생성을 유도합니다. 이와 같은 구조는 동시에 서로 다른 구성을 생산합니다. 그것은 그물망을 구성하는 대상들의 최적화와 변형에 의하여 가능해집니다. 인식 가능하고 혹은 변형적인 기하학의 상호결합은 어떠한 견고한 질서를 극복할 수 있는 가능성을 제공하였습니다.

그리고 다층적이고 복합적이며 유연한 통로의 격자를 생산합니다. 그것은 거대한 규모의 기반구조를 형성하는 조정 가능한 영역의 네트워크가 됩니다. 그것은 어떠한 외곽선이라기 보다는 하나의 계획이고 배치입니다. 어떠한 경우 혁신적인 논리를 언급하며 그것은 이벤트의 생략되거나 다중화된 다양한 한정의 움직임과 그 궤적을 근거로 합니다. 상호 연관되거나 단절된 통로를 따라서 휘어지고 드러나고 판형을 만들어냅니다. 그리드와 그물망을 면밀히 살펴보면 그리고 그 불연속성과구조적 서술을 찾아본다면, 상호작용적인 측면, 내적인 움직임들이 비선형적인 연쇄와 단계를 만들어 낸다는 것을 알 수 있습니다. 그것은 지속적인 긴장의 국면에서 형성됩니다.

Ando Tadao. Awaji Yumebutai. Hyogo. 1999.

호작용은 지속적인 관계를 생산합니다. 그리고 더 복잡하고 상관적인 과를 더욱 가속화합니다. 연쇄적이고 단계적이며 시리즈적인 전체로 의 예상가능성과 독창적이고 개별적이며 임의적인 어떠한 예상할 수 음 사이에서 생겨나는 긴장과 변화입니다. 통로, 경계, 궤적, 기반, 규 들 모두의 디자인을 형성하고 그 결과를 만들어내는 것이 바로 이러한 위구조입니다. 이 하위구조는 다양한 공간과 실, 유닛, 스라브, 벽체를 들어 냅니다.

유연성, 가변성, 변동가능성, 연성, 가요성 ……

어떠한 상황들을 부드럽게 하고 융통성 있게 하는 것, 혹은 어떠한 비결정 상태로 개방된 여건을 조성하는 상태 혹은 의도를 일컫습니다. 그것은 어떠한 조직화, 규범화, 다이나믹한 리듬을 구현하는데 있어서 어떠한 형태를 부과할 수 있는 방법이며 고착되고 경직된 상태를 벗어날 수 있는 기회를 제공합니다. 거주에 있어서 유연성은 어떠한 내부공간과 거주의 배경을 스스로 조직하고 변경할 수 있는 가능성을 의미합니다. 이러한 융통성은 매우 다층적인 기능과 용도 그리고 공간의 가변성과 연관된 개념입니다. 따라서 구조적인 규정과 어떠한 가능성을 얻게 되는 계획적인 특면의 방법적인 중요성이 커지고 있습니다. 더욱더 흐를 수 있고 유동적이며, 변형이 가능한 공간으로 유도되고 있습니다. 연속적인 체계, 일련의 시리즈적인 변형과 가능성, 산업적인 요소가 가미되어 더욱 더 유동적이 될 수 있습니다. 무엇인가를 담아내는 컨테이너, 오브제를 풍부하게 하는 공간의 체계와 장치들, 이동가능하고 조율이 가능한 대상들, 가구 그리고 공간은 모두 유연성과 관련된 의미를 전달합니다. 변형가능한 다중적 용도의 요소들의 집합은 다중적 형태와 비자연적 공간으로 접근하게 합니다.

기술적인 해결방식의 도입에 힘입어 장치화된 외피와 엑서스 플로어는 더 많은 네트워크와 공간적인 연결을 가능하게 합니다. 어떠한 단일한 용도의 공간으로부터 다중적 용도의 공간으로의 변화는 주변에 존재하는 근본적인 공간구조의 구성에 의하여 형성됩니다. 저예산의 경제적인 구축을 위하여 내부공간 서비스의 복합화와 유연성을 요구합니다. 그것은 장치적인 요소와 개실, 공간의 복합화와 유연성을 의미합니다. 구조적인 문제에서는 더욱 적절한 시스템을 선택하고 계획하는 것이 요구되고 공간은 이동 가능한 벽체와 변형 요소들에 의하여 구획될 수 있습니다. 건축에 있어서 산업화는 유연성을 요구해왔습니다. 오늘날 건축전반에 진해되고 있는 산업화의 과정들을 합리화하고 실제적으로 가능하게 하는 것은 유연성 혹은 융통성입니다. 그러나 어떠한 선택의 다중성과 복합화는 이러한 융통성의 범위를 좁히고 있으며 조절할 수 있는 한계를 더욱 협소하게 만들었습니다. 진정한 유연성의 가능성은 창조적 생산 위한 가능성과 연관되어 있습니다. 그러므로 유연성은 어떠한 형성되는 것이며 결코 하나의 단면이라고는 할 수 없습니다. 그렇게 보자면 디자인 과정에서 최대한 조절된 결과는 건축작업에서 조정을 어렵게 합니다.

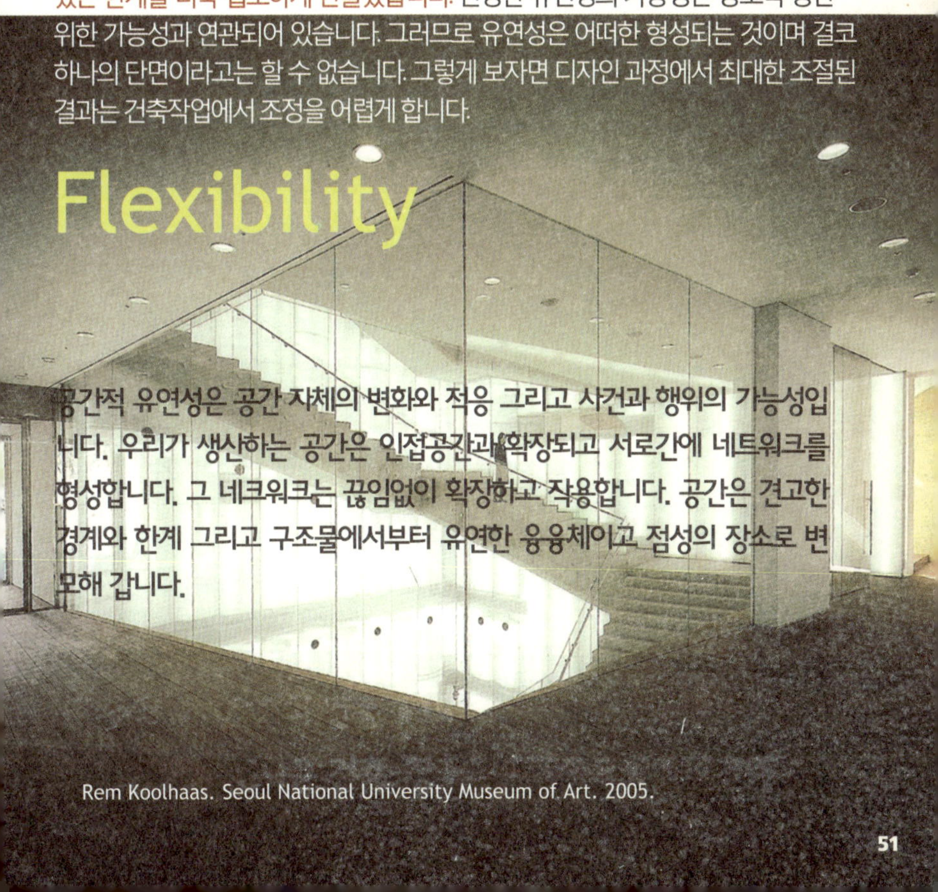

Flexibility

공간적 유연성은 공간 자체의 변화와 적응 그리고 사건과 행위의 가능성입니다. 우리가 생산하는 공간은 인접공간과 확장되고 서로간에 네트워크를 형성합니다. 그 네크워크는 끊임없이 확장하고 작용합니다. 공간은 견고한 경계와 한계 그리고 구조물에서부터 유연한 융융체이고 점성의 장소로 변모해 갑니다.

Rem Koolhaas. Seoul National University Museum of Art. 2005.

island

섬

오늘날 우리 도시 중 어느 곳 그리고 부분들, 버려진 시설들, 아무도 살지 않는 곳, 살 수 없는 곳, 흐름이 생겨나지 않는 곳, 상호작용이 일어나지 않는 곳은 어떠한 방향을 지닐 수 없으며 재생의 가능성을 지니고 있지 않습니다. 또 형태구성의 과정에서 거대한 도시의 부분이고 반복적인 형태 모방의 측면을 구성합니다. 또한 우리 도시의 대부분의 견고한 구축물은 그 자체로 제한된 공간과 영역을 설정합니다. 외부와 단절되고 경계 짓고 벽체로 강제되어 있는 구조물들은 흐름을 통제하고 유입하고 고립시킵니다. 그것은 바로 도시 내부에 섬을 구축하고 또 거대한 섬으로서의 도시를 형성합니다. 섬으로서의 도시는 어떠한 영역의 새로운 형식이며 새로운 정착지입니다. 그리고 그것은 사실상 비도시적 환경을 구성합니다. 우리 도시의 중심에는 업무지구, 쇼핑센터, 복합문화시설, 거주지역, 다양한 요소의 복합체 등이 구축됩니다.

Rem Koolhaas. Casa da Musica. portugal. 2005.

섬, 고립된 정착지, 제한된 인터페이스 ……

그것은 또한 사적인 공간과 구획된 공간 그리고 제한된 접근을 지니고 있습니다. 그러한 접근 가능성에 따라서 사용자들의 정체성이 다르게 생겨났습니다. 이러한 섬들은 그들의 한정된 주변과의 한계와 경계를 가지고 있습니다. 그것은 무정형의 영역을 구성하는 거대한 용암입니다. 그러므로 단계적으로 전략적으로 그들의 위치를 선택하고 접근과 환경, 기후적 용이함과 적절함에 근거하여 형성됩니다. 과거에 도시의 구축과 유사한 방식에서 가능해 집니다. 테마 파크의 경우를 제외하고 모든 가능들은 이러한 섬-도시 island - city에 의하여 발생합니다. 그것은 전통적 도시에서도 마찬가지입니다. 사실 전통적인 도시가제공하는 삶의 질은 어떠한 사회적 계층에 있어서는 그다지 편리하거나 충분하다고 할 수 없습니다. 이러한 경우에 도시는 그 자신이 경제적, 사회적 문화적 콘텐츠의 부족이 유발하는 새로운 변화의 진행과정에 빠지게 됩니다. 섬은 사실 부와 에너지의 축적에 의하여 형성되며 그것은 어떠한 분리된 환경을 만들어냅니다.

Living-Working-Resting-Leisure-Life-Job-Work-Pleasure-Home-Hou

새로운 시간과 공간의 무대

상호작용에 의한 네트워크가 만들어내는 흐름과 공간은 다양한 변수와 유형을 통하여 체계화됩니다. 일반적으로 우리는 두 가지의 가장 중요한 축을 중심으로 삶의 공간을 체계화합니다. 그 하나는 편안한 휴식과 돌아갈 마음의 안식처로서의 집입니다. 또 다른 하나는 우리 자신이 일하고 활동하는 직장 혹은 작업의 무대입니다.

20세기의 닫혀진 무대들에서 산업은 더 이상 우리의 일터를 지배할 수 없는 상황에 접어들었습니다. 오늘날, 새로운 운동수단과 정보 네트워크는 오래된 생산방식의 역할을 변화시키고 새로운 상황을 만들었습니다. 그것은 기술적인 진보에 의한 것입니다. 만약 이러한 네트워크가 전통적인 장소와 행위 사이의 결합을 느슨하게 만들어간다면, 그것은 새로운 자연의 개념과 상대적인 에코시스템으로 이해되는 관계로서의 레져를 전에 없었던 차원으로 변모시킬 것입니다. 우리시대의 레져는 새로운 삶의 방식이며 시간과 공간의 활용을 위한 방식을 낳았습니다. 그리고 그 삶의 방식이 사람들의 흐름을 낳고 요구를 생산합니다. 지역 발전에서의 붕괴, 우리의 생산활동에서의 붕괴는 거대하고 비어있는 어떠한 변형을 유도할 것입니다. 그것은 절대적인 결과를 얻게 할 것이며 어떠한 휴식을 위한 랜드스케이프를 요구할 것입니다. 우리의 직업적인 사회는 어떠한 여가 시간과의 공존을 통하여 조응합니다. 그것은 심지어 학교에서나 대학에서도 서로 얽혀 공존하게 됩니다. 일주일에 수십 시간 동안의 작업과 스포츠, 문화, 유흥의 혼합은 어떠한 우리의 삶과 작업에서 놀이의 참여를 보여주는 징후들을 낳았습니다. 오늘날 이러한 경향은 경제적인 이윤과 맞물려 있으며 여가선영, 문화생활의 소비와 하나의 궤를 갖고 있습니다. 오늘날 가정이 어떠한 작동하는 것 중 하나는 바로 문화적 즐거움입니다. 우리시대가 창조해 낸 것은 건축 자체가 아닙니다. 그것은 건축문화입니다. 또한 삶의 방식입니다.

Werner Sobek. House R 128. 2000.

우리는 항상 삶을 통하여 개인의 존재와 가능성을 얻고자 합니다. 그리고 그러한 모든 사고와 행위의 무대는 대부분 건축을 통하여 구축됩니다. 오늘날 우리가 얻는 삶의 무대는 건축의 무대입니다.

삶-일-휴식 living-working-resting

거주한다는 것은 작업하고 쇼핑하고 쉬는 것으로부터 혹은 그러한 작업 과정에서 대단위 도시를 구성합니다. 주거는 지금까지 휴식과 안식의 공간으로서 여겨져 왔습니다. 그리고 일하는 공간이기도 했습니다. 어떠한 개념들은 그와는 다르게 역전되었습니다. 주거는 그 디자인에서부터 가치와 관심을 불러일으키고 있습니다. 개념은 더욱더 확산되고 발전하여 도시 중심의 사무소와 업무지구 주변에 집중화되거나 주변부로 관계하는 것은 점진적으로 의미를 잃고 있습니다. 상황을 기술하자면 주거에서의 작업과 휴식은 우리에게 혼합화된 공동주거의 발명을 가능하게 하는 것입니다. 이 공동주거는 영역을 점유하고 동시에 자유롭게 확장합니다. 그것은 하나의 단일한 건축물, 작업, 업무, 휴식, 여가적 측면의 통합을 가져왔습니다. 주택은 프로그램, 순환, 구조를 긴밀하게 통합시키고 있습니다. 그것은 하나의 유일한 구조물로 행위들을 넓게 차별화하고 분산시키는 것을 가능하게 하는 다양한 국면들을 하나로 조직화하고 있는 것입니다. 작업, 사회적 삶, 가족의 생활, 그리고 개별적 시간 모두는 거의 하나의 순환적인 구조물을 가진 장소를 가지고 있습니다. 그것은 활동적인 매일의 패턴을 가능하게 하는 것입니다.

Eduardo Arroyo. Levene House. Spain. 2006.

도시의 유랑자–퀴담 – 여행자 – 방랑자

Quidar

익명의 행인, 거리의 사람들. 퀴담은 사실상 알려지지 않은 사람들이며 도시에 있어서 익명의 사용자이며 자유롭게 이동하는 사람들입니다. 우리는 길을 지나면서 만나고 상점에 들어가서 무엇을 사고 커피를 마시면서 마주치는 사람들 그리고 서점에 가서 부딪치고 수많은 책에 쓰여있는 이름들, 매일 들여다보는 텔레비전 프로그램의 연예인들 이 모두가 도시의 타인이고 공유자입니다. 우리는 너무나 많은 사람들이 한 건물에 우글거리는 듯 빼곡이 놓여 있는 책상 사이에 틀어 박혀 앉아서 시간을 함께 보내지만 정작 우리는 그 공간을 잠시 공유할 뿐 이 거대한 도시에 우리는 잠자리만을 내 것으로 만들어 냅니다. 그리고 나머지 공간에서 우리는 영원한 이방인이고 이 도시의 주인이기 어렵습니다. 이것은 동요와 불확실성의 힘을 제시하며 하나의 흐름과 이전, 이동을 내포합니다. 그것은 예상할 수 없는 행위와 자극에 관한 것입니다. 퀴담은 새로운 공간을 위한 유연한 정보를 제공하는 변수입니다. 여기에서 새로운 공간은 더 이상 공적인 공간이 아니며 오히려 상대적인 공간을 의미합니다. 퀴담은 통과자이기도 합니다. 그러므로 그가 통과함으로써 존재하고 또한 통과하는 상황에 있는 사람들을 의미합니다.

인간의 이동 수단은 우리를 어떠한 지점으로 접속시키고 또 이동시키고 다른 곳에 다다를 수 있도록 하며 떠날 수 있도록 합니다. 사회적인 개개인들은 어떠한 익명성에 감싸여서 생존합니다. 그러한 익명성은 우리가 다른 사람들을 함께 즐기고 그들과 거리감을 지니고 서로 격리 된 상황을 극복할 수 있게 합니다. 일반적으로 그것은 알려지지 않은 상황이며 아무런 가치를 지니지 못하는 사람들입니다. 그것은 또한 특별히 살펴보자면 전체를 의미하기도 합니다. 우리 도시의 모든 사람들은 서로에게 익명의 타인이고 단지 도시를 함께 공유하는 개별자 입니다.

omeless 집없는 사람들—도시의 부랑자—노숙자-홈리스

홈리스 문자 그대로 집이 없는 것. 그러나 도시적인 노마드 nomad 혹은 퀴담 quidam 을 일컫기도 합니다. 홈리스는 오늘날 거대도시의 거주형태이며 어떠한 관습과 한계를 넘어서는 거주방식을 창조합니다. 그것은 어떠한 요구 혹은 개인적인 선택에의하여 창조되는 방식이기도 합니다. 홈리스는 또한 집합적인 공간의 사용에 있어서 다른 유형이기도 합니다. 그리고 그러한 유형은 순환가능하고 기술적인 활용을 위한 것입니다. 또한 일회성의 거주방식, 일시성, 기능적으로 비고정화, 이동성의 거주성을 위한 것입니다.

Jose Ewlgas + Lucia Cano. House In La Florida. Madrid. 2006.

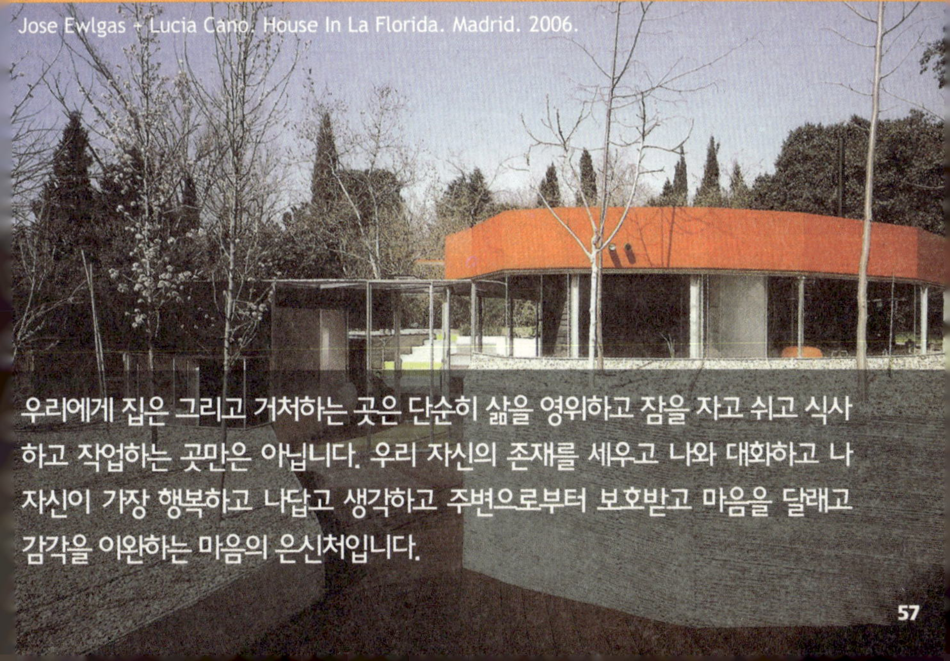

우리에게 집은 그리고 거처하는 곳은 단순히 삶을 영위하고 잠을 자고 쉬고 식사하고 작업하는 곳만은 아닙니다. 우리 자신의 존재를 세우고 나와 대화하고 나 자신이 가장 행복하고 나답고 생각하고 주변으로부터 보호받고 마음을 달래고 감각을 이완하는 마음의 은신처입니다.

2. 건축의 …… 곳

건축이 이루어지는 곳, 건축이 만들어내는 곳, 건축되어지는 곳, 건축하는 곳, 건축 그리고 환경, 공간, 장소

Environment, Milieu

주위환경은 그리고 배경은 완벽히 통합된 첫 번째의 실체이며 가상적 세계입니
환경은 장(場, field)이며, 컨텍스트 context이고 장소 places입니
그러나 환경은 그 자체로 오로지 장(場, field)이지도 않
컨텍스트 context이지도 않고 장소 places이지 않습니
총체적인 배경이며 환경이고 분위기일 수 있습니
그리고 다층적인 의미와 가치가 교차하는 하나의 시나리오이기도 합니
영역으로서 주변은 어떠한 범위를 연상시킵니
그리고 구조적인 구성과 관계를 포함하는 장소이
그 장소는 질서 order 혹은 무질서 disprd
보이드 void와 혼란 chaos을 발견할 수 있는 일정한 영역을 한계 짓습니
분위기 Atmosphere는 이러한 배경의 정황이
그 혼란과 전체의 상황을 읽어내는 것입니
사실상 분위기는 언어 이전의 혼란한 상태이며 구성입니
건축적인 계획들은 그러한 구조로부터 생성됩니
건축이 펼쳐 놓는 것은 레이어 layer이며 그릇 bowl입니
즉 주변에 펼치고 남겨놓고 확인하고 유지시키고 확장시킬 수 있는 것
바로 공간, 형태, 의 연속에 의하여 생성시키는 레이어와 그릇입니
그것을 우리는 콘타 contour라고 부르든
랜드스케이프 landscape라고 하든지 마찬가지입니

설악산 입구

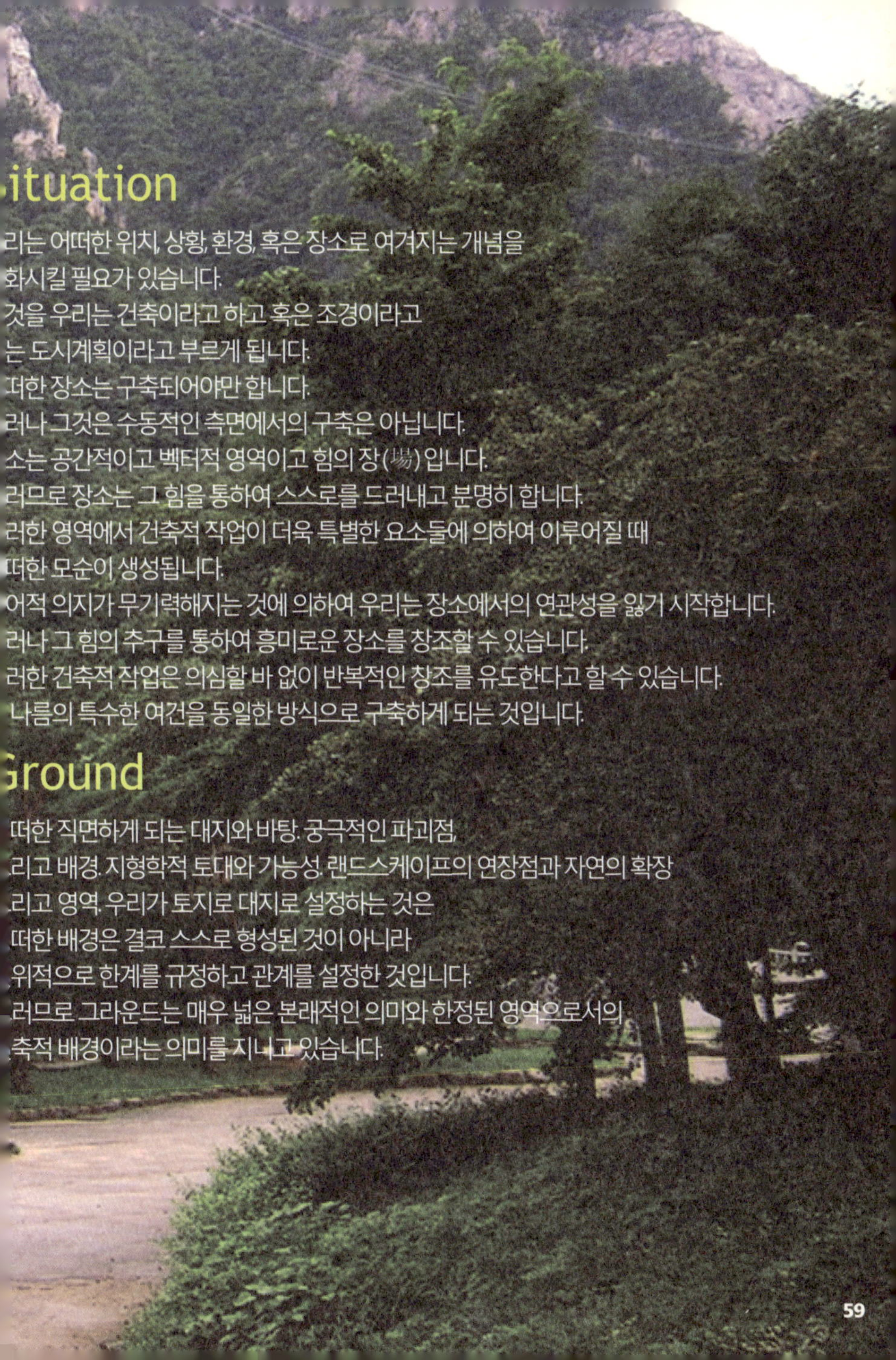

ituation

리는 어떠한 위치, 상황, 환경, 혹은 장소로 여겨지는 개념을
화시킬 필요가 있습니다.
것을 우리는 건축이라고 하고 혹은 조경이라고
는 도시계획이라고 부르게 됩니다.
떠한 장소는 구축되어야만 합니다.
러나 그것은 수동적인 측면에서의 구축은 아닙니다.
소는 공간적이고 벡터적 영역이고 힘의 장(場) 입니다.
러므로 장소는 그 힘을 통하여 스스로를 드러내고 분명히 합니다.
러한 영역에서 건축적 작업이 더욱 특별한 요소들에 의하여 이루어질 때
떠한 모순이 생성됩니다.
어적 의지가 무기력해지는 것에 의하여 우리는 장소에서의 연관성을 잃기 시작합니다.
러나 그 힘의 추구를 통하여 흥미로운 장소를 창조할 수 있습니다.
러한 건축적 작업은 의심할 바 없이 반복적인 창조를 유도한다고 할 수 있습니다.
나름의 특수한 여건을 동일한 방식으로 구축하게 되는 것입니다.

Ground

떠한 직면하게 되는 대지와 바탕. 궁극적인 파괴점,
리고 배경. 지형학적 토대와 가능성. 랜드스케이프의 연장점과 자연의 확장
리고 영역. 우리가 토지로 대지로 설정하는 것은
떠한 배경은 결코 스스로 형성된 것이 아니라
위적으로 한계를 규정하고 관계를 설정한 것입니다.
러므로 그라운드는 매우 넓은 본래적인 의미와 한정된 영역으로서의
축적 배경이라는 의미를 지니고 있습니다.

Figure - Background

형상과 배경

형상과 배경은 무엇이며 도시적 관계는 무엇을 의미합니까 이 도시가 창조하는 거대한 구조는 바로 형상과 배경의 관계로부터 시작하여 네트워크를 구축하였습니다. 그 네트워크는 자연스러운 구조의 상호작용입니다.

전통적으로 형상과 배경의 관계는 도시의 물리적 실제와 비어있음의 관계이며 건축물과 주변 외부환경의 관계입니다. 형상과 배경은 현대건축의 환경 내에서의 혼합을 제시할 뿐 아니라 건축이 오브제적인 측면에서 일어나는 형상화에 대한 불신을 설명해 줍니다. 형상과 배경은 그러한 장치로서 서로간의 경계를 무너뜨리고 있습니다. 형상과 배경 사이에 일어나는 이러한 발전적인 뒤얽힘과 새로운 혼합은 어떠한 오래된 전체와 풍부함 그리고 오브제적 경향의 포기로서 해석될 수 있습니다. 이러한 양상은 텍토닉적 구성으로부터 지형학적 건축으로 변화하였으며 유클리드적 기하학으로부터 프랙탈 기하학으로 변화하였습니다. 형상적인 건축으로부터 더욱 지형학적인 건축으로 그리고 랜드스케이프적 표현으로의 전환을 보여줍니다. 그러나 대부분의 경우에 이러한 경계의 혼합은 근본적으로 오래된 도시의 범주들을 전환시키고자 하는 노력으로부터 시작되었습니다. 도시를 새로운 역동적인 시스템과 조합 그리고 시너지 효과들로 변화할 수 있는 공학적인 장치들과 수단 그리고 효율적인 기준들을 창조하기 위한 노력으로부터 시작된 것입니다. 이 방식에 의하여 오래된 이분법적 분해로서 즉 자연적/인위적, 영토적/랜드스케이프적, 비어있음/충만함 등의 변화를 의미합니다. 그러므로 이러한 양상들은 어떠한 상보적인 관계와 형식으로의 전환을 가져왔습니다. 대부분의 디자인에서 형상-배경의 관계는 최소한의 역할만을 하게 됩니다.

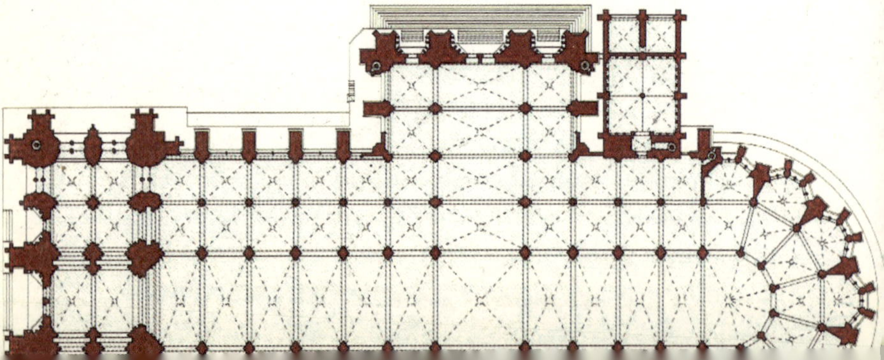

형상은 배경보다는 더 흥미로운 대상으로 드러나는 것이 일반적입니다. 그러나 이러한 관심이 어떠한 배경으로 옮겨질 경우가 많이 있습니다. 그러한 경우 상호작용은 더욱더 크게 일어납니다. 두 요소의 분명한 차이는 공간을 점유하는 양상의 차이에 근거합니다. 오늘날 형상과 배경, 혹은 배경과 형상의 전통적인 대조에 있어서 우리는 대지 주변에 무엇이 존재하고 무엇이 고려되어야 하는가를 고려하도록 만들었습니다. 그러한 사실은 우리가 구축하고 있는 건축에 접근하고 요구하는 모든 전반적인 사실들에 관계합니다. 흔히 그것은 어떠한 배경 즉 토대, 건축적 환경과 형상의 관계로 나타납니다. 우리는 모든 건축적인 환경과 제요소에 의하여 관계된 건축물을 확인하게 됩니다. 최종적으로 도달하게 되는 또 다른 질문은 환경을 어떠한 구조화하는 것입니다. 주변 환경을 구조화하고 그 배경을 구조화하는 것에 대한 문제입니다. 그것은 대부분의 개성적인 기술의 하나로서 드러납니다. 또한 사실상 배경을 재정의 하는 것이라고 할 수 있습니다. 그렇게 보자면 우리 주변의 복합한 도시는 사실상 무한한 새로운 토대와 영향력들로 중첩되고 혼합되고 있습니다.

얼룩, 흔적, 랜드스케이프, 점거, 형상, 인공물

우리가 창조하는 세계는 하나의 차있음, 흔적 그리고 남겨짐과 다양한 형상들, 인공물 입니다. 그리고 그것은 거대한 지형의 부분들을 새로이 구축하는 것이며 인공물을 자연속에 세워놓은 것입니다.

인공위성에 보자면 일정한 도시적 영역은 어떠한 이중적인 스펙트럼으로서 검은 부분과 흰 부분으로 구분한 전경을 확인할 수 있습니다. 그것은 하나의 잉크로 점을 찍어서 만들어내는 영토의 표현과 같고 이론적으로 도시적 모델링과 구성에서 핵을 중심으로 생성되는 점진적으로 증가하는 영역을 확인할 수 있습니다. 그 밀도가 중심에 집중된다면 그것은 그 주변의 새로운 부차적인 연계와 클러스터를 생산할 기회를 가지게 될 것입니다. 이러한 성장하는 거대한 도시화는 불연속적인 다중심적인 성장의 특성을 지닙니다. 그것은 리좀적인 것이며 또한 다양한 구멍들, 비어있음의 관계이며 하부구조를 측정할 수 있게 합니다. 또 상대적으로 최근의 인류학적 anthropology 견해의 자유와 불규칙한 잎맥구조를 형성하기도 합니다. 그것은 마치 스폰지가 물을 흡수하듯 확장합니다. 그것은 점유의 단계이며 변화입니다. 그러므로 도시적 양상을 하나의 이중적인 그래픽으로 치환하는 것은 탈중심적이며 유기체적인 변화를 유도하는 것입니다. 또한 다가치적 형태변화와 다핵성의 실체 그리고 플랙탈성의 구현이며 세계적 스케일의 현상을 드러내 보여주는 것입니다. 이러한 변화는 지역적인 미시적 스케일의 변화에도 적용되며 매우 주목할 만한 유사성을 지니고 있습니다. 그들의 진화는 동시적이며 발생적입니다. 그리고 역동적인 구조를 생성하며 각각의 컨텍스트에 적합한 결정으로서 생성됩니다. 그러므로 고유의 특성을 지니게 되는 것입니다. 사실 이러한 프로세스의 원칙적인 관심은 동등한 공통의 모델의 생성과 확인에 있다기 보다는 오히려 상호관계적 존재와 삶 그리고 행위와 작용의 중첩을 분명히 하고자 하는 것입니다. 서로간에 간섭, 침투, 혼합, 지속성, 점진적 변형, 상호 작용성, 관계, 공유, 추상적 구성, 특성의 풍부화, 독립성, 일반성, 세계성에 대립하는 지역성, 특수성에 대립하는 일반성 모두를 조명하고자 하는 것입니다.

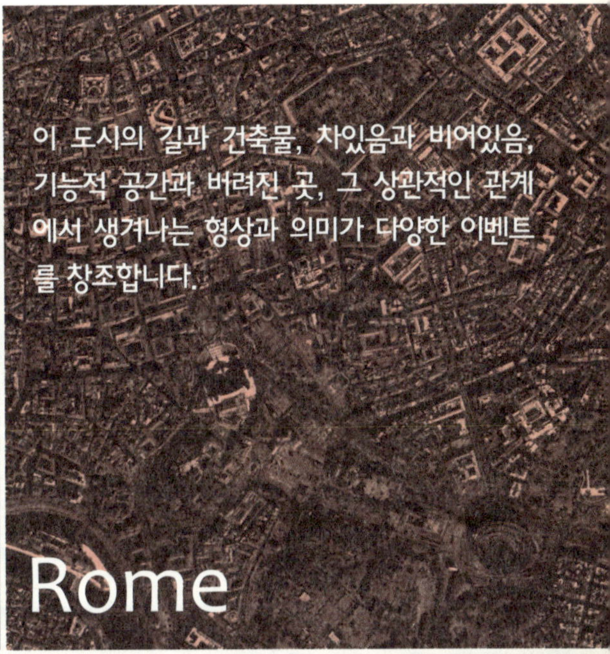

이 도시의 길과 건축물, 차있음과 비어있음, 기능적 공간과 버려진 곳, 그 상관적인 관계에서 생겨나는 형상과 의미가 다양한 이벤트를 창조합니다.

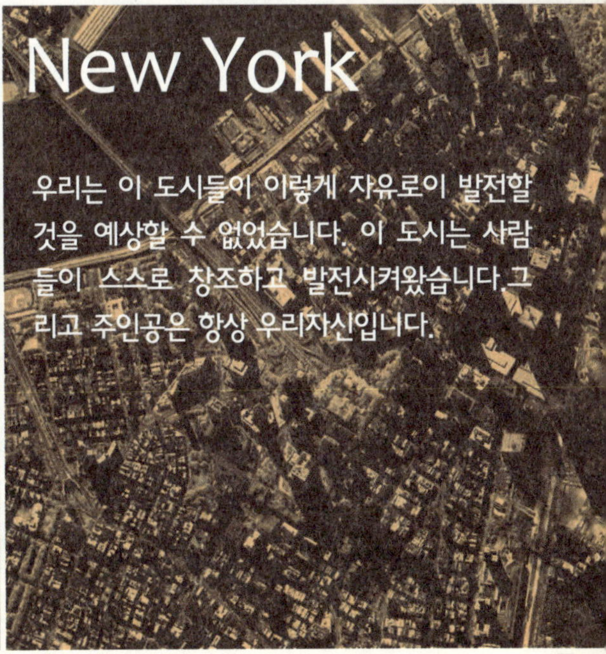

우리는 이 도시들이 이렇게 자유로이 발전할 것을 예상할 수 없었습니다. 이 도시는 사람들이 스스로 창조하고 발전시켜왔습니다.그리고 주인공은 항상 우리자신입니다.

얼룩, 흔적, 랜드스케이프, 점거, 형상, 인공물

위상학적 고찰은 도시적 구조가 어떻게 진행되고 무엇이 유지되는가를 보여주는 것입니다. 시각적으로 잉크의 얼룩처럼 발전하는 가운데 확인되는 것은 다핵성의 집합도시화와 동시적인 발생이 갖는 유사성입니다. 그것은 고대의 건축적 상황에서는 찾아볼 수 없는 것입니다. 그것은 경계와 나무구조의 통로 그리고 동일한 보이드의 형상을 가진 과거의 도시적 성장을 뛰어 넘어서 거대도시의 확장이며 집합도시의 구축입니다. 도시적 양상과 함께 하나의 지형적인 측면에서의 확장은 다양한 조각들이 전체의 구조에 더해지면서 파괴된 혹은 결점을 지니게 된 부분 또 전체의 관계에서 부족한 요소들을 연관시켜 실제적인 관계를 부여한다는 것을 보여줍니다. 여기에서 부분들은 하나의 점들의 흡수라기 보다는 그리고 흑백의 변화라기 보다는 다양한 요소들의 다색성의 관계를 지니게 됩니다. 이들 관계는 서로간에 영향을 미치고 많은 변화와 통합의 이야기를 만들어 갑니다. 그것은 행위의 단일한 영역으로서의 조작들, 랜드스케이프를 언급하는 것입니다. 지형학, 플랫폼, 대지, 고원, 계곡, 분지, 섬을 이루는 부분들은 단순한 텍스쳐와 그리드를 통하여 구성되며 전체적인 그림을 만들어 냅니다. 그것은 하나의 랜드스케이프 위에 또 다른 랜드스케이프를 중첩 시킴으로써 새로운 양상으로 유도할 수 있습니다.

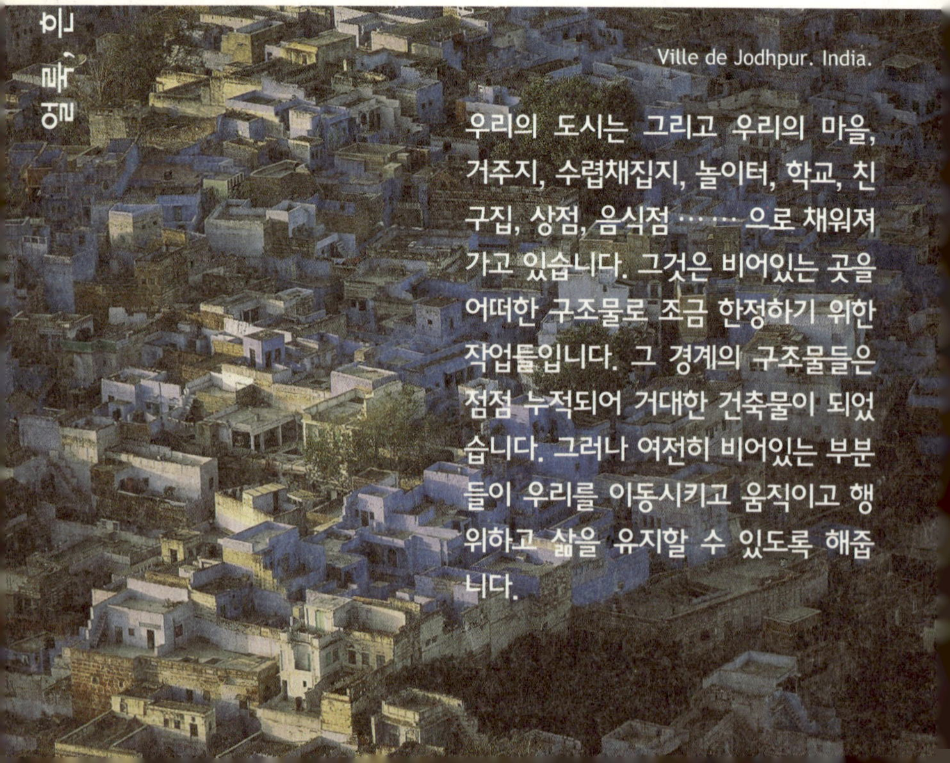

Ville de Jodhpur. India.

우리의 도시는 그리고 우리의 마을, 거주지, 수렵채집지, 놀이터, 학교, 친구집, 상점, 음식점 …… 으로 채워져 가고 있습니다. 그것은 비어있는 곳을 어떠한 구조물로 조금 한정하기 위한 작업들입니다. 그 경계의 구조물들은 점점 누적되어 거대한 건축물이 되었습니다. 그러나 여전히 비어있는 부분들이 우리를 이동시키고 움직이고 행위하고 삶을 유지할 수 있도록 해줍니다.

Daniel Libeskind. Jewish Museum. Berlin.

hnish Parters. Olympic Stadia. Munich. 1972

분들을 조금씩 떼어 사용하기 위하여 벽체를 세우고 지붕을 덮고 창을 열었습니다.

space 공간

공간은 비어 있음이고, 구멍이고, 담겨진 것이며, 의혹이며, 문제입니다. 그것은 하나의 미로이며 의문이며 결코 지지할 수 없는 미지의 노출입니다. 과연 공간의 범위가 아닌 것은 무엇이며 공간에 속하지 않는 것을 무엇입니까? 공간은 사적 공적 공간의 구분을 지니고 있습니다. 공적 공간은 이동가능하며 사적 공간은 정적입니다. 공적 공간은 분산되고 사적 공간은 집중화됩니다. 공적 공간은 비어있으며 그것은 상상에 의한 것이며 사적 공간은 가득 차있으며 그것은 기억과 대상들로 구성됩니다. 공적 공간은 비결정적이며 사적 공간은 기능적입니다. 공적 공간은 정보의 대상이며 사정공간의 판단과 의견의 대상입니다. 공적 공간은 지원하며 사적 공간은 메시지를 전달합니다. 공적 공간은 불안정한 균형을 유지하지만 사적 공간은 필요에 의하여 안정화됩니다. 공간은 종합적인 공간을 구축하며 그것은 공적 - 사적 공간에 동일하게 접근하는 방식의 하나입니다. 오늘날 어떠한 속성과 기능은 분산되어 왔으며 그러한 여러 가능성 사이에는 관계가 존재합니다, 사적인 속성은 공적으로 사용되어 쇼핑센터, 공항 등에 적용되며 사적 공간에 공적인 공간의 특성을 부여하기도 합니다. 공적 공간은 사적인 용도에 의하여 흡수되고 있습니다. 새로운 건축적 실체는 집합적으로 창조됩니다. 광대한 개별적인 요소의 집단에 의하여 지속적인 특성을 유지합니다. 벡터로 이루어진 공간은 오늘날의 물리적 환경에서 양식을 생성하고 그 자신의 지각을 통하여 동시대적 사회의 주제들을 구성합니다. 그것은 하나의 확립된 개인으로서의 형상이며 공간의 용도를 만들어 냅니다. 또한 벡터적 공간은 현대적 주제가 세계에서 그 장소를 창조해내는 분위기 자체입니다. 우리가 공적 공간을 언급할 때 우리는 관계적 공간, 상대적 공간에 대하여 이야기하게 됩니다. 그것은 흔히 말하는 집합적인 공간이기도 합니다. 신뢰가 가는 집합적인 공간은 용동 열려 있으며, 어떠한 즐거움과 자극, 놀라움과 경이에 열려 있습니다. 어떠한 역동성의 비결정성, 행태, 능동적인 시나리오, 의욕적인 행위자, 사용자 그리고 그들의 상호작용. 더 이상 그것은 도시의 집합체로서 공간이 아니라 새로운 기념비적 창조로서 나타납니다. 흔히 우리가 이야기 하는 순수함이며 잘 결정된 이미지입니다. 그러한 이미지로서의 공간은 하나의 새로운 랜드스케이프를 구축합니다. 나아가 랜드스케이프의 랜드스케이프를 구축하고 상호작용과 적응을 가능하게 합니다. 더 이상 공간은 디자인의 형식화가 아닙니다. 장치의 형식화이며 현실화입니다. 그러므로 공적 공간은 도시적 모델이라기 보다는 이제는 혼합적인 잡종의 장소들입니다. 이러한 동시공간에서의 작용을 유도하는 장치는 기술적인 결정을 돕는 것이며 변화에 열려 있으며 행위를 발생시키고 혼합하고 유동적인 기쁨을 하나로 통합하여 유도하는데 모든 가능성을 열어둡니다. 이러한 기쁨은 레져, 스포츠, 문화, 상호의사소통, 분산, 관계, 궁극적으로 시민들의 의도에 부합하는 것에서부터 생산됩니다. 또한 지역적이면서도 세계적인 가능성과 에너지의 재정립과 확고한 기반의 마련으로부터 시작됩니다.

aha Hadid. Lois & Richard Rosenthal Center for Contemporary Art. Cincinnati. 2003.

Rem Koolhaas. McCormick Tribune Campus Center. 2003.

공간이라는 장치는 하나의
가능한 구축물이며 에너지
트워크에 연관되고 있습니
적이고 재구성적인 그리고
자연과 인위적인 대치에 근

space

공간이라는 장치는 또한 제한되지 않고 경제적인 해결방법들도 다색채의 재료들을 통하여 생성될 수 있습니다. 그러므로 상대적이며 종합적인 공간은 단순히 어떠한 점유를 위하여 생성되는 것이 아니라 개개인을 위하여 그리고 자극을 위하여 존재하는 것입니다. 집합적인 공간은 제한되지 않으며 적합하고 상대적입니다. 또 많은 측면에서 상대적이며 상호관계적이며 불확정적이며 역전 가능한 상태입니다. 또한 도시에 있어서 궁극적으로는 즐겁고 흥미로운 공간의 창조입니다. 대중을 위한 공간의 창조는 폴 비릴리오 Paul Virilio가 언급한 바와 같이 이미지에 의하여 구성되어 왔다면, 표현을 위한 공간을 위하여 대변하는 대표하는 공간으로 변화를 유도하게 되었습니다. 그것은 공적 공간의 진정한 구축이 신체와 신체의 관계를 재확립하는 것으로부터 시작되어야 한다는 것을 요구합니다. 공간은 반드시 그 형태에 의하여 특성을 부여 받을 필요는 없습니다. 오히려 그 가능성과 주변과의 관계에 유용한 정도에 의하여 평가 받을 수 있습니다. 그리고 그러한 평가의 기준은 거리를 두고 있다는 것에 반대하는 개념을 가지고 있습니다. 광장은 오늘날 더 이상 정치적 선전의 장소가 아니며 예언의 심판장도 아닙니다. 공간은 신체와 신체의 접촉과 관계에 의하여 구축된다는 것을 다시 한번 생각해볼 필요가 있습니다. 위상적 공간은 수학적으로 접근하는 공간입니다. 그것은 역동적 시스템을 규정하는 다양한 변수들에 의하여 구성됩니다. 각각의 지점들은 그 위상적 공간에서 가능한 시스템의 상태를 대변하는 것입니다. 시스템의 시간적인 발전과 진화는 위상적 공간의 궤적에 의하여 대변됩니다. 사실상 공간은 공적인 할당에 의하여 이루어진다고 볼 수 있습니다. 공간은 모든 사람이 접근이 가능하고 혹은 소유될 수 있고 조절될 수 있습니다. 이질적인 행위들의 무한한 배경과 작용 요소들은 하나의 형태 변형적인 결과가 아닙니다. 그것은 사실상 인식 가능한 특질의 조정에 의한 것입니다. 그것이 바로 실제적인 작용이며 시간 - 공간적 쉐마 schema이며 우리의 사람과 사용자들이 구축해 나가는 것입니다.

테헤란로의 야경(서울 : 도시와 건축)

블록화되어 있는 압구정동 거리(서울 : 도시와 건축)

Multispace

다중적 공간

오늘날 지구 위에 많은 위성들이 궤도를 옮겨가며 회전합니다. 공간은 시간의 일부를 형성하고 시간의 또 다른 종류입니다. 그것은 시간의 간격으로 측정될 수 있는 경험이고 가치입니다. 우리는 거리에 관하여 이야기 하는 것이 아닙니다. 오히려 그것은 어떠한 동요이며 반복이며 지속성입니다. 공간은 이동수단의 가속화로 인하여 집중되고 파열됩니다. 나아가 진정한 공간은 남겨진 비어 있음입니다. 그리고 우리는 정보통신의 이동과 관계를 통하여 생성되는 또 다른 실제적 공간에 존재하고 생활합니다. 우리는 단순히 어떠한 거리에서 이동하고 그곳에서 경험하는 것이 아니라 또한 주거에서 생활하는 것이 아니라 어떠한 통신망과 조직, 네트워크 속에서 존재하고 경험합니다. 우리가 어디에 있더라도 우리는 사실상 부재하는 곳 그것은 바로 통신망이 구축한 공간이며 가상적 공간입니다. 그곳에서 우리는 실재하지 않으나 존재하고 또한 다중적이고 다수적으로 존재합니다. 통신적 연결 망의 비물질적인 공간, 디시털 시대의 비물질적 가상적 공간은 공간의 부재일 뿐 아니라 비어있는 삭제된 그리고 무언가 빠져 있는 공간입니다. 또한 그것은 현존하는 새로운 공간이며 통신망의 존재이며, 우리가 시각적으로 확인 할 수 있는 상황을 넘어서는 공간입니다. 그것은 다중적 공간입니다. 그리고 다중적 시간이며 우리의 물리적 경험을 넘어서는 존재하고 텔레마티크 telematique 장치의 사용과 비실제적 비시각적 공간의 사용을 통하여 확장됩니다. 레이다 radar의 사용은 실제적 공간의 파괴와 시간의 한계 붕괴를 단적으로 보여줍니다. 그러한 붕괴는 부재의 효과일 뿐 아니라 부족의 효과입니다, 또한 생산적이고 새로운 그 무엇인가를 발전시키고자 하는 것입니다. 이러한 방식으로 레이다는 안개 속을 헤치고 갈 수 있는 수단이 되었습니다. 또한 보이지 않는 비어있는 공간의 방향성을 제공합니다. 이러한 방식으로 우리는 많은 것을 놓아 버리고 새로운 대립적인 상황을 만들어 내었습니다. 그것은 바로 가상적 공간이며 공간의 부재이고 보이지 않고 수학적으로만 윤곽을 드러낼 수 있는 공간입니다. 더욱이 우리는 통신망 속에서 돌아 다니고 이동해 나갑니다. 그것은 점진적으로 진정한 실체의 공간을 구축하고 있습니다. 이러한 부재의 경우에 실제적 공간의 관계를 가지고 있으며 그것은 그러한 실제적 공간으로부터 새로이 형성되기도 합니다. 동시에 부재의 시대는 시간과 공간의 표현과 해석에 있어서 역사적이 방식의 변형과 풍부함 그리고 새로움의 가능성을 열었습니다.

Newspace

Rem Koolhaas. Seattle Central Library. 2004

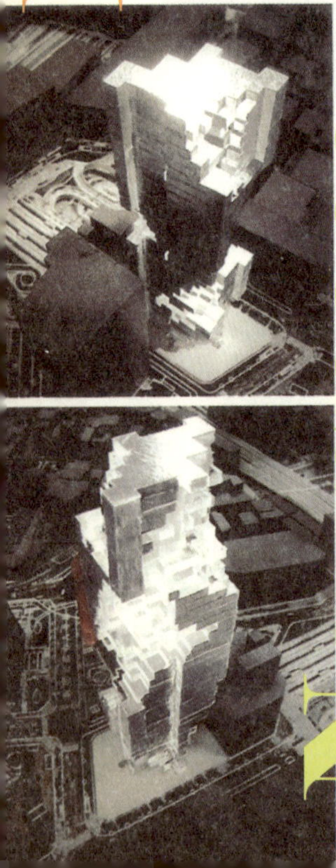

Newspace

Rem Koolhaas. Shinjuku Vertical Canp

우리시대 건축은 거의 모두가 새로운 시도로
정되고 새로운 공간은 마치 의미있고 훌륭한
축의 기준처럼 여겨 집니다.

새로운 공간과 건축의 창조

건축 예술은 새로운 길 만들기입니다. 그러므로 사고의 주변부를 재구축하고 변화시킵니다. 건축은 거주 가능한 공간을 조율하는 예술입니다. 그것은 단순한 요구사항을 만족시키는 어떠한 적합성을 넘어서는 것입니다. 우아함은 바로 최소한의 노력으로 최대한의 효과를 얻어내는 것입니다. 사이버스페이스와 신체공간은 실제적이고 물리적인 공간입니다. 두 특성은 모두 필연적으로 가상적 공간과 연계됩니다. 사이버스페이스는 정보 기술에 의하여 구축되며 신체 공간은 정보 기술에 의하여 확장됩니다. 신체공간으로 사이버스페이스로의 이전은 새로운 공간적인 전이를 생성합니다. 공간과 시간은 더 이상 분리되지 않으며 오늘날에는 항상 느낄 수 있는 관계로서 나타납니다. 즉 공간은 이제 새롭게 변화하여 사이버스페이스와 시간, 신체공간과 시간의 관계를 형성합니다. 이러한 새로운 연속적 개념은 새로운 공간 혹은 새로운 공간과 시간의 관계입니다.

Newspace

?

새로운 공간은 무엇입니까 우리가 새롭다고 하는 것은 과연 우리시대의 공간입니까 공간은 항상 새롭게 창조되고 영향을 미치고 도시의 수많은 건축물과 상호작용하지 않습니까

Time 시간

시간은 건축 프로젝트에 새로운 재료입니다. 건축은 하나의 열린 과정으로서 그리고 비제한적이고 비한정적인 작용으로서 존재합니다. 건축은 하나의 조직화의 결과로서 시간을 통합할 수 있는 실체로서 존재합니다. 우리는 조직화된 실체의 연속이며 집적으로서 형태를 받아들이는 가운데 시간의 흐름을 상상할 수 있습니다. 각각의 연관된 단계로서의 조직을 갖는 사건의 순차적 흐름은 어떠한 작용의 특별한 무대를 형성하고 문제의 해결과 요구의 반복적인 경과에 의하여 조직화된 단계의 길이와 폭을 가늠하게 됩니다. 그것은 바로 우리가 다채로운 사건의 줄기들을 이루는 사건의 경과로서 구축되는 문화적 총체입니다. 그것은 어떠한 기회에 의하여 병렬시켜 다중화된 사건의 얽힘입니다. 시간에 있어서 사건들은 물리적인 표현을 지니고 있지 않습니다. 왜냐하면, 사건들은 사고의 방식으로 언어의 유형으로서 존재하기 때문입니다. 그것은 대상을 현재라는 시간에서 발생시키고 담화와 이벤트의 전술에 위치시키는 것입니다.

Ando Tadao. FABRICA. Benetton Communication Research Center. Italy. 2000.

그것은 바로 언어학적인 예술이며 작용입니다. 이러한 이유로 과거의 사건과 사태가 존재한다고 이야기 할 수 없습니다. 미래의 이벤트로 존재할 수 없습니다. 그러나 사고의 몇몇 성향들은 현존하고 있는 것과 관계를 지니고 있습니다. 또 사고의 기술은 기억과 예견과 같은 정신적인 능력과 관련이 있습니다. 시간의 세가지 차원의 표현(과거, 현재, 미래)은 단지 복수적인 세가지 차원에서의 현존, 현재의 다른 차원일 뿐입니다. 우리가 시간의 감각을 한정하고 이벤트를 조직화하는 과정은 바로 생각하는 것이며 또 이야기 하는 것입니다. 우리는 이야기하고 생각하면서 시간과 공간 그리고 사건을 구축합니다. 이와 같은 사실은 분명히 모든 사람들과 상관적으로 존재합니다. 그리고 그와 같은 사고를 유지하는 사람들의 감각과 의도를 동요시킵니다. 시간의 연장선은 확대되고 집중화되어 지성적인 작업들, 기억의 방법들에 이르러 상황을 재구성하고 재구축하게 됩니다. 그것은 의도의 기술이며 의도하고 집중할 수 있는 기술이며 또한 미래를 제시할 수 있는 상상력의 가능성이며 능력입니다.

Moshe Safdie. Holocaust Museum. Yad Vashem. 2005.

Time 시간

시간은 결코 객관적인 패턴에 종속되지 않습니다. 그러나 시간은 무엇인가 유동적이며 주관적입니다. 이러한 이유로 연산, 측정, 그리고 수는 시간에 관련된 개념을 형성합니다. 그리고 그 개념에 관하여 언급할 수 있는 시각적 관심을 확인하게 됩니다. 그리고 지적인 동기화는 매우 다양하며 시간은 또한 다양한 양상을 만들어냅니다. 그것은 왜 시간이 측정 불가능한 것인가에 대한 이유입니다. 오늘날 우리는 공간의 해석에서 이성적인 변화를 인식할 수 있습니다. 또 질서의 개념과 연관되고 있으며 최근의 카오스이론과 양자물리학적 개념과도 연관되어 있습니다. 고전적인 <시간과 공간> 그리고 현대의 <시-공간>적 개념은 최근의 <정보-시간-공간>의 개념으로 발전하였습니다. 그것은 지구적인 관계와 위치에서 작용하는 것이며 더 거대한 비결정성을 생산합니다. 또 우주적 개념의 이해에서 불안정성을 생산합니다.

MVRDV. Walker Art Center. Minneapolis. 2005.

오늘날 <정보-시간-공간> 은 통합적인 영향력과 분산화, 다양한 영역, 우주적 개인적 정보를 과정으로서의 공간적인 명확성으로 전환시켜줍니다. 뉴턴의 패러다임과 아인슈타인의 패러다임은 현재 파악하기 어려운 세계로서의 우주, 불명확하고 비규정적인 세계의 도전에 직면하고 있습니다. 그러한 대부분의 과정들은 비선형적인 궤적과 그들 자신의 역동적이고 상대적인 경향들의 결과물을 완성시킵니다. 그러한 과정에서, 공간에서 지구적 위치는 특정한 상황이 생산하는 지역적인 정보의 사건들과 결합됩니다. 역동적인 시스템에 관한 이론들은 시간적이며 공간적인 과정의 연구와 이동성에 관한 연구로 구성됩니다. 이러한 시스템은 광범위한 스펙트럼을 거쳐 안정적인 행태를 제안하고 최소한의 가능성과 다양성에 직면합니다. 선형적인 시스템은 항상 단일한 균형의 여건을 지니고 있으며 비선형적 시스템은 선택과 다양성을 지니며 안정적인 궤적에서 다양한 간극과 시간적인 간격을 지니는 다수의 균형적인 상태를 지니는 시스템이 됩니다.

시간을 규정하고 시간을 인식할 수 있는 건축적 요소는 무엇입니까 우리는 정적과 고요를 통하여 혹은 부산한 변화와 과정적인 단계를 통하여 시간의 간격과 흐름을 인식할 수 있지 않습니까

Waro Kishi. House In kurakuen 2, 2001.

Space-Time

공간시간, 시공

공간을 보행자적 위치와 수준의 공간으로 판단하고 행태를 조율한다는 것은 어떠한 행태적인 증거들에 근거한 해석에 의한 공간으로 구축한다는 것입니다. 그러한 관찰자적 시각과 공간적인 변화에 관심을 갖는 선험적인 견해는 바로 시간에 대응하는 것입니다. 그러므로 공간은 시간과 하나가 될 수 있었습니다. 모든 경제적 측면에서 어떠한 관광산업에서 경쟁력을 결정짓는 것은 단일한 측면의 양질의 환경에 의한 것이 아니라 서비스의 시스템을 어떻게 조직하는가에 의한 것입니다. 그것은 바로 역동적이며 흥미로운 그리고 분명한 시간의 활용과 계획에 근거합니다. 시간은 바로 여행자가 소비하는 가장 근본적인 재료이고 열쇠입니다. 그것은 우리의 일상적인 삶의 나무지 부분입니다, 그리고 공간은 단지 그 시간을 유지하고 소비하는 대상이며 장소입니다. 그러므로, 관광 여행의 프로그램이 성공적인가에 대한 판단은 근본적으로 효과적으로 여행자가 그들의 시간을 소비할 수 있는가에 의존하고 있습니다.

이와 같은 전망은 공간에서의 새로운 행위의 장을 열수 있는 가능성을 생산하였습니다. 그리고 건축가를 이차적인 시간의 조율과 상호작용의 관계와 소통을 요구하는 과정과 상태에 관계 짓도록 만들어줍니다. 그리고 그것은 우리가 가지고 있는 시간을 사용하는데 관심을 두고 계획하고 소비하는 것입니다. 그러므로 시간은 새로운 혁신적인 일정 agenda에 의하여 유지될 것을 요구합니다. 그것은 우리가 생활하고 행동하고 휴식하고 일하는 곳에서도 무관하지 않습니다. 우리는 즐거울 수 있는 행위들의 연속적인 상태들을 요구하고 종합하고 통합할 수 있는 능력을 얻고자 하는 것입니다. 공간은 그 나름의 분리된 범주를 지니고 존재합니다. 건축은 그러한 공간을 다루는 예술입니다. 시간이 분리된 총체로서 존재한다면, 음악은 시간의 예술이라고 할 수 있습니다. 시간을 포함하는 공간과 시간의 깊은 관계의 실체화와 매스와 에너지의 상호 동등한 관계는 건축과 음악이 분리되어 있는 것이며 또한 우리가 새로운 예술로서의 시간과 공간의 일체화된 분야를 시도하도록 유도합니다. 그것은 바로 건축의 음악입니다. 그것은 서로 다른 분야의 두 예술, 공간과 시간을 다루는 건축과 음악의 결합으로서의 예술을 유도하는 것이며 그것은 건축음악 archimusic으로 부르는 것입니다.

Territory

영토, 토지, 지역, 세력권, 영역, 권역……

우리는 새로운 공간의 유형들에 직면하고 그 공간들은 도시들 사이에, 장소들과 랜드스케이프 그리고 영토들 사이에 지속적인 관계들을 변형시켜 가고 이들의 변형을 한정하고 요구합니다. 역설적인 영토들은 거대한 스케일의 구조적인 시스템에 의하여 조율되며 그것은 이동성, 커뮤니케이션 등에 제공하는 장소와 이벤트의 하부구조를 통하여 생성됩니다. 영토는 동시적으로 형태적으로 이미 형상화된 그리고 부적절한 패턴으로 발전합니다. 그러나 그것은 도시가 요구하는 필요한 도시로서 경제적으로 공간적으로 기능적으로 발전하는 것이 아닙니다. 그러나 그것은 도상학적으로 구축적 기술과 연관되어 형성됩니다. 전형적인 유형들에 근거하는 단기간의 개발투자는 임시방편으로 진행되고 오늘날의 거대도시의 거친 개발 양상을 유도합니다. 거대도시는 지구적 네트워크의 도시를 구축하고 복잡한 현상을 생산합니다. 오늘날 동시적이며 분산적인 프로세스는 잠재적으로 긍정적이면서도 대립적인 것입니다, 그리고 탐구되야할 필요가 있습니다.

사실 역동성은 더 이상 자전적인 장소의 구축과 연관 되어야만 합니다. 그것은 장소의 혼 genius loci 혹은 컨텍스트 context에 지속적이고 느린 적응을 의미합니다. 그것은 전통적인 기준을 통한 것이 아닙니다. 자연적인 재료들, 손쉬운 접근성, 상징성, 문화적 장소의 의미에 의한 것이며 이들의 적합성과 집합체입니다. 도시공간의 개념은 필연적으로 형태적인 참조들로서 나타나며 형태적인 정의에 적응된 특성들의 통합으로 정의됩니다. 그러나 그러한 공간은 새롭고 임의적이며 거친 존재적 증명들에 자리를 내어주게 되었습니다. 공간은 다른 스케일에서 조정되고 더 이상 전통적인 연속성에 의하여 형성되지 않습니다. 오히려 거대한 스케일의 네트워크가 지닌 강도와 중립성 임의성에 의하여 자동적인 이벤트를 제공함으로써 현대적 도시를 발전시킬 수 있습니다. 영토는 더 이상 형상을 지니지 않으며 관계의 복합적 시스템으로 인하여 그리고 연속적인 참조의 층위들로 한정되는 이벤트에 의하여 규정됩니다. 그것은 물리적이며 동시에 인구학적이며 생태학적이며, 경제학적, 문화적 정치적 연속성에 의한 것입니다. 거대한 스케일의 구조적인 네트워크 즉 이동수단, 에너지, 통신망, 재정적 이동, 컴퓨터화에 의한 것입니다. 영토의 총체적인 도시화 그리고 힘의 장의 통제, 정보와 흐름의 통제는 도시화의 새로운 접근과 조명에 의한 것입니다. 그것은 도시를 해석하고 이해하는 문제들을 위한 랜드스케이프로 이해됩니다. 영역의 인식은 우리가 동시대적 건축의 생산에 기여하고 의미화하는 것을 가능하게 합니다. 실체는 더 이상 외부로부터 얻어지는 것이 아닙니다. 우리가 중요시하는 것은 우리가 상호연관시키는 방식입니다. 건축가는 더 이상 기반구조에 근거하여 작업할 수 없습니다. 사실상 남아 있는 것은 랜드스케이프입니다.

Alberto Campo Baeza. Belvedere. Madrid. 2000.

우리시대의 건축 작업이 창조한 공간들을 어떠한 영역을 구체화합니까
그 영역은 서로 어떠한 관계를 유지하고 경계를 얻게 됩니까 이들 경계는
자연과 어떠한 네트워크를 구축합니까

오늘날 장소의 개념은 발생학적인 개념으로서 컨텍스트 context라 불리는 인식적인 범위을 넘어서 정의되고 존재합니다. 권위적이고 문화적인 차원의 동시대적 건축의 특성은 모호성을 효과적으로 규정할 수 있는 다양한 상태와 계획들로부터 시작되었습니다. 그리고 그것은 새로운 논리 즉 장(場)의 이상적인 관계를 확인할 수 있는 논리에 의하여 지역성을 정의하는 것이 불가능하다는 것입니다. 이 공간의 장은 긴장을 지니고 다양한 스케일과 작용들 그리고 효과와 행위들을 지니고 있는 다양한 힘들의 교차점으로서 존재합니다. 또 더 이상 어떠한 가능한 영역을 둘러싼 피복를 형성하기 어렵고 명확한 참고의 대상물도 지니지 않습니다. 오히려 그것은 반복적으로 자극되어지는 불완전한 상태와 장소를 의미하게 되었습니다. 그러므로 장소는 더 이상 중심을 지니지 못하며 경계만을 가늠하게 됩니다. 이러한 새로운 제안의 유용함은 많은 관계를 제공하는데 있습니다. 그것은 새로운 결합을 자극하고 연결을 고무시킵니다. 그것은 다중적 스칼라 량의 프로그램과 사용가능성을 의미합니다. 또 장소에 무한한 영역을 지니는 축도를 형성합니다. 그것은 장소를 다중화하고 정체성을 복수화합니다. 우리는 그러므로 그것을 하나의 가중적인 증식으로 여깁니다. 장소는 하나의 열린 랜드스케이프적 주제들을 다루고 있습니다. 그것은 비어있음이며 장소가 담고 있는 본질입니다. 둘러싸고 있는 실체가 장소라면, 그 장소는 하나의 실체로서 평가절하되고 말 것입니다. 그러한 실체는 하나의 투명성을 요구하고 그것이 개개인의 마음에 스며들기를 바라고 있습니다. 그러한 면에서 실체의 장소는 비어있음, 열림, 구멍과 같은 기억과 노력에 의하여 생산되는 본질을 얻게 됩니다. 그러므로 아무도 담을 수 없는 기억과 피로의 공간으로서 장소를 점유하는 것은 매우 일시적인 경험일 뿐입니다. 그러한 공간적인 손실들로부터 현대인들이 느끼는 것은 바로 과거가 갖고 있는 향수입니다. 그것은 바로 생산적인 공간의 가치를 그리워하는 것입니다. 무엇보다도 장소를 얻는다는 것은 풍부하고 생산적인 가치에 접근한다는 것입니다. 그리고 그것은 그 자신을 얻는 다는 것을 의미합니다. 장소는 어떠한 차원적인 문제들과는 아무런 관계가 없습니다. 그것은 공간의 스케일과도 관계가 없으며 기억과도 상관이 없습니다. 그것은 참고 될만한 다른 측면들과는 아무런 관계가 없습니다. 그것은 어떠한 물리적인 실체를 넘어선 것으로서의 무엇인가와의 관계입니다. 그것은 어떠한 마음과 이데올로기의 상태와 관계 있습니다.

?

우리 도시를 가득 채우고 있는 수많은 장소들은 무엇이고 어떻게 서로 관계를 얽습니까 혈관처럼 뻗어나가는 도로 그리고 수많은 노선의 버스, 지하철, 승용차, 발걸음이 만들어내는 장소들이 어떻게 규정되고 영역을 형성합니까 그곳은 어떻게 장소가 됩니까

한강 둔치

청계천 수변

장소를 한정하는 거리와 영역

적정한 거리는 우리자신이 근접하거나 혹은 인접하거나 하는 상태를 유발하고 그 거리 안에서 행동할 수 있는 상태를 만들어줍니다. 그것은 우리를 둘러싸고 있는 사건들과 대상들의 지역적인 관계 이상으로 연관 될 수 있는 가능성을 보여줍니다. 거리의 적정성은 우리가 건축물로부터 가깝고 멀다는 감각을 느낄 수 있게 하고 그것은 어떠한 결정적인 이론들로부터 만들어진 건축적 상황을 경험하는 정도를 조절하게 합니다. 그리고 그것은 많은 사람들에게 경험되는 장소가 독립될 수 있는 가능성을 판단하게 됩니다. 우리는 장소와 관련된 이와 같은 힘의 균형을 컨텍스트라고 이름할 수 있습니다. 그것은 그 밖에도 참조, 뼈대구조, 의미범주로도 부를 수 있으며 우리의 신체로부터 확장된 영역으로도 언급되고 우리를 둘러싼 환경으로도 언급될 수 있습니다. 컨텍스트는 그 안에 존재하는 모든 것의 관계로서 가늠할 수 있는 것입니다. 그리고 그 장소의 컨텍스트적 영역은 오늘날 지나치게 광범위한 영역과의 관계에서 존재하게 됩니다. 그 영역의 확대로서 세계화는 차이의 정도가 변화하고 그 관계를 잃어간다는 것은 아닙니다. 그것은 추상적인 공간을 생산하지 않으며 어떠한 비교할 만한 장소나 참조물들이 없이 확장해간다는 것입니다. 그것은 하나의 협력관계를 형성하는 단면이 아닙니다, 오히려 그것은 다양한 맥락성의 집합을 구축한다는 것입니다. 그것은 장소의 동시성을 형성합니다. 그러므로 우리는 컨텍스트는 물리적인 장소가 아닙니다. 그것은 우리를 감싸고 있는 문화적, 주체적인 환경이 아닙니다. 그것은 우리를 감싸고 있는 실체들이 아닙니다. 오히려 그것은 개인적으로 느껴지는 시간이며 경험이며 사고이며 사고를 통하여 얻어지는 역학적인 관계입니다. 그러므로 그러한 관계는 이미지로 나타나며 기억의 장소들이 만들어내는 울림이고 노래입니다.

경복궁 근정문

건축물은 장소에 역동적인 에너지를 부여해야 합니다. 그것은 기념비적인 환경, 고고학적 복합체로서 매우 자주 장소라는 이름으로 불려져 왔습니다. 그러나 구축된 건축물은 어떠한 영혼이 없는 공허한 대상을 남기는 경우가 많습니다. 우리가 죽어있는 건축적 대상에 새로운 활기를 불어넣기 위해서는 정신성의 개입, 활기찬 에너지를 필요로 합니다. 어떠한 정신성의 개입은 과거의 건축물에 새로운 현존을 자극합니다. 그러나 그것만으로는 부족합니다. 건축은 건축물 자신의 영혼으로만 창조되기 때문입니다. 그것은 다른 무엇보다도 존재자체이며 나타난 현존입니다. 그것은 분명히 사회적, 공간적 미학적 배경들과의 상호작용을 필요로 합니다. 그러한 상호작용의 배경은 그들의 역사에서 그 건축물이 갖는 장소를 요구합니다. 왜냐하면, 건축물이 언제, 무엇을 위하여 어떻게 건축되고 창조되었는가를 알고 기억함으로써 사람들이 그 장소에 에너지를 불어 넣을 수 있는 관계를 유지하기 때문입니다. 그러므로 오늘날 건축가는 건축물의 창조가 아닌 장소의 창조자입니다.

경복궁 근정전

그것은 전통적인 여건과 상황과는 다른 것이며 건축가는 어떠한 한정된 간략한 용도를 제안한다기 보다는 프로그램적인 장소의 가능성을 제안합니다. 프로젝트는 영화와 같이 하나의 방법적인 전략에 따르게 됩니다. 오늘날의 동요된 도시에서 그리고 실질적인 영역에서는 행태를 규제하고 불가능하게 하는 환경보다는 역동적인 방어를 요구합니다. 그것은 구축된 것의 배치와 역할의 문제이며 그것은 보호된 비어있는 공간을 형성합니다. 그것은 작업 자체보다도 훨씬 더 초월적인 문제입니다. 하나의 장소가 구축되었을 때, 그것은 더 훌륭한 것을 위한 곳, 터, 장소, 터전, 장이 되었습니다.

FOA. Yokohama International Port Terminal. 2002.

우리에게 수많은 장소가 그 가변성과 일시성에 의하여 장소성을 잃어가거나 유지하지 못하는 경우가 생겨납니까 그러한 장소적 의미가 약화된 곳은 어느 곳입니까

No-place

비장소, 장소 없음, 장소의 소실

장소가 없음은 시간의 도시와 이동성의 공간 사이에 새로운 관계를 정의하고 합니다. 비장소는 사무소공원, 역사, 고속도로, 야영지, 카라반 공원, 공항, 철도역사, 터미널, 호텔, 쇼핑몰, 여가시설, 전산통신망 네트워크는 새로운 시나리오를 구성하는 새로운 패러다임을 구축하였습니다. 동시에 그것은 건축의 문화에 의하여 더욱 가속화되고 그렇게 건축화되었다는 사실은 망각되었습니다. 비장소는 이데올로기적 실존주의 existentialism로부터 유희적 실존주의로서 변모하였습니다. 그것은 어떠한 이동성과 소비로 연관되었으며 여가의 가치로서 확장되었습니다. 광대한 건축적 영역이 어떠한 소비, 경관, 전망, 유흥산업에 의하여 파괴되었습니다. 그러한 요소들은 명백한 진보적 사례를 구축하였습니다. 그것은 한정적이고 지속적인 영역과 의미를 생산하지 않습니다. 단지 통과하는 과정이고 시간과 가속도에 의하여 흐름만이 강화된 영역입니다.

Murphy/Yahn. Koln-Bonn Airport. 2000.

새로운 자연

New naturalism

오늘날에 '자연'이라는 말은 쉽게 정착되고 이해되며 또한 분류학적인 조직화를 구성합니다. 그러한 조직화는 우리에게 매우 사려 깊은 해석을 가능하게 합니다. 그것은 이해할 수 없고 신비한 것이었던 자연이라는 어휘의 의미를 전화시킬 수 있게 해 주었습니다. 그리고 자연은 최근에 와서 무엇인가 대체 할 수 있는 가치가 있는 것으로 판단되었으며 픽쳐레스크적 개념이 우주적 조직화에 중첩되어 부과되었습니다.

그것은 자연을 관찰하는데 있어서 필수적 적정한 거리와 능력을 제공하는 다중적인 정의 효과들로서 나타난 것이었습니다. 이것 그럴듯한 가정으로서 어떠한 합리화도 필요 지 않는 명백한 것이 되었습니다. 그것은 단 하나의 언급으로서 새로운 자연주의를 상상 게 만들었으며 있는 그대로가 아닌 정보와 학적 개념, 혼성적, 혼성교배, 엔트로피적 자 인위적인 집성, 인류적 축적으로서 제공된 연으로서 심오한 모호성으로부터 생성된 이 지를 낳았습니다. 그러한 집성체는 이전의 와는 대립되는 개념들로서 예술작품, 견고 정치적 공간, 공적 공간의 획일적인 연속적 제, 혼동되고 흐름으로서의 임의적 융용체 결합되기 시작했습니다. 새로운 자연주의는 코 자연적 참조물들과 하나가 되지 못했습 다. 또 그러한 참고할 대상들을 얻지도 못했 니다. 그것은 모순적인 결론이 되었습니다.

이러한 확장적인 자연주의적 시야의 환상에 열쇠는 픽쳐레스크적 예술이 가진 겨진 영역의 탐구로부터 받아들여지고 발전된 것이라고 할 수 있습니다. 그러한 접적이고 지속적인 자극들은 그것이 받아들여진 일련의 통로들과는 아무런 연 을 가지지 못하였습니다. 새로운 자연의 개념은 과거와는 전혀 다른 것이 되었 때문입니다. 새로운 자연주의는 이러한 영역들을 하나로 통합하면서 시작되었 니다. 그리고 그들의 삶에 관여하고 어떠한 목소리를 얻기 시작하였습니다. 건축 직접적이고 통합된 아름다움의 개념으로서 어떠한 강제나 해악 혹은 거만함을 니지 않은 그 무엇으로 의미를 지닐 수 있도록 요구되었습니다. 이러한 풍요로 결과는 사실 전통으로부터 정반대의 방향을 향해 나아가면서 얻어진 것이었습 다. 그것은 우리에게 있어서 매우 어둡고 힘겨운 여정을 통한 결과입니다.

사실 진보적 개념에서 자연은 존재하지 않습니다. 그것은 최근에 전 지구적 세계를 디지털화하고 공간들은 작은 모니터 안에 담기게 되었습니다. 더욱 거대한 기술적인 진보와 비평적인 문화에 대한 관심만이 파괴적인 양상을 멈출 수 있을 것입니다. 현대적 기술과 자연은 새로운 세계 즉 테크노네이쳐 technonature를 형성합니다. 자연에 대한 성장하는 관심을 통하여 형상을 갖게 되는 더 본질적인 사고를 발생시켰습니다. 그리고 현대의 새로운 기술은 우리의 건축적 영역에 펼쳐졌습니다. 이러한 컨텍스트에서 건축가의 작업은 더욱 심오한 형상들을 만들어 내고 자연의 도시대적 사고를 탐구하게 합니다. 그리고 문화적 구축으로서 건축을 이해하고 합니다. 만약 천지창조와 같은 것이라면 그리고 물리적인 형상을 구축할 수 있다면 그것은 하나의 근원적인 작업이 됩니다. 환경에 대한 인식은 점점 더 유용한 것이 되고 실질적인 물리적 경험의 인공성은 새로운 모순과 질문들을 만들어내는 것이 되고 있습니다. 미디어 media, 산 mountain, 건축 architecture은 하나의 거주할 수 있는 자연이 되고 있는 개념적인 대상을 형성합니다. 디지털적이고 자연적이며 인위적인 것입니다. 이러한 세 명백한 구분은 새로운 질서를 요구하며 그들 사이의 관계와 상호작용을 조직화하는 것입니다.

Sasaki Associates. Centeral Indianapolis Waterfront. 2006.

3. 장소들 가운데 특별한 장소, 영역, 경계, 네트워크

도시 都市

도시는 너무나 많은 장소들이 너무나 세분화된 장소들이 너무나 많은 이야기를 만들어내는 곳입니다. 여기에는 사람들과 수많은 이야기 장소들 공간들 구조물들이 삐곡하게 쌓여감으로써 생겨난 것입니다.

서울을 규정할 수 있는 가장 큰 특징들은 무엇입니까
우리 도시의 개성은 무엇이고 우리가 다른 도시와 차이로 발견할 수 있는 것은 무엇입니까

이 도시를 거닐고 점유하고 사용하고 관계하고 있는 우리는 이 도시를 무엇으로 여기고 있습니까
그것은 모두에게 다른 모습을 지니고 있음이 분명합니다.

서울 종로

Seoul

오늘날 우리의 도시는 하나의 단일한 이상적인 장소로서 누적되거나 정의될 수 없습니다. 도시는 이미 그만한 장소의 범위를 넘어 섰으며 다양성과 다면성을 하나로 규정할 수 없게 되었습니다. 그 장소는 결코 종결된 결과를 가질 수 없고 또 다시 구축되거나 의도될 수도 없습니다. 도시는 독특한 혹은 유일한 가능한 형식적 모델이 될 수 도 없습니다. 오히려 그것은 해체되고 혼합되고 교차 이식되는 끝나지 않는 과정이며 상호 연관된 공존이며 진화입니다. 이러한 방식으로 우리는 다중적인 도시를 언급 할 수 있습니다. 이러한 도시에서 우리는 다차원적 도시, 다중심적 도시, 다면적인 도시를 유추하게 됩니다. 도시는 더 이상 고립된 섬이 아니며 그것은 도시의 특성을 지닌 다양한 스펙트럼의 변화이고 과정입니다. 이러한 동시대의 메타폴리스 metapolis의 탄생을 가능하게 합니다. 지금까지 우리들이 알고 있는 대도시들에 대한 여러 관점과 해석을 넘어서는 새로운 도시를 지칭합니다. 이 어휘는 meta + polis의 합성어이며 meta가 가진 의미는 '제2의, 성찰적, 대변적, 은유적' 등으로 볼 수 있고 polis는 도시국가의 연합체인 고대그리스에서 도시 polis 형식입니다. 오늘날의 도시는 초월적인 장소들의 도시이고 hyperplace의 도시이며 장소들의 장소 place of places입니다. 그것은 어떠한 긍정적인 태도로부터 접근 가능한 상태의 도시이며 풍부한 다면적인 시나리오를 구축한 도시입니다. 다양한 기회들의 만화경이며 이질적인 요소들과 상황 경험들이 도시민들과 상호관계적으로 결합되어 공존하는 도시의 양상으로서 누적된 도시입니다. 우리 도시는 거의 모든 수식어를 포함하는 들끓는 도가니라고 볼 수 있습니다. 그러므로 이 도시를 정형화된 상태이거나 사태의 일면으로서 받아들이는 것은 불가능합니다. 우리 도시는 사실상 거대한 가능성의 크기입니다.

다층적 도시

우리 도시는 그물과 같은 자동차로 버스전용자선, 보행자로, 지하철노선, 그리고 수많은 녹지와 통로의 네트워크가 공존합니다. 거대한 빌딩, 낮은 주택가, 아파트군, 한강, 복합상업지역이 서로 경계를 맞물고 있습니다. 이 모두는 하나의 레이어이고 다중심이 됩니다. 그리고 우리 서울을 다층적 도시로 더욱 확장시키게 됩니다.

Multi, Multus, Much, Many, Poly ....

다중성 multi라는 어휘는 라틴어 multus로서 그 뜻은 much, many와 같습니다. 접두어 multi는 다중적인 행위와 복수적 가능성을 보여주는 것입니다. 그것은 동시대의 진보적인 장치이며 그 분명함을 통하여 생성되는 것입니다. 멀티 multi는 복합성이며 증식되는 것이며 증가하는 것이라는 의미를 지니고 있습니다. 그것은 다원적 가치의, 다원적 중심의, 다핵의, 다면성의, 다층의, 다중적 위계의, 통합적 동시적 이벤트를 둘러싸고 중첩시키는 양상을 포함합니다. 그것은 사실상의 성장하는, 역동적인 복합제이며 다층면적의 의미입니다

이러한 다중성은 오늘날 다중 도시 multicity와 증식 multiply으로서 가장 잘 설명할 수 있습니다. 오늘날 도시는 수많은 주제, 요소, 사건의 통합적 조건이며 서로 다른 요구에 응답하는 서로 다른 해답을 생산하고 수많은 현상을 재생산하고 확대하는 가능성을 지니고 있습니다. 이러한 양상은 생산이며 결코 반복이라고 할 수 없습니다. 사실상 배가, 증식은 어떠한 더하기도 빼기도 제거도 아니며 동등한 가치도 아닙니다. 그것은 분명히 곱하기이며 다층성입니다. 오래된 범주의 전통적인 확고한 단일한 가치는 덜 한정적이고 결정적이며 더욱 혼성화된 다면적인 다중적인 측면의 의미로 전화되고 있습니다. 다중성은 자연에 의한 확장과 산개 그리고 다중적인 조건을 연관시킬 수 있는 시스템을 가능하게 합니다.

multicity

계천

우리 도시는 수많은 거점들의 네트워크입니다. 그리고 수많은 흐름과 관계의 중첩입니다. 멀티 multi는 폴리 poly를 의미합니다. 그것은 다국면이며 다층면이며 많은 중심과 집중 많은 복수성입니다. 하나와 많은 것은 동시에 생성됩니다. 그것은 부가적일 뿐만이 아니라 증식하는 다수성입니다. 그러므로 우리는 수많은 레이어의 장소와 통로가 동시에 존재합니다.

!

화문

?

이 도시에 서 있는 여러분은 어떠한 관계에서 자신의 공간과 통로를 갖고 있습니까

여러분은 어떠한 이유로 통로를 이용하고 어떠한 네트워크의 통로에 서 있습니까

다층적 도시

Multicity

20세기 중반 사람들은 명확히 조직된 도시를 꿈꾸었습니다. 잘 디자인되고 다양한 상황들을 예견할 수 있으며 도시 거주민의 삶의 질을 확대하고 고양시킬 수 있으리라고 믿었습니다. 그리고 그들은 도시의 물리적 형태를 발전시킴으로써 그들 자신의 도시와 삶을 발전시키고자 하였습니다. 이러한 사실은 건축에서 널리 퍼져 있었던 일반적인 사고였습니다. 그것은 그 자체로 사회적인 세계의 단상을 형성하고 믿음을 구성하였습니다. 도시 자체로서 물질적 실체의 표현은 매우 상호의존적이며 계몽시대 이후 지속되어온 물리적 세계의 이해방식의 확대를 통한 것이었습니다. 과학적 방법들의 적용을 통한 합리성의 승리는 사회공학에도 유도되었습니다. 그것은 도시사회에서 재조정되고 완벽하게 전달하고자 의도되었습니다. 그 결과는 건축과 도시계획에서는 물론 사회공학적인 시도에서 매우 세심한 의도를 만들어 냈습니다. 그러한 계획고하 의도들은 서양사회를 과거 50년 동안 주도하고 통제해 왔습니다. 우리가 새로운 밀레니엄에 도달하게 되면서, 우리 모두는 새로운 처녀지에 다다르게 되었습니다. 그것은 이전에 집작 할 수 없었던 것이며 지난 20년간 합리적이고 과학적 프로그램을 해체시켜왔습니다. 작은 규모의 시스템에 의한 우리의 이해는 어떠한 명확함이나 거대한 규모의 시스템을 구축하고 이해하는 것에 도움을 주기 어렵습니다. 전체는 항상 그 부분의 합 이상의 것을 지니고 있습니다. 그리고 물리적인 실체는 모든 것에 대한 토대로서 인식되기 보다는 오히려 불신을 가져왔습니다. 불확정성에 대한 불완전한 이해가 부과하는 한계와 복잡성이 만들어 놓은 한계는 완전한 이해의 희망을 파괴하여 왔습니다. 그리고 이러한 과정에서 여전히 물리적인 실체가 더욱 심오한 이론을 생산할 것이라는 것을 믿는 사람들이 존재하고 있었습니다. 사실 산개하고 확산된 논리보다 더 많은 것을 얻을 것이라는 희망은 거의 존재하지 않습니다. 궁극적인 이론을 얻을 것이라는 희망은 사실상 환상에 불과합니다, 시스템은 언제나 너무나도 복잡하고 그러므로 현대의 일반적인 과학만으로는 유지될 수 없는 세계를 만나게 되는 것입니다.

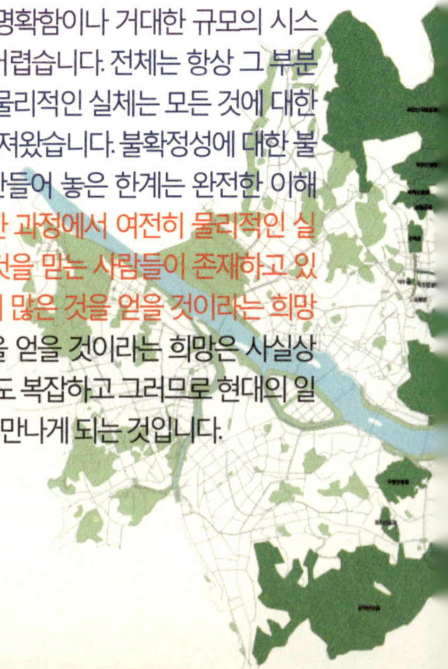

Route

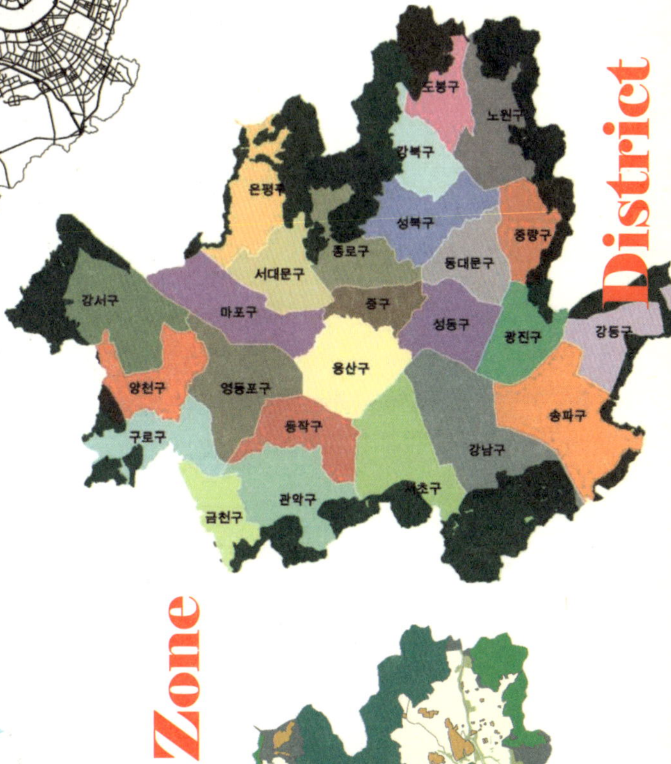

District

Green Axis

Green Zone

다중심적 도시

다중심적 도시는 어떠한 매력적인 요소들을 분산시켜 위성화하는 것으로 인식될 수 있습니다. 전통적인 도시는 유기적 성장의 구조물을 발전시켜 왔습니다.

그러한 성장은 반대로 고전적인 계획 기술을 담고 있으며 그것은 하나의 집중화의 모델에 따르고 있었습니다. 그것은 바로 일원성, 지속성, 위계성과도 동일한 모델이었습니다. 그러나 오늘날 동시대적 도시에서는 최종적인 자본주의적 생산모델은 비안정성에 노출되어 있습니다. 이러한 방식은 유기적 구조의 엄정함을 유지할 수 없습니다.

Antonio Sant'Elia. La Citta Nouva. 1914

Peter Cook/Archigram. Plug-in City. 1964

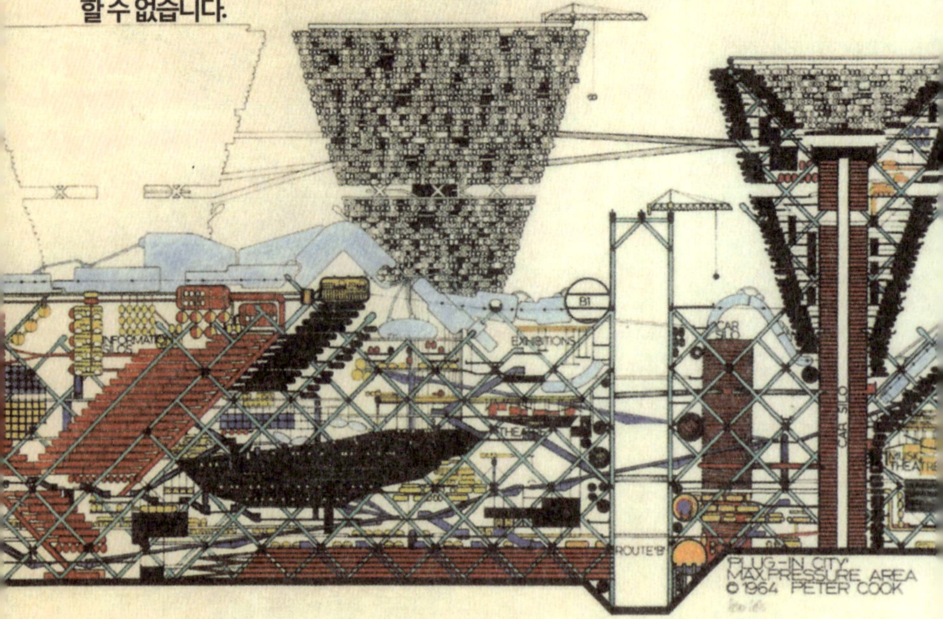

Herron/Archigram. Instant City. 1970.

다중심적 도시는 어떠한 매력적인 요소들을 분산시켜 위성화하는 것으로 인식될 수 있습니다. 전통적인 도시는 유기적 성장의 구조물을 발전시켜 왔습니다. 그러한 성장은 반대로 고전적인 계획 기술을 담고 있으며 그것은 하나의 집중화의 모델에 따르고 있었습니다. 그것은 바로 일원성, 지속성, 위계성과도 동일한 모델이었습니다. 그러나 오늘날 동시대적 도시에서는 최종적인 자본주의적 생산모델은 비안정성에 노출되어 있습니다. 이러한 방식은 유기적 구조의 엄정함을 유지할 수 없습니다. 그것은 도시적 현상을 규정하고 조장하는 것이며 모든 구조에까지 확장됩니다. 도시적인 지형학은 그러므로 더 이상 도시적 영역의 대립을 통하여 구축되지 않는 새로운 환경의 내부에서 성장합니다. 그리고 어떠한 운송수단과 커뮤니케이션의 기반구조로서 어떠한 이동가능성을 근거하고 있습니다. 영토적인 조직화는 하나의 유동체적 경제성에 의하여 유추되며 도시의 실체를 해체시키고자 합니다. 그래서 그 도시적 실체를 다중적인 중심성을 가진 영토로서 변화시키고자 하는 것입니다. 다중심적 혹은 비유기적 구조는 오늘날 도시의 지형학을 구성합니다. 그것은 후기 자본주의적 생산의 일정하지 않은 항상 변화하는 요구를 통합하는 것입니다. 도시구조의 이러한 액화상태 liquefaction는 불연속성을 촉발시키고 비인위적인 성장을 유도합니다.

오늘날 세계도시의 다중심성은 도시구조에서 불연속성을 향한 하나의 의도를 보여주는 사례입니다. 도시는 다양한 요소의 위성화를 구성하고 그것은 중력적인 중심과 기준들을 해체합니다. 또한 전통적인 도시모델을 파괴합니다. 비중심화되고 등방성만을 지닌 현대 도시적 모델을 생산합니다. 우연성을 지닌 도시적 모델에서 중심과 주변부, 내부와 외부의 언어들은 하나의 다중심적인 비위계적인 시스템, 네트워크, 리좀, 효율성의 가능성을 생산합니다. 우리의 도시는 이동, 연계 그리고 더욱 위상학적인 관계들로서의 선들 위에 만들어 진 것입니다.

Peter Cook/Archigram. Part of Instant City in a Field. 1969.

우리 도시는 도시구조는 비규정적이고 초전도성의 지형학을 구축합니다. 그것은 도시 자체가 스스로 그 방향성을 재정립하고 발전시키는 것입니다. 우리의 인위적인 도시는 하나의 통합체로서 나타나고 그것은 지금부터 알려지지 않은 새로운 물질적인 집성체를 구축합니다. 그것은 자연적이고, 인위적이며 비물질적인 요소들의 총합입니다. 그것은 하나의 다공질의 섬유질의 고집적의 안정적인 영역을 구성하고 또한 대립적인 요소들로 구축됩니다. 또한 명확하고 전통적인 경계를 해체합니다. 만약 우리가 현대의 건축가라면 우리는 이 도시를 좀더 윤리적인 어휘로 접근해야 합니다. 그것은 도시가 가져야 하는 당위이며 조직입니다. 도시가 우리 스스로 위치를 정하는데 어려움을 주거나 변화를 유도한다면 그것은 더 낳은 것이라 볼 수 있습니다. 실체적인 된다는 것에서, 도시는 항상 전쟁과 연관되어 왔습니다. 우리는 인간적인 관계를 도시적 공적 공간의 단위로서 유지시킴으로써 발전시키고 회복시켜 왔습니다. 공공 스페이스에서 우리의 필수적인 건축구축적 부수물들이 존재하지 않는다면 우리는 오직 기존 도시의 메아리만을 확장시킬 수 밖에 없을 것입니다. 미래의 도시는 이러한 주체의 다른 의견과 의지들의 관계 내에서 존재할 수 있습니다.

디지털 세계의 충격과 지구화, 세계화의 충격은 우리에게 더 많은 이해를 요구합니다. 그것은 하나의 범주로서의 도시를 구축하는 것이며 지지하는 것입니다. 그보다 우리에게 필요한 것은 오히려 우리는 더 추상적인 개념으로서 집중화의 범주와 집중화의 공간을 확인하는 것입니다. 그것이 우리 도시를 회복시키는 방편이 될 수 있습니다. 그것은 문제를 더 넓은 도시의 경계 내부에 위치시키고 확인할 수 있는 회복의 수단입니다.

NATO. Muse Britanica. 1982

Peter Cook/Cristine Hawley. Layer City. 1982.

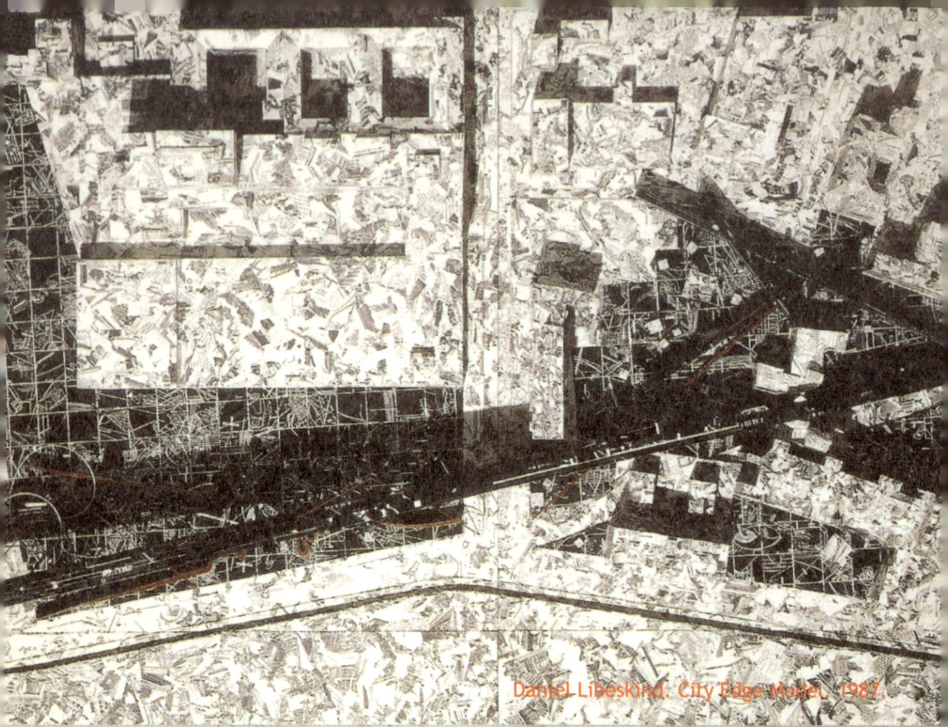

Daniel Libeskind. City Edge Model. 1987.

Peter Eisenman. Moving Arrows, Eros and Other Errors. 1985.

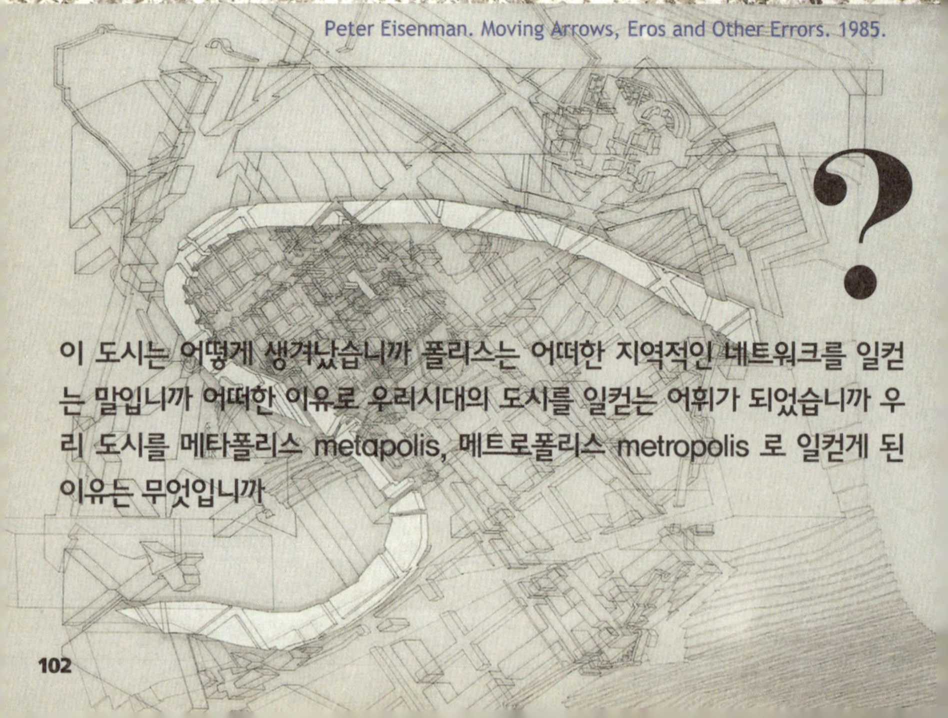

이 도시는 어떻게 생겨났습니까 폴리스는 어떠한 지역적인 네트워크를 일컫는 말입니까 어떠한 이유로 우리시대의 도시를 일컫는 어휘가 되었습니까 우리 도시를 메타폴리스 metapolis, 메트로폴리스 metropolis 로 일컫게 된 이유든 무엇입니까

폴리스

그리스적 개념의 집합적인 연합 도시를 일컫는 말입니다. 오늘날 디지털 기술의 정치적인 사용은 특정 지역에서 자리잡고 성장할 수 있습니다. 정치적으로 보자면, 그러한 요소들은 부분에 지나지 않을 수 있습니다. 그러나 새로운 관계를 설정하는 디지털 기술은 우리시대 도시적 양상의 특성과 관계를 재정립하고 있습니다. 그것은 집중된 하나의 중심으로부터 생성되는 도시가 아니라 다원적인 양상으로 변화하고 생산되는 곳을 탄생시켰습니다. 우리는 지구적으로 생산된 힘으로부터 책임감을 요구하며 정의를 위한 정치적 수단이 될 수 있습니다. 우리가 찾고 있는 것은 바로 그러한 도시적 기반에 근거하고 지구적 네트워크의 도시망을 통하여 작동하는 탈국가적인 정치입니다. 이러한 정치는 지구전체의 통합적인 정치를 생성시키며 그것은 어떠한 종류의 세계적 수준의 상태와 초국가적인 장치를 필요로 하는 것이 아닙니다. 반대로 세계적인 네트워크와 연결할 수 있는 장소로부터 시작됩니다. 그것은 세계화의 대립적인 지형학을 생산합니다. 우리는 그러므로 하나의 새로운 과정으로서 이러한 도시화의 관계의 시작점에 서 있습니다.

Polis Acropolis. Athens.

Metapolis, Metropolis, multicity, telepolis, e-city, Patchwork city ... ...

메타폴리스 metapolis

메타폴리스 metapolis는 물질적이거나 지리적인 것을 넘어서
변화와 다방면에 걸친 가치 안에서 좀 더 다면체적이고 근본적이며
다양하고 탄력적인 발전을 가진 도시의 측면을 중심으로
언급한 개념입니다.
우리 도시는 어떤 장소와 다른 장소, 어떤 지역과 다른 지역 간의 정보화, 역동적인 ㅂ
그리고 보이지 않는 과정에 의한 상호작용에 의한 결합을 보이고 있으며
이질적인 것으로 만들어진 다층화 되어진 구조,
다중적으로 겹쳐진 변화로 표현될 수 있습니다.

메트로폴리스 metropolis

메트로폴리스 metropolis는 군중의 밀집으로 이루어진
거대도시로 일컫고 있으며
흡수적 도시구조로서 도시지역으로 확장됩니다.

멀티시티 multicity

멀티시티 multicity는 다중적 도시. 다중심적 도시로서
도시의 다중성과 다중심성을 강조한 것입니다.
오늘날의 메타 폴리스는 초월적인 그리고 이해 가능한 실체들로 구축됩니
다양한 시점에서 보자면,
지금까지의 메트로폴리스는
새로운 유형의 도시적 통합과 확장을 이루는 것입니다.
그것은 이질적이며 다중적이며 불연속적인 공간과 관계입니다.
그것은 위계라는 측면에서 매우 느슨하게 연관되어 있는
도시적 실체로 만들어 졌습니다.
그리고 점진적으로 덜 관계되고 공간과 컨텍스트적 적합성과
멀어져 가고 있습니다.
그와는 반대로 점진적으로 분산되고 동요되는
역학적인 관계들과의 연관에 의하여
다양한 거주 - 생산 - 서비스 - 여가의 결합을 만들어 냅니다.

어휘 메타폴리스는 새롭고 다중적이며 다양한 측면의 차원을 가진 현대 도시를 일컫는 것입니다. 그것은 전통적인 메트로 폴리스의 차원을 넘어서는 실체이며 진동하는 시스템을 가진 실체로서 발생적이고 재생되는 지구적 스케일의 다양하고 특별한 지역적 특성을 지닙니다. 만약 고전적인 메트로폴리스의 인식이 생산적 메커니즘에 응답할 수 있다면, 그것은 다소간 통합적이며 거점적인 중심 주변으로 하나의 물리적 확정적인 성장을 만들어 내는 것입니다. 그러나 메타폴리스적 인식에서는 더욱 다면적이고 기반구조적이고 다양화된 유연한 발전을 의도합니다. 그것은 변화하는 다면적인 뼈대 구조내부에서 생산되며 물리적이거나 단순한 지형학적인 실체 넘어서 생성되는 것입니다. 메타폴리스는 관계들의 구조를 대변하고 질적인 생산물이며 동시적인 정보의 단위들을 통합하고 처리하는 것에 근거하고 있습니다. 메타폴리스는 더 이상 성장이라는 측면에서 표현되지 않으며 그것은 통합과 정보화, 역동성, 불확실성의 프로세스에 의한 증거로 이해됩니다. 또한 지역의 상호작용에 의한 결론이며 다른 지역과의 관계에 의한 구축입니다. 또 장소와 장소의 관계입니다. 메타폴리스는 단일한 장소 혹은 특별한 형상 혹은 독특한 진화적 단계가 아닙니다. 그것은 다중적인 무대이며 동시적인 경험입니다.

Seoul – Multicity – Metapolis – Multilayed city ......

메트로폴리스를 넘어서 우리시대의 메타폴리스는 신축적이고 동요하는 시스템으로서 나타납니다. 변화하는 시나리오는 오직 기회적인 지도제작에 의하여 형성될 수 있으며 그것은 전술적인 측면을 보충하는 것입니다. 이 사회의 구조는 아날로그적이며 차별화된 것입니다. 구조는 사실 지구적 스케일에서 단일한 역동적 시스템을 구축하며 지역적인 스케일에서 차별화된 상황을 만들어 냅니다. 그것은 하나의 충돌, 만남, 교차를 통하여 구성되며 궁극적으로 거대한 복합체의 다양성을 생성하는 것입니다. 도시의 다면적 차원의 스펙트럼은 도시내의 새로운 도시의 양상을 보여줍니다. 이러한 것은 동시대적 메타폴리스의 필요성이라고 할 수 있습니다. 그것은 하이퍼 플레이스 hyperplace 즉 풍부한 세계적 네트워크와 만화경을 형성하는 것입니다. 그것은 사실 지역의 다양한 선택과 기회로 구성됩니다. 메타폴리스의 언급은 그러므로 다중적 도시로서 멀티시티 multicity를 일컫는 것입니다. 이러한 메타 플레이스metaplace는 정체성을 확인할 수 있으며 물리적이라기 보다는 추상적인 것입니다. 다중적이고 다층적이며 중첩된 변형을 만들어 내는 것입니다. 그것은 하나의 역동적인 네트워크고 동시에 네트워크의 구조이며 동요와 비확정적 구성입니다.

그것은 어떠한 움직임과 이동 그리고 이벤트 사이에 관계에 의하여 정의되는 시스템입니다. 이 도시는 네트워크의 다면적인 시스템과 정보의 레이어 그리고 동요와 다양한 경계의 레이어로 구성됩니다.

세종문화회관

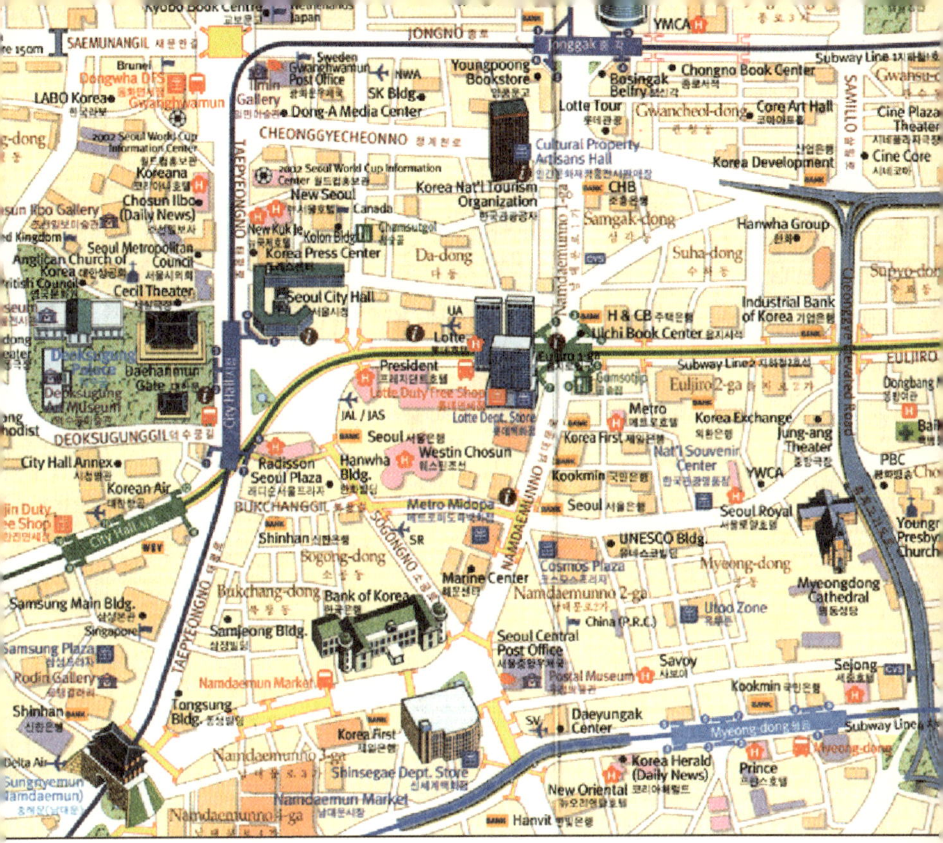

메타폴리스의 영역은 동시대적 관계와 이벤트 그리고 효율적이고 연속적 레이어들 사이의 통합으로 표현되는 복합적 시스템이라고 할 수 있습니다. 그것은 행태와 공간을 한정하고 거대한 스케일의 구체적 네트워크가 될 수 있습니다. 그러한 네트워크에서 레이어, 네트워크, 배경은 종합적인 통합을 만들어 낼 수 있는 관계를 형성합니다. 이러한 다양한 요소들은 상호작용을 통하여 통합됩니다. 그러한 통합은 사실 진보적인 추상과 정보적 차원을 보여주는 것입니다. 그리고 물리적인 측면에서 삼원적인 관계를 구축합니다. 그것은 비움-채움-조율, 구축-랜드스케이프-기반구조, 군도 archipelago-자유공간-간선, 볼륨-간극-지원체계의 관계를 만들어 냅니다. 시스템은 하나의 통합이며 다양하고 불연속적 한계이며 지형적입니다. 그것은 단순한 이해 가능한 표현을 넘어서는 명백한 형상을 보여줍니다. 산업시대의 메트로폴리스는 이제 디지털 시대의 메타폴리스를 구축하였습니다. 도시는 새로운 장소의 하나이며 그곳은 수많은 도시 모델이 공존합니다. 메타폴리스에서 거주는 하나의 장소를 형성하며 우리 자신이 살고 일하고 휴식을 취하는 곳입니다. 그것은 시청각적 혹은 텔레마티크적 telematique 시스템을 구성합니다.

Telepolis 텔레폴리스

지구적인 네트워크의 도시. 고립된 도시. 텔레 폴리스는 20세기 후반에 발전한 상호작용의 새로운 형태입니다. 그것은 근본적인 사회적 삶의 요소들을 바꾸어 놓았습니다. 생산, 작업, 상업, 금융, 저술, 신체 이미지, 영역과 기억의 인식, 정치학, 과학, 문화에 이르기까지 모든 것이 변모하였습니다. 그 결과 이 지구상의 경제적 사회적 구조가 변화하고 고전적인 도시와 국가의 영역적인 한계를 해체하였습니다. 그리고 새로운 지구적인 조직을 발생시키고자 하며 많은 이유에서 그것은 도시적 언어에서 고려되고 있습니다. 어휘 텔레폴리스 telepolis는 고전적 형태의 사회 도시 구조의 형태로서 가족, 단체, 사람들, 집단, 국가, 지역의 구분을 가진 영토성에 대립적으로 사용합니다. 그것은 인간과 새로운 도시 사이에 존재하는 상호공존이며 적합성입니다. 그 안에서 인간의 상호관계는 서로간에 맺어지는 것 이상으로 많은 것이 확립됩니다. 텔레폴리스는 탈영토적인 개념이고 도시입니다. 그 근본적인 구조는 개별적인 요소들의 네트워크에 의하여 존재하며 지형학적으로 연결되는 지점들은 분산되어 있습니다. 그럼에도 불구하고 기술을 통하여 하나로 연결될 수 있습니다. 이러한 새로운 도시는 물리적으로 파괴됨이 없이 그 자체로 중첩됩니다. 텔레폴리스는 대지에 근거하여 위치하지 않습니다. 그것은 기술적으로 하위구조를 지니며 인공위성, 통신망, 텔레커뮤니케이션 타워를 통하여 구축됩니다. 텔레폴리스의 발전은 우리 거주지에 일련의 전기 통신망의 연결이 확대되고 세계적인 도시와의 상호접촉을 가능하게 함으로써 생겨납니다. 그리고 오래된 시대적 한계를 무색하게 만들었습니다. 그러한 경향은 공적인 부분과 사적인 부분의 직접적인 관계의 경계설정의 형태를 지니고 있습니다. 텔레폴리스의 가장 상대적인 측면의 하나는 개인가정으로부터 정보기술과 텔레커뮤니케이션으로의 변화입니다. 그것은 모두 작업 공간과 도시적 장소로서 개인 주거가 생겨난 것입니다. 자택근무 telework는 그 중 가장 큰 특징의 하나입니다.

우리시대의 도시가 창조하는 수 많은 장치와 도구들은 우리가 점유하는 공간 그리고 장소들을 새롭게 바꾸어 놓았습니다. 그렇게 해서 이 세계는 물리적 차원을 넘어서 새로운 차원의 층위를 누적시켰습니다.

동 중앙극장 앞

도시는 수많은 공간들과 경계의 결합입니다. 그것은 다양한 스케일과 열려 있음 그리고 닫혀있음의 연속입니다. 오늘날 우리 도시는 이들 모두의 조합은 하나의 거대한 도시 자체를 구축합니다.

조합적 도시

전통적인 도시의 형상은 다중적 랜드스케이프로 변화해 왔습니다. 그러한 과정에서 새로운 세계적 스케일이 생겨났으며 그것은 도시는 닫혀진 영역으로 고착되지 않고 확장되기 시작했습니다. 그러한 와중에 다중적이고 파편화된 잉여의 공간들의 통합으로 나타났습니다. 마치 조각을 꿰매는 것과 같이 고전적인 도시의 집약된 형성은 이질적인 다양한 확대와 공간, 비어있음의 결합체로 분해되었습니다. 이러한 조각의 이음과 같은 도시는 연관된 실체의 결합으로 형성되었습니다.

또한 긴장, 매혹적인 요소들, 잠재성과, 이동가능성, 상호작용, 분산에 의하여 더욱 증식되고 마찰을 유발하였습니다. 그러한 작업들은 어떠한 참조할 만한 구성이나 지속성의 원칙들을 가지지 않고 개별적인 요소들의 집합 혹은 군집으로 유도하는 결과를 낳았습니다. 도시는 더 이상 완성된 작품이거나 계획으로 남아있을 수 없었습니다. 오히려 그 부분들을 조율하고 조정할 수 있는 네트워크가 되어갔습니다. 그리고 주변부와 잉여의 공간은 존재하지 않으며 모두가 네트워크로부터 오히려 잠재적인 가능성을 지니게 되었습니다.

그리고 도시의 배경은 이제 랜드스케이프적이고 네트워크적인 도시의 일부가 되었습니다.

요소들은 전체 그림에 흡착되고 흡수되어 갔습니다. 그것은 시각적으로 끊임없는 공간의 명암을 그려내고 그물망의 조직 위에 올려지게 됩니다.

지난 세기 동안 우리 도시는 다양한 부분들이 나름의 발전을 통하여 자신의 영역을 구축하고 그 영역은 서로 통로를 통하여 하나의 네트워크를 구축하였습니다.

그것은 완전한 균형이 잡힌 도시의 조화로운 음악이고 다양한 음조와 가락을 가진 부분들의 교향곡으로 나타났습니다. 가장 두드러진 특징은 사실 정연한 질서라기 보다는 열리고 불규칙한 실체입니다. 그것은 음조적인 리듬의 종합으로 드러나는 다양성이라고 할 수 있습니다. 이러한 관계에서 더욱 종합적으로 구축, 랜드스케이프, 하부구조 사이의 내적이고 외적인 공간과 지지구조가 형성될 수 있습니다.

오늘날의 도시는 과거의 복잡한 공간적인 연쇄의 오래된 결과이고 질서라기 보다는 새로운 파편화된 시스템의 출현을 목격하게 합니다. 이러한 양상은 새로운 개인적인 질서로서 중첩된 프로그램의 연쇄적 결과를 낳았고 의도하였습니다. 어떠한 작용을 위한 모든 시도는 새로운 질서를 부과하기 위한 노력이었으며 그것은 모순적으로 더 큰 질서를 낳게 하였습니다. 그 이유는 새로운 요소의 부가가 오직 전체의 복잡성을 증가시키는 방향으로 유도되었기 때문이었습니다.

늘날에는 그러한 카오스적 도시를 발견할 수 있으며 그
은 사실 거대한 풍요 즉 파편화된 복합성의 내부에서
현되는 잠재성과 미래의 가치를 제시합니다. 도시의 확
에서 의도되는 통로는 파편화를 제어하는 것이 되어 가
있습니다. 그러나 조각으로 분열된 도시는 올바른 모델
라고 할 수 없습니다. 그것은 오히려 변형을 유도하는
시적 모델이어야 합니다. 지속적인 진화와 재조정을 가
하게 하는 장을 생성하는 것입니다. 또한 그 과정에서
극적으로 연속과 관계의 연장선을 생산하고 관계의 랜
드케이프를 형성하는 것입니다. 이것은 어디에 어떻게
획을 실현할 것인가의 문제가 아닙니다. 그와는 반대로
극적인 목적은 새롭게 확증된 프로그램을 도시에 재배
시키는 것이며 또한 새로운 균형을 창조하는 것입니다.
러한 균형은 조각조각 연결된 부분들의 상호작용을 유
하고 전지구적인 상호관계를 마련하는 것입니다.

e-city

이 용어는 도시에 관하여 매우 넓은 스펙스럼을 가진 의미와 사고를 한정합니다. 새로운 도시적 의미와 도시를 새롭게 한정하려는 모든 시도가 이 개념 내에서 통합되고 있습니다. 오늘날 건축과 다양한 분야의 상호 관계와 공존은 새로운 양상들을 만들어 내고 있습니다. 그것이 가능한 것은 도시가 관계의 능동적인 배경과 토대로서 이해되고 그 구조를 유지하며 장소와 여건을 마련하고 있다는 것을 의미합니다. E-city는 도시를 변형시킬 수 있는 공간, 공공영역의 의미, 지속성의 다층적 다면적 질문과 기술의 잠재성을 토대로 구축됩니다.

Hyperiphery

하이페리퍼리는 도시의 주변 경계 영역의 발전에 의한 하나의 영향과 여파의 결과이며 작용에 의한 확장을 일컫는 말입니다. 그 결과 주변부는 하이페리어리로 변화합니다. 즉 크고 작은 테마 파크로서 중심지의 진부한 변두리로서 성장하는 것입니다. 그 역사적인 중심으로서 강력한 힘과 경제적인 역량을 지닌 곳은 충분한 사회적 밀도의 요구에 의하여 점점 외부에 힘을 이전하게 됩니다. 그 결과 도시적 생명력과 가능성을 공유하고 어떠한 외적인 이벤트 이면에 가능한 효용성을 작동하게 합니다. 하이페리퍼리는 그러한 주변부의 쇠퇴를 의미합니다.

이제 새로운 공간이 물리적 세계를 변화시키고 중첩되었습니다. 우리가 지각하고 있는 세계가 지형적이고 랜드스케이프적일 뿐 아니라 가상적이고 네트워크적이고 수많은 통신수단에 의한 구조를 지니게 되었습니다. 우리는 이제 Bit의 도시에 살게 된 것입니다.

!

Periphery 주위, 주변, 바깥둘레(물체의) 표면, 겉면주변 포스트모더니티에 대한 반작용으로서 어떠한 반작용으로서 주변부는 새로운 양상을 보여줍니다. 오늘날 그것은 하나의 시나리오도 모델도 아닙니다. 그것은 참조 가능한 랜드스케이프를 만들어 냅니다. 그것은 오히려 열린 상태이며 제한적인 방법들의 근거에서 특별한 가능성과 가치를 지니게 되는 환경입니다. 즉 도시의 재구성자이며 영토의 재조정자이며 그것을 다시 알리는 것으로서 주변부입니다.

선형도시 Linear City

선형도시는 동시적이고 경제적이며 서비스적인 확실성을 지니고 있으며 모든 것이 밀집되고 집적된 혼성화된 도시 공간을 지니고 있습니다. 도시의 기반구조로서의 통로를 따라서 공간적 발전의 논리가 존재하고 그것은 밝혀내기에 매우 어려운 문제입니다. 초기 20세기의 유토피아적 프로젝트에서 선형도시의 발전은 어떠한 지속적이고 높은 밀도의 영역으로서 열정적으로 한정되는 생태학적 발전과 그 경계를 가진 곳으로 집중되고 있습니다. 선형도시는 도시계획과 지역계획의 관계를 재정립합니다. 그 전제는 사회적인 이상에 근거하고 있습니다.

선형도시는 우리시대에 생겨난 교통과 흐름 그리고 접근의 가능성이 만들어낸 도시입니다. 바둑판처럼 곧은 도시의 영역, 직선으로 뻗은 도로와 교통수단, 지하철은 도시를 길게 뻗은 선형으로 만들어 냅니다. 그것은 그러한 도시적 양상이 연쇄적인 지역들을 네트워크화하고 있기 때문입니다.

분당 – 지하철역을 중심으로 성장한 선형도시

우리의 거의 모든 도시는 선형도시입니다. 수많은 선형도시가 누적되고 켜를 이루고 네트워크를 구축하여 거대한 복합도시를 형성합니다. 이 도시가 만들어내는 수많은 흐름과 통로의 연결로서 도시는 무수한 영역을 잇는 가능성의 도시입니다.

이 도시의 형태를 방사형, 격자형, 선형 도시로 구분하고 만들어 낸 것은 무엇입니까 그것은 구역과 통로의 형상입니다. 그렇다면 어느 것이 먼저입니까 구역입니까 통로입니까

시청앞 광장

당산 전철역

오늘날 그 모든 것은 엄청난 영역에 걸쳐서 단숨에 펼쳐지고 계획됩니다. 우리는 그 안에서 자유를 누리면서도 갇혀있고 통제 받고 있습니다.

Rurburbia

주어진 의미의 영역에서 그리고 우리가 이해하고 있는 지형학적인 한계에서 도시는 어떠한 장애도 받지 않고 도시적 영역으로서의 공간을 창조해왔습니다. 이러한 새로운 공간에서 그리고 그것이 어떠한 도시의 주변부이거나 부분일지라도 어떠한 장소로서 명확한 공간입니다. 그리고 랜드스케이프이고 한계를 지닌 도시를 얻게 되는 것이며 경계에 직면하는 것입니다

!

거대한 네트워크는 더 이상 필요성에 의한 것이라고 할 수 없습니다. 오히려 발전을 고무하는 끊임없는 작용들입니다. 도시적 통합과 집적에 대한 오래된 요구는 생산, 상호작용, 방어, 커뮤니케이션을 가능하게 하는 것입니다.

urban-territorial space

이러한 도시화 과정의 중심부에는 언제나 도시공간의 해체가 존재합니다. 오늘날 다양한 도시적 상황의 조건들은 하나로 결합된 중심을 형성하고 불확정적인 경계와 주변부를 창조합니다. 그것은 이질적인 창조이며 또한 비확정적인 영토를 구축하는 것이며 결정되지 않은 실체를 형성하고 서로 다른 실체들이 일시적이고 잠정적인 현존으로 통합된 반박을 만들어 내는 것입니다. 그러므로 우리는 매우 선전적인 슬로건을 창조하고, 열정적인 구조, 시대적인 구축물을 생산합니다. 그것은 우리가 거대한 공간의 이야기를 서술할 수 있게 하는 가능성이며 토대입니다. 모든 것이 새로우며 엔트로피적이고 불균형적이며 불확정적인 그리고 비결정적인 동시대 영역을 가능하게 합니다.

도시의 더 오래된 한계들은 여전히 도시의 배경이 되고 혹은 지원자로서 새로운 영역의 스케일을 창조합니다. 동시에 오래된 도시 구성의 요소들은 새로인 나타난 다면적이고 이질적인 그리고 해석 불가능한 생동적인 실체에 자리를 내어 주었습니다.

그러한 실체의 요소들은 거대한 실체의 정보와 더 이상 연관되지 않고 개별적으로 생명력을 지닙니다. 그러므로 우리는 도시가 건축물 그 자체이며 건축 되어지며 진보적이며 고무적인 형상적인 의도를 통하여 진작되고 있다는 것을 확인하기보다는 오히려 거대한 시스템의 권력과 중립성의 관계에 의하여 구축된다는 것을 깨닫게 됩니다. 그것은 또한 다양성과 자동성의 확대 그리고 누적에 의한 것입니다.

그것은 오늘날 공원지역으로 나타나기도 합니다. 그것은 다소간 특정한 지역들과 관계에서 형식화되고 가시화되며 그 과정에서 주거지역, 공원, 대학 캠퍼스, 상업지역, 테마 파크 등으로 분화됩니다. 공간은 소비, 거주, 작업, 레져의 역할로서 구분되고 할당되며 불연속적 공간으로 위치합니다. 그것은 교통의 네트워크로 연관됩니다. 여기에 어떠한 자동적인 장소의 구축과 관련된 사실은 아무것도 존재하지 않습니다. 그것은 장소의 혼을 지니고 있으며 컨텍스트와 느린 적합성과 조정을 얻고 있습니다. 도시적 장소에서 새로운 역동성은 전략적인 관심과 자동적 결정의 요소들을 가능하게 합니다. 그것은 어떠한 적합성과 확장을 위한 기준입니다. 또한 속도와 효율성에 의하여 유용성을 판단하게 됩니다. 그것은 기술적인 관점에서 어떠한 계획, 시공의 과정이며 네트워크와 이동성에 대한 접근 가능성입니다. 이전의 도시적 영역은 시간과 거리에 근거하는 것이며 이전의 거대도시가 지니고 있었던 양상들과 관계하고 있었습니다. 그러므로 지역의 일상적인 행위를 수용하는 공간적인 복합체의 부분을 형성하게 됩니다. 이러한 현상은 우리가 러버비아 rurburbia (rural+urban+suburbial)라고 부르는 것입니다. 그것은 사실 도시나 시골마을 혹은 교외의 범주에 속하는 것이 아닌 새로운 영역을 발생시킵니다.

청계천 무교동

오래된 도시의 심장부는 새로이 변화합니다. 시간이 흐름에 따라서 도시가 변화하고 초기에 생성된 구조들은 필요에 의하여 재구축되고 정보화됩니다. 서울 역시도 항상 변화하고 있습니다. 외부로부터 자연과 확장하는 인공구조물은 서로 끊임없이 변화하며 새로운 도시의 이미지를 창조합니다.

Rurban ~

21세기에 접어들어서 정보의 시대는 전통적인 소유와 거주의 개념을 바꾸어 왔습니다. 정보관련 종사자들, 애널리스트, 법률가, 컨설턴트, 컴퓨터 프로그래머, 번역가, 예술가 등은 이미 전체 인구의 15%를 넘어서고 있습니다. 그들은 세계 전체에 달하는 수많은 사용자들에게 지식을 전달하고 지식으로 작업하며 세계 어디에서든 전달되는 정보통신망을 통하여 접근합니다. 정보화 시대에는 모든 것이 이 지구상에 가능합니다. 그것은 금전, 과학, 문화의 재정립과 전달을 가능하게 하는 인공위성에 의하여 다시 구축된 것입니다. 그리고 빠르게 도시를 이어주는 교통망이 그 나머지 부분을 채워주고 있습니다. 하드웨어는 소프트웨어와는 대립적이고 상대적입니다. 정보 작업자들은 더 이상 도시에서 거주하지 않으며 그러할 필요가 없습니다. **일주일에 5일간 시골에 거주하면서 작업하고 정보통신망으로 전달합니다. 그리고 이틀 동안 도시에서 업무와 여가를 누리기도 합니다. 시골의 거대한 집과 도시의 작고 축소된 아파트를 가지고 있습니다. 이러한 전체 영역은 이제 모두 거주 가능합니다.** 이러한 점에서 새로운 현대의 건축적 프로젝트는 매력적입니다. 그 새로운 도시, 그 새로운 문화, 그 영역적인 부분들과 여러 지역의 공원들, 새로운 그린 스페이스, 랜드스케이프적 도시. 새로운 거주양식, 단일한 체적의 공간들, 거대한 대공간은 가구들로 들어차 있습니다. 그러한 공간은 어떠한 생산적인 공간으로서 다중적 용도와 삶의 다양한 특성과 다양성에 근거합니다. 전원 개념. 전원생활은 그 나름의 거대 도시적 원칙들과 결합되고 사로 상호작용했습니다. 랜드스케이프로서의 통일은 랜드스케이프와 자연적 요소들의 해석은 모든 프로젝트의 시작입니다. 그것은 거리의 해석, 도시의 구조, 도시의 조직, 네트워크의 해석입니다. 전체적인 연관과 이여기는 어떠한 작용과 행태 그리고 삭제와 제거의 관계를 통하여 형성됩니다. 거주지의 구축은 본질적으로 인위적이며, 그것은 인위적이지만 자연적입니다. 거주지와 자연으로서의 랜드스케이프는 새로운 주거 단위를 형성하면서 통합되어왔습니다. 저가에 높은 수준을 확보하는 것이 또 하나의 특징입니다. 금전은 오늘날 어떠한 유용성과 편의적 측면으로 제한되어 있습니다 우리는 가능한 자원들을 최적화하고 어떠한 장소의 가능성을 극대화하고자 합니다. 장소의 아름다움은 어떠한 재료적 특성에 있지 않습니다.

Rural + Urban – Rurban ~

Gustafson Guthrie Nichol. The Lurie Shoulder Garden. Chicago. 2004.

city of Bits

우리의 도시는 물리적 세계와는 다른 새로운 네트워크 위에 세워졌습니다. 그리고 과거의 도시는 그러한 네트워크를 통하여 변화합니다. 인터넷과 같은 광대역 통신망은 우리의 삶을 바꾸어 놓았습니다. 정보화시대는 그 정보를 접하기 위하여 우리자신이 움직이는 물리적 통로가 아닌 접지 가능한 통신망을 더욱 중요한 것으로 바꾸어 놓았습니다. 우리는 매일 그 통신망을 통하여 세계의 모든 사실들을 어디서나 접근할 수 있으며 최근에는 그러한 선로망이 아닌 무선접속방식이 더욱 일반화되고 있습니다. 이제 그 어디서든 노트북과 무선통신장치만 있다면 세상 어느 곳과도 접촉할 수 있게 되었습니다.

사실상 장소의 아름다움은 그리고 도시적, 건축적, 장소적인 가치는 바로 공간에 의한 것입니다. 그러나 어떠한 특질 혹은 가치 그리고 질적인 판단은 윤리적인 문제와 연관됩니다. 그것은 모든 관계자들에 영향을 미칩니다. 우리 시대는 모든 것을 사용하는데 있어서 집중화를 가져왔습니다. 모든 사건들의 누적과 집중은 자원들을 최적화를 요구하고 또한 가능하게 합니다, 그것은 하나의 도시에서 혹은 건축물에서 기능을 가능하게 합니다. 이러한 양상은 사실상 에너지와 이동을 가능하게 하는 근원적인 자원입니다. 모든 장소의 재료들, 물, 공기, 바위, 대지, 토양, 나무 들은 도시적 에너지로서 하나의 통합적인 결과를 만들어 낼 수 있게 했습니다. 그것에는 어떠한 또 다른 비용이 들지 않았습니다. 인위적인 재료들은 더욱 낮은 가격에 훌륭한 결과를 낳았습니다. 재료들은 공간적으로 중요한 영향력과 속성들을 만들어 냈습니다. 재료들은 결코 관리를 필요로 하지 않는 것도 있습니다. 내부공간의 이동성은 거주지가 더욱 더 거대한 공간 속에서 가능하고 특성을 지니고 많은 행위들을 수행할 수 있는 배경이 될 수 있게 만들었습니다. 그것은 하나의 지적인 대상물이며 잘 조정된 형태이며 다기능적인 배경입니다.

우리 도시는 살아있는 것처럼 매일매일 변화합니다. 새로운 건축물이 들어서고 전혀 다른 형태와 건축재료를 사용하여 예전에 볼 수 없었던 이미지를 생산합니다.

어떠한 단일한 비어있는 공간은 하나의 얇은 표면을 가진 복잡한 한계를 지니고 있습니다. 이들 외피는 알루미늄, 나무, 블록, 유리 등입니다. 파사드에서 유리는 매우 다른 얇음 막으로 구축된 입면을 구성하며 그것은 종종 열적 그리고 태양광의 조절과 보호를 위한 것입니다. 또한 그 표면에 질감과 이미지를 프린트함으로써 어떠한 스크린의 역할을 조절할 수 있습니다. 단면 계획은 토지, 토양, 환경, 하늘, 공간에 이르는 자연적인 영역 사이의 관계를 조절합니다. 그것은 어떠한 바닥면으로부터 단순한 형상을 출현시키고 건축물 혹은 도시가 다양한 레이어의 중첩에 의하여 조직화 될 수 있게 만들어줍니다. 건축물 주변의 통로는 램프, 계단 등을 통하여 생산되고 사람들이 걸어가는 동안 통로가 될 수 있습니다. 공간의 측정은 또 다른 특징의 하나입니다. 공간에 있어서 어떠한 정량은 정성적인 것이 될 수 있습니다.

Carlos Zapata. House in Miravalle. Ecuador. 2002.

우리는 어떻게 장소과 공간을 판단합니까 그리고 어떻게 경험합니까

량은 하나의 질입니다. 모든 기능은 주어진 크기의 공간을 요구합니다. 거주지는 공간의 다양한 크기들 사이의 대조를 근거로 존재하고 조직화됩니다. 어떠한 기준이 되는 높이와 치수도 존재하지 않는 것이 사실입니다. 우리는 일반적으로 높이, 깊이, 넓이, 길이를 측정하고 사용하며 그것은 어떠한 특정한 질적인 차원에서 제공하는 것입니다.

환경 그리고 영역의 체계화와 조직

환경, 영역 그리고 공간 또 건축은 하나의 중첩과 부과에 의하여 한정될 수 있습니다. 그것은 그물망과 조직의 상호 얽힘과 표면화입니다. 그 조직은 어떠한 감각을 제공하고 공간에 의미를 부여합니다. 그리고 어떠한 위치를 부여합니다. 이러한 공간들은 그리드에 의하여 발생하는 것입니다. 그러므로 그것은 의도적이고 인위적인 것으로 생성됩니다. 이러한 조직은 스스로 생명을 지니고 있으며 다양화됩니다. 그것은 어떠한 형태를 가지고 있지 않으며 그들이 담고 있는 것에 의하여 윤곽을 지니고 있습니다. 우리는 그리드와 조직망에 관심을 가지고 있습니다. 동일한 방식으로 어떠한 유동체는 그것을 담고 있는 그릇에 의하여 형태를 얻게 됩니다. 즉 그리드는 공간과 형태를 담아내는 그릇입니다. 그리드는 사실상 통합적이며 조화적이며 동시적입니다. 이 그리드는 구축적인 양상을 보여줍니다. 그것은 건축과 환경의 관계이며 분리될 수 없는 것입니다. 그 자체로 어떠한 그물이고 전체적인 표면이 되며 긴장과 상호관계를 이끌어내고 연관을 구축하고 설정합니다. 그리드는 가능한 혼합화의 궤도와 범위에서 해결될 수 있는 구성이며 속성입니다. 그것은 외부의 경계와 사고를 교체하는 매체이며 하부구조입니다. 동시에 그리드는 상호관계를 유지하는 네트워크를 지닙니다. 이 그물망은 각각의 구조물과 지점 그리고 영역과 영역의 관계에서 네트워크를 지닙니다. 내부 조직화의 수준은 그물망을 이루는 조직화를 지시합니다. 그물은 더욱 신축적인 위상들을 가능하게 하고 선택하고 하는 것입니다. 그것이 바로 그리드입니다. 그리드는 시스템을 가지고 서로 연관을 얻으며 변형을 위한 역량을 지니고 있습니다. 그리드는 효과적인 상호연관을 만들어 내고 그 영향력을 생산합니다.

Herzog & de Mueron. Prada Aoyama Epicenter. 2003.

Grids-Matrix-Nets

그리드의 이러한 역량은 상호 연관된 논리에 의하여 더욱 가속화됩니다. 그러한 구성에서 더욱 관심이 있는 것은 순수성과 견고한 구조적 본성보다는 그 네트워크의 유연성과 융통성이며 기반구조적 성격입니다. 이러한 특성은 사실상 거대구조물을 형성하고 어떠한 거석문화의 상징적 이미지와 감각을 지니고 있습니다. 그것은 총체적인 뼈대구조물을 형성합니다. 그러나 오히려 적용가능하고 변형 가능한 시스템이고 다양한 변수와 가능성 독자성에 적응 가능한 열려 있음과 가능성입니다. 이러한 효율적인 매트릭스는 를 한정하는 것은 다소간 시각적이고 혁신적인 그리고 유연한 배치와 연관을 가능하게 하는 것입니다. 또한 변형을 위한 확실한 배치와 연관을 형성해가는 그물망의 구조물은 신축 가능한 적응성과 예상 불가능함 그리고 시스템자체와 기본계획만으로는 해결 불가능한 요소들에 대처하도록 하는 것입니다. 현대적인 그리드적 구획들과 공간들은 우리 시대의 그물망과 그에 적합한 그리드를 만들어 냅니다. 그리고 그 간격을 조정하고 공간을 점유하고 집중하고 팽창하고 결절점을 지니고 평탄해집니다. 그들은 모두 서로를 위하여 움직이고 미끄러지고 변형되고 통합되고 하나로서 영향력을 지닙니다. 또한 하나의 서로 중첩되고 부과되고 결합됩니다. 이러한 메쉬는 가상적인 축지선의 연장으로서 구조물을 형성합니다. 그것은 어떠한 스칼라 점프에 의하여 유목적이고 위협적인 구성을 만들어 냅니다. 그리드는 사실 어떠한 밀도 높은 지도입니다. 각각의 기하학들은 서로 연관되며 확고한 정체성을 지닙니다. 전통적인 건축물의 배경으로서 그리드는 새로운 디자인을 가능하게 합니다. 그러나 공간과 시간에 있어서 그 거대한 매스가 지닌 밀도는 어떠한 힘, 중력을 생산합니다. 그것은 어떠한 인력을 가지며 위치의 기능을 가지게 됩니다, 그리드는 단순한 수학적인 가능성의 그물망이 될 수 있습니다. 그것은 어떠한 긴장된 감각과 힘을 인지하면서 그리는 수직과 수평의 벡터가 교차하는 매트릭스의 배열로 창조됩니다. 이 매트릭스의 내부구성은 서로 의존적이며 서로가 서로를 참조하고 연관되는 것입니다.

Matrix 보이지 않는 구조

기반. 모체. 발생적 기반구조. 영역. 장. 네트워크. 시스템. 위상 … 오늘날 건축가는 관계를 구축합니다. 사실상 그것은 보이지 않는 선들이며 우리 주변의 사물들을 가로지르는 것입니다. **그것은 물질적인 관계들, 자기장, 힘의 역동적인 관계, 음악적 파동, 빛의 파형, 요소들의 부분들의 연결들, 적외선, 구조적 선들, 요소들의 움직임, 자외선, 에너지 교환, 열적 파동과 교환, 공기의 흐름, 물과 에너지, 가스의 흐름 들입니다.** 그것은 수많은 가상적 관계이며 실제적 관계입니다. 이 관계는 또 다른 실질적 기반구조를 형성합니다. **수학, 프로그램, 소프트웨어 전산, 네트워크, 발생학, 플랙탈, 카오스** 에서의 모태를 구축합니다. 이 모태는 구조적이면서도 보이지 않는 관계입니다. 그리고 견고하고 전기적인 것이며 역동적이면서도 고정적이고 미시적이고 거대한 우주적입니다. 그 범위는 가늠할 수 없이 확장됩니다. **전화선, ISDN, 인터넷, 고속도로, 궤도, 펜 라인, 동전의 원주.** 이 모든 것이 구축을 형성합니다.

우리를 둘러싸고 있는 모든 것들이 창조하는 관계들은 보이지 않는 구조를 형성합니다

수학, 프로그램, 소프트웨어 전산, 네트워크, 발생학, 플랙탈, 카오스.

전화선, ISDN, 인터넷, 고속도로, 궤도, 펜 라인, 동전의 원주.

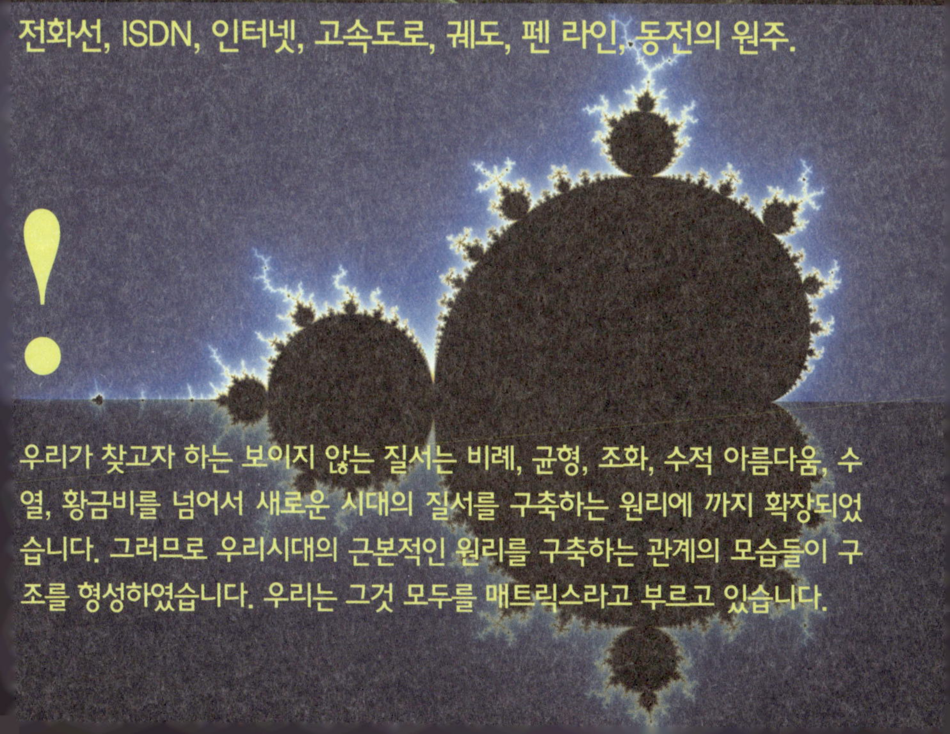

우리가 찾고자 하는 보이지 않는 질서는 비례, 균형, 조화, 수적 아름다움, 수열, 황금비를 넘어서 새로운 시대의 질서를 구축하는 원리에 까지 확장되었습니다. 그러므로 우리시대의 근본적인 원리를 구축하는 관계의 모습들이 구조를 형성하였습니다. 우리는 그것 모두를 매트릭스라고 부르고 있습니다.

새로운 현존 : 유비쿼터스 Ubiquitous

우리시대는 매우 빠른 속도와 그 보다 더 빠른 결과 그리고 모든 것에 닿을 수 있는 통로를 요구합니다. 거의 모든 것을 하나로 묶어야만 하고 도시의 모든 공간이 하나의 거대한 네트워크를 구축하기를 바랍니다. 그러므로 우리는 이 세계를 동시적 현존을 바라고 있습니다. 어디에서나 하나의 동일성을 얻고자 하고 있습니다.

우리시대가 만들어 놓은 흐름은 다양한 가능성을 위한 접근이며 다양한 상태의 상대적 관 의 동시성이며 어디에나 존재한다는 지평을 열어 주었습니다. 물론 그러한 가능성은 과학 술과 전기 통신 그리고 무엇보다도 컴퓨터의 발전에 의한 것입니다. 바로 그러한 근거로부 우리시대가 다양한 상황과 장소 그리고 공간은 물론 그 상황에 놓여진 다양한 장치와 기 그리고 우리 자신을 통제하고 조정하고 관리할 수 있다는 것으로 발전하였습니다. 우리는 러한 모든 것에 대한 통제 가능성의 환경을 유비쿼터스라고 부릅니다. 유비쿼터스는 라틴 Ubiquitas로 부터 파생한 형용사로서 〈 동시에 어디에나 존재하는 〉 그리 〈 편재하는 〉 이라는 의미를 지니고 있습니다. 이 단어를 가장 먼저 사용한 것은 1974 네델란드의 한 세미나에서 니콜라스 네그로폰테 가 언급함으로써 시작되었습니다.

우리는 유비쿼터스 적이고 분산된 형태의 컴퓨터라는 것

컴퓨터를 보게 될 것입니다. 아마

장난감, 아이스박스, 자전거 등 가정 내

모든 물건과 공간에 존재하게 될 것입니다.

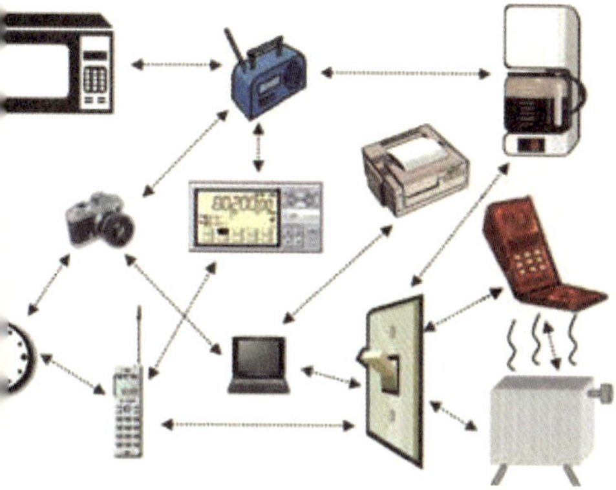

유비쿼터스 개념을 현대적으로 적용한 것은 유비쿼터스 컴퓨팅에 의한 것입니다. 이 유비쿼터스 개념을 컴퓨터에 연결하여 본격적으로 연구한 것은 마크 와이저 Mark Weiser 입니다. 상업적 시도와 연관되고 자본주의적 광고와 전파는 1988년 제록스의 팰러 앨토 연구소 PARC: Palo Alto Research Center 에서부터 시작된 유비쿼터스 개념을 하나의 시대적 패러다임으로까지 확대되기에 이르렀습니다.

크 와이저는 유비쿼터스 컴퓨팅 ubiquitous mputing이란 컴퓨터 패러다임의 새로운 차원 확장이며 네트워크에 기반한 컴퓨팅 환경의 확이라고 언급하고 장래에는 컴퓨터가 통제하는 계가 도래할 것임을 제시하였습니다. 우리시대 정보기술 환경과 패러다임 그리고 다양한 장치의 컴퓨팅 환경이 결합되어 거의 모든 주변 환경 대한 제어와 통제가 가능하다는 것을 보여주고 습니다. 작은 칩으로 축소된 제어장치는 시간과 소에 구애 받지 않고 거대한 네트워크의 범위 내 존재하는 모든 것에 삽입됨으로써 장래의 건축계를 모두 통제할 수 있게 될 것입니다. 그러한 념의 이면에는 보이지 않는 컴퓨팅 invisible mputing, 사라지는 컴퓨팅 disappear mputing, 조용한 컴퓨팅 calm computing, 동화된 컴퓨팅 autonomic computing의 념을 포함하고 있습니다.

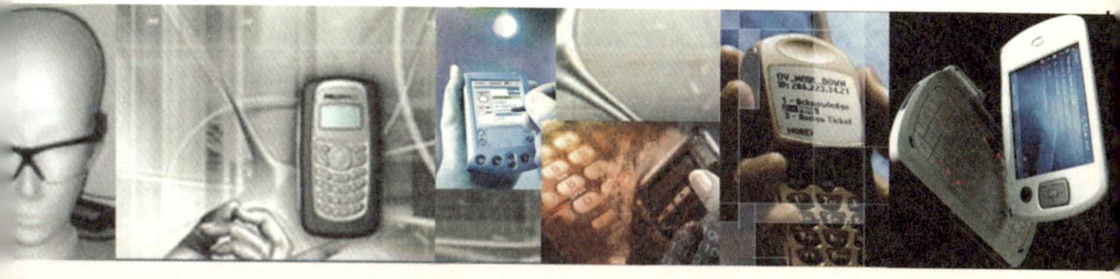

Ubliquity 유블리쿼티

유블리쿼티는 유비쿼티 ubiquity와 간접적인, 사변적인, 빗나간 , 경사적인 oblique의 합성어입니다. 이 두 개념의 합성은 새로운 상황의 복합적인 양상을 대변합니다. 그것은 유비쿼티와 기존과는 완전히 다른 것의 결합니다. 1965년 비를리오는 미래에 지배적인 건축구축적 요소는 파사드 facade가 아니며 그것은 데크 deck도 아닐 것이며 3차원적인 새로운 구조물들이 중심이 될 것이라고 언급하였습니다. 그 언급은 기존의 구축적 세계의 양상과 디자인 그리고 텍토닉 tectonic 세계의 변화를 의미한 것입니다. 3차원적 형태를 조정하고 통제하는 새로운 시각과 도구가 생겨났음을 제시한 것입니다.

Rem Koolhaas. Kunsthal. Rotterdam. 1992.

논리에 의하여 구축되는 진보 그리고 수평성의 극복은 바닥면을 재구성하고 형태화하였으며 재형식화 하였을 뿐만 아니라 모든 측면에서 경계와 주름의 해석과 구축을 통한 통합적인 재조직화를 의미합니다.

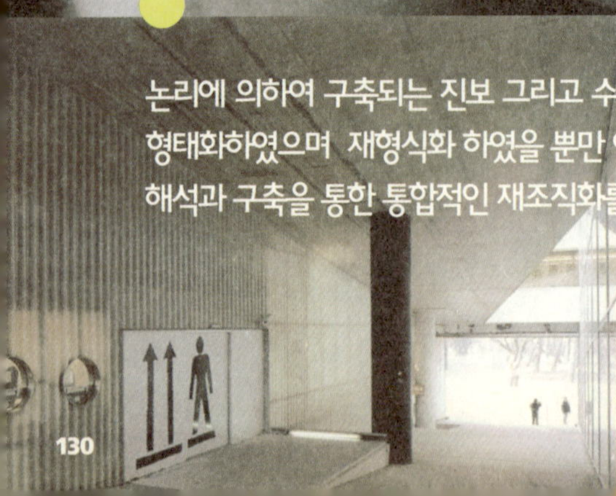

바닥평면, 슬라브는 그 무결점적인 수평적 여건의 다중성으로부터 자유를 얻고자 하며 능동적이며 자유로운 표면과 판들로 변형되기 시작하였습니다. 우리시대의 분열을 조정하고 해체를 조장하는 공간자체의 해석과 표현은 그 자체로 평면의 바닥의 개념들을 해체하고 파사드의 다중적인 상관성을 강조할 수 있는 부분들로 다시 생성되었습니다. 다중의 선들로 재구성되고 표현되기 이르렀습니다. 우리는 유비쿼티 ubiquity의 해결방식을 평가하고 받아들이며 도시의 양상들을 대변하는 원칙들을 받아들이게 되었습니다. 건축과 도시는 다중적이며 동시적인 의미를 수용하게 되었습니다. 새로운 가능성에 대한 요구는 새로운 도시와 건축을 구축할 배경을 마련하였습니다. 이러한 실체는 사실상 수직적 수평적인 관계의 고전적 건축 시스템을 극복하게 하였습니다.

Rem Koolhaas. Educatorium. Utrecht. 1997.

Ubliquity 유블리쿼티

Rem Koolhaas. Jussie Library.

Piranesi. Carceri Drawbridge.

우리시대의 철학적 고찰과 과학기술의 발전 그리고 재료적 측면의 자유로움 무엇보다도 컴퓨터에 의한 디자인과 디자인소프트웨어의 발전은 새로운 창조의 밑거름이 되었습니다. 문자 그대로 그것은 불연속성과 만곡, 선형 공간, 표피적 창조를 드러내는 것입니다. 이러한 방식은 건축의 언어와 이해는 평면, 입면, 단면과 같은 어휘들을 파괴하기 시작하였습니다. 그리고 이들 관계는 새로운 단면, 능동적인 레이어, 독립된 외피, 이야기하는 단면을 구축하고 있습니다. 그러므로 이러한 가능성들은 사실적으로 사용되는 것입니다. 우리시대가 보여주고 있는 이 모든 가능성은 새로운 창조의 개념으로부터 시작되었습니다.

Frank O Gehry. DG Bank. Berlin. 2001.

Toyo Ito. Vivocity Harbour Mall. Singapore. 2003 –

Frank O Gehry. Walt Disney Concert Hall. 2003.

Nomad(ism)

단일한 공간을 한정하고 통제하는 것 대신에 우리의 삶은 새로운 공간을 끊임없이 교차하고 뛰어넘고자 합니다. 우리는 유목민적 문화에 적응하고자 합니다. 우리는 이러한 공간으로부터 나타나는 특질들은 건축의 형상과 어떠한 관련을 가져야만 한다고 상상합니다. 그리고 이러한 종류의 고찰로부터 어떠한 가능한 전망을 만들어 내고자 합니다. 공간을 이해하는 새로운 방식은 우리는 단일한 공간의 인자들을 결정하는 것으로부터 자유롭게 만들고 공간을 조율하고자 하는 새로운 기술을 강제적으로 창조하고자 합니다. 그러한 배경에서 대지, 경계, 그리고 자연의 결정적 요소가 그 복합성을 증가시킵니다. 비지속성의 유목적 사고와 연관된 첫 번째 건축들은 1967년 Raymond Wilson과 관련을 갖고 있습니다. 이러한 노마디즘 nomadism적 사고는 사람들과 관계한 것이며 어떠한 주거와 관련된 것은 아닙니다. 비지속성은 우리의 사고에 관여하기 시작했으며 그것은 진보된 기술을 증명하는 것이고 사람과 주거의 어떠한 이동성에서 확인됩니다.

New York.

우리는 과정이라고는 없는 오로지 출발지와 종착점만을 지니고 있습니다. 그 과정은 모두 사라져서 지하철, 자동차, 버스를 통하여 이동하는 시간과 속도 그리고 수많은 도시의 공간을 단절하는 통로만을 거쳐가게 됩니다. 우리는 거대한 도시 안에 집, 일터, 학교, 시장, 식당, 만남 등의 공간을 점을 찍어 나가듯 위치시키고 일정시간 동안 점유하고 이동합니다. 그것은 우리가 이 도시와 이 시대에 참여한다기 보다는 거쳐가는 유목민이 되도록 하고 결국은 스스로 자유로우며 동시에 소외를 안게 합니다.

Digital Nomad

어떠한 원칙들로서 지켜져야만 하는 것 혹은 행위, 사건, 행태 등을 적절히 조정할 수 있어야만 하는 것. 그 모두는 우리 도시가 요구하는 것입니다. 어떠한 확정된 주거가 존재하지 않고 지역들을 뛰어넘어 일시적인 거주, 이동. 이러한 환경에의 하여 삶을 유지하는 사람들을 흔히 우리시대의 유목민으로 부르고 있습니다. 자동차와 최첨단 정보통신기기를 가지고 시공간을 넘나드는 21세기형 신인류로서 디지털 노마드(Digital Normad)가 나타났습니다. 노마드와 그 확장, 건축적 노마드는 하나의 열리고 부드러운 공간의 장을 형성합니다. 그리고 여행, 창조와 정보의 이동과 순간으로서의 가속성을 보여줍니다. 노마드는 그들의 여정의 지점들을 규정하는 법칙들을 존재한다는 것을 알고 있습니다. 그러나 중재적인 관계적인 매개적인 순간들은 의미를 지니게 됩니다. 이러한 지점들은 어떠한 포기된 장소들이며 어떠한 시작을 유도하는 장소입니다. 이 지점들은 목적지를 고려하지 않으며 그러한 것이 불가능합니다. 왜냐하면 그들을 모두 이주민으로 만들어 냅니다. 이들 유목민들은 그들의 원칙을 어떠한 스피드와 혼란, 경계해체 그리고 동기라고 여깁니다. 유목민은 그것이 어떠한 이동의 상태에 있다는 것을 미지 지 않습니다. 오히려 사이 영역 in-between zones에 존재하게 됩니다. 유목민은 어떠한 거주지 혹은 스타일을 진지 않으며 이들은 일시적으로 오직 이완된 상태를 유지할 뿐입니다. 그들은 오직 움직이는 동안에만 거처합니다.

4. 건축 그리고 인간

건축에 관한 질문 그리고 인간

지금까지 건축이 무엇인가 ? 라는 질문들에 대한 답은 매우 고정적이었다는 것이 사실입니다. 건축적 사고는 건축물 자체에만 해당되는 것이 아닙니다. 관련된 정보와 사고는 건축 주변의 상황들과 건축가의 작업, 역량, 인간 존재의 문제에 까지 확장 될 수 있습니다.

중요한 것은 지금까지 건축물이 무엇으로 여겨지고 보여졌는가에 대한 사고가 건축적 논의에 있어서 가장 지배적이었습니다. 그러므로 건축에 있어서 대부분의 이론과 서적 그리고 건축적 의미는 대부분이 건축에 대한 규정이고 정의로부터 시작됩니다. 건축을 배우고 작업하는 사람들에게 건축은 그러한 건축적 의미와 행위의 통제를 바탕으로 하고 있습니다. 그러나 건축의 참다운 의미와 가치는 오히려 건축을 감상하고 사용하는 사람들에게 더 여유롭게 다가갈 수 있습니다. 건축물에서 생활하고 느끼고 누군가를 만나고 잠을 자는 그러한 사람들이 가장 잘 그리고 가장 깊이 느끼고 깨닫는 것입니다. 건축을 창조하고 감상하는 사람 모두에게 건축은 아름다움이고 창조일 수 있습니다. 건축의 관계는 항상 상대적인 사실이며 상대적인 관계는 건축과 그 어느 무엇과도 다수적인 관계가 성립한다는 것입니다. 그리고 건축의 본질을 구성하는 내용이 됩니다. 그러한 배경에서 건축이 단순히 형상적이고 물질적인 범위로서의 존재가 아니라 그러한 물리적 실체 너머에 까지 의미와 감각적으로 다가오며 스스로 존재한다는 것을 의미합니다. 건축에 관하여 사고하는 것은 건축 자체를 구축하고 건축을 유지하고 건축 환경 내에서 우리가 살 수 있는 방식과 건축을 통하여 개개인이 삶의 가치를 구현할 수 있는 것에 관하여 사고하는 것입니다. 건축을 사고하는 것은 건축물을 구축하는 것과 건축물을 창조하는 것 그리고 그 과정에서 사용자와 디자이너의 삶의 과정을 충실하게 할 수 있는 것까지 포함합니다. 우리는 매일 아침 편안한 잠자리에서 일어날 수 있으며 그 잠자리는 나와 나의 가족 그리고 사랑하는 사람과 함께 편안한 휴식과 새로운 삶을 시작하는 출발점이며 동시에 건축이 제공하는 하루하루의삶의 가장 기초적인 바탕을 형성합니다.

그리고 문화

우리가 창조하는 건축은 실상 보이고 만들고 하는 건축을 넘어서 느끼고 경험하는 건축이 되어야만 합니다. 그러므로 건축은 인간의 건축이 되고 우리자신이 감각하고 경험하는 것으로서 존재할 수 있게 됩니다. 그것은 궁극적으로 새로운 문화 전체를 창조하는 발판입니다.

건축에 관한 일반적인 사고 사실상 건축에 관한 모든 사고는 인간에 관한 사고입니다. 건축은 이 세계의 모든 것을 대상으로 삼고 있으며 우리의 삶에서 접하게 되는 모든 것이 건축의 범위 밖에 있을 수는 없습니다. 종종 이 세계를 건축의 범위로 보는 것과 마찬가지로 많은 사람들이 물리학의 세계, 화공학의 세계, 자본의 세계로 보고 이야기하고 있습니다. 그렇게 보자면 이 세계는 너무나 많은 관계와 힘이 누적된 세계입니다. 그 가운데 건축은 그 모든 것의 실체를 대변하고 나머지 것을 담을 수 있는 그릇이며 그 모두를 구현하는 가장 큰 분야라고 할 수 있습니다. 그리고 그 모든 것이 적절한 관계를 유지하고 있습니다. 그러므로 건축전체를 가늠하는 것 그리고 개론적으로 접근하는 것은 방대한 세계를 접하는 것입니다. 근본적으로 건축은 무엇이며 건축이 어떠한 영역에 존재하며 과거에는 어떠하였으며 현재는 어떠하고 어떠한 방향으로 진행하는가를 가늠하는 것입니다. 따라서 건축을 전체로서 확인한다는 것은 그 공간적인 범위와 시간적인 범위, 또 내용적인 범위에서 책으로 담기에 쉽지 않다는 것을 짐작할 수 있습니다. 모든 학문이 마찬가지겠으나 궁극적인 목적은 그것이 인간의 삶에 기여하고 가치를 창조하기 위한 것입니다. 그러므로 그것은 인간의 존재와 삶에 관한 철학으로 다가가게 됩니다.

건축을 한다는 것은 인간의 존재와 삶을 더 가치 있게 하기 위한 건축적 사고의 전개이며 건축활동의 참여입니다. 그러므로 건축을 가늠하는 것은 고정된 건축물 자체의 언급과 이해가 아닌 인간을 포함한 세계 내의 존재를 담고 있는 건축물에 대한 이해가 되어야만 합니다

건축철학 그리고 주체

건축에서 철학이라는 단어를 사용하는 것은 건축에 있어서 모든 가치와 사고의 근거가 되는 것에 접하는 제 1 의 학문으로 접근한다는 것을 의미합니다. 즉 건축에 관한 사고, 의미, 본질, 가치에 대한 것을 건축 철학이라고 부르게 됩니다.

나와 건축의 관계를 분명하게 하는 것은 곧 나를 나답게 건축을 건축답게 합니다.

우리는 우리 철학이 세계를 바라보는 눈을 필요로 하고 질서를 세워놓음과 동시에 존재에 관한 계획을 명확하기 위하여 철학하고 이 세계를 규정하는 모든 것을 명확하게 만들어 건축을 포함한 모든 것의 바탕으로 삼고자 합니다. 이러한 엄정한 원칙들은 과거의 절대성으로부터 오늘날의 상대적이고 자유로운 것으로 변화해 왔습니다. 과거로부터 비교적 최근까지 건축적 원칙은 그다지 자유롭지 못했습니다. 오늘날의 원칙은 자유롭고 임의적이며 다원적이고 상호작용적 관계입니다. 절대적인 원칙이란 상대적 원칙이 존재하지 않았던 것이 아니라 유일한 것만이 존재할 수 있었던 상황 때문이라고 할 수 있습니다. 실제로 상대성을 형성할 수 있는 관계적 사고가 존재할 수 없었다고 할 수 있습니다.

그러한 가치에 관한 언급의 근거와 주장을 지닐 수 있는 주체가 유일한 시대였으며 그 주체가 결정하는 모든 목적과 방향이 분화하기 이전이었습니다. 주체의 형성과 분화는 건축에 있어서 건축가의 위상의 확립 그리고 역할과 밀접한 관계를 지닙니다. 주체의 확립과 분화는 건축가뿐 아니라 건축주와 사용자의 역할과 권리 그리고 그들의 가치를 통하여 새로운 지위를 얻게 해 주었습니다. 건축가의 이름을 기억하고 그들이 만들고 창조하는 건축물을 건축가와 함께 기록할 수 있게 된 것과 건축물 내에서 삶을 영위하고 행위하는 사용자의 요구와 가치를 우선하는 것 그리고 건축가-건축주-사용자 사이의 관계를 재정립하게 된 것은 주체의 문제들과 관련되어 있습니다.

Taj Mahal

사실상 건축한다는 것은 우리가 건축을 통하여 세상을 바라보는 방식을 구축하고 실현하는 것이며 그것으로부터 진정한 삶의 행복을 얻는 것입니다. 그것은 모든 창조하는 사람 그리고 세계의 원리와 진리를 파악하고자 하는 사람들이 함께 꿈꿔온 가치와 다르지 않습니다. 그러므로 그것은 우리가 우리 삶과 존재를 강구하는 것이며 바로 철학 하는 것입니다. 그것은 그 나름의 세계를 스스로 확인하고 실체화하는 것입니다.

나로부터 건축으로 그리고 그 건축을 관계로서 나아가 삶으로 확장시키는 것은 바로 철학적 삶의 부분입니다. 우리가 구축하는 건축물은 의지하고 목적하는 나의 삶과 모습을 세우기 위한 방식이기도 합니다.

타지마할의 아름다움은 무엇을 보여주기 위한 것입니까 그것은 타지마할의 의미이고 모습입니까 혹은 그것을 세운 왕의 의지입니까 혹은 건축가의 노력입니까

건축가의 사고로부터 철학으로

우리는 건축을 하나의 삶의 방식으로 이끌어가고 우리가 바라보는 세계의 질서로서 판단하고 그 가운데 어떠한 의미들이 건축적 논의 밖으로 확장되도록 합니다. 그것은 건축이 하나의 철학으로서 확대되는 것이며 무엇보다도 가치 있는 삶의 즐거움으로 만들어 줍니다. 건축을 한다는 것이 가장 즐겁고 가장 놀라운 경험을 선사하는 동안 자연스럽게 철학적 사고가 생겨납니다.

사실상 우리 사회가 바라는 관계의 위상을 이해하고 추구하는 것은 가장 중요한 건축의 본질과 내용을 결정합니다. 건축은 근본적인 존재적인 문제, 사회적인 문제, 문화의 문제를 담고 있으며 그 문제들을 해결하고 제시하고자 하는 시대의 의지를 표현합니다. 우리 시대 아파트가 다수의 주거생활을 위한 기준이 되고 부를 축적하고 안정된 삶의 기반으로 요구 받는 것도 시대의 사회와 문화적 여건의 결과입니다.

London Eye.

이 시대의 건축물은 이 시대의 많은 사람들이 공유할 수 있는 사고와 감각 그리고 경험의 표현이고 그것으로부터 새로운 삶의 방식이 생겨납니다.

그리고 건축가들이 설계사무소에서 자신의 작품을 디자인하고 스스로 건축가라고 이름 부를 수 있는 삶의 방식과 여건 그리고 사회와 행정기관이 건축가들에게 작업결과물을 요구하는 것이 바로 우리시대의 건축가를 바라보는 시각을 만들어냅니다. 건축을 철학 한다는 것은 그 모든 상황을 이해하고 자신이 스스로 건축이라는 관계의 위상과 의미를 결정하는 것입니다. 그리고 자신의 삶을 건축과 함께 연관시켜 발전시켜나가는 것입니다. 철학 한다는 것은 건축작품 뿐 아니라 건축가로서의 삶과 가치 그리고 자기존재의 확립을 위한 것입니다. 거의 모든 위대한 창조자들과 매우 숙련된 기술자 그리고 뛰어난 예술가들 혹은 자신의 삶을 통하여 지속해 온 작업들을 유지해 온 사람들 모두가 자신의 철학을 가지고 있다는 것을 확인할 수 있습니다. 그러므로 자신이 세계를 바라보고 기준으로 삼는 의미를 얻는 것은 무엇보다고 중요합니다.

Saami Family and Tents. 1900.

그러므로, 그 시대의 건축물은 시대의 삶의 방식이고 다양한 관계의 질서이며 그 시대를 살고 있는 많은 사람들이 구축한 세계의 질서이며 철학입니다.

Architecture + = ⊂ ⊃ Culture

건축문화(建築文化)

문화는 영어에서 가장 복잡한 의미를 가진 두세 개 단어 중 하나이다.

Raymond Williams

우리시대의 문화의 개념은 그 무엇보다도 광범위합니다. 한때 우리는 문화를 매우 특수한 계층의 사회에만 적용하기도 하였습니다. 문화라고 부르는 것은 그 대상의 특별함에 있습니다. 지금까지 야만, 자연, 저급함 등과 구별되는 것으로 사용되었습니다. 또 오늘날 우리는 건축문화, 도시문화, 전원문화, 문화생활, 이식문화, 창작문화 등 거의 모든 삶의 방식에 사용하게 되었습니다. 우리는 이미 문화의 한 가운데 존재하고 문화가 지칭하는 대상 역시 포괄적이 되었습니다. 이 도시에 살고 있는 우리가 보고 듣고 행동하고 생활하고 움직이는 모든 것은 현대의 생활방식이고 그것은 문화의 일부로 받아들여집니다.

여러분은 건축물이 이야기하는 시대의 문화를 이해할 수 있습니까?

경복궁 침전

따라서 건축문화는 건축을 통하여 생산하고 건축과 상호작용하는 거의 모든 삶의 지식, 신앙, 믿음, 도덕, 법률, 관습 등의 사회적 총체를 일컫습니다. 우리는 건축을 통하여 생산한 인공적인 물리적 세계에서 삶을 유지하고 우리 문화는 바로 그 건축적 배경에서 존재합니다. 따라서 건축을 예술을 담는 그릇이라고 불렀듯이 우리 시대에 건축은 우리 문화를 담는 물리적 세계라고 할 수 있습니다. 그러므로 우리 시대의 인공적 세계는 바로 건축문화입니다.

경복궁 침전

문화(文化, culture)는 인간이 오랜 세월에 걸쳐서 형성해 온 관습이나 행동 체계를 말합니다. 문화라는 용어는 라틴어의 cultura에서 파생한 culture를 번역한 말로 본래의 뜻은 경작(耕作)이나 재배(栽培)로 사용되었습니다. 이후 이 어휘는 교양예술 등의 뜻을 가지게 되었습니다. 영국의 인류학자 타일러는 저서《원시문화 Primitive Culture》(1871)에서 문화란 "지식, 신앙, 예술, 도덕, 법률, 관습 등 인간이 사회의 구성원으로서 획득한 능력 또는 습관의 총체"라고 정의를 내렸습니다. 문화는 구미풍(歐美風)의 요소, 현대적 편리성으로서 문화생활 등의 어휘에서 그리고 높은 교양과 깊은 지식, 세련된 생활, 우아함, 예술적 요소, 인류의 문화유산으로서의 철학, 종교, 예술, 과학 등을 일컫습니다.

문 화(文化, culture)를 한자어로 찾아보면 文은 사람 몸에 그린 '무늬' 모양, 또는 획을 이리저리 그어 된 '글자' 모양을 나타낸 글자이며 그 뜻은 글월, 글자, 무늬, 문서, 책, 몸에 새기다, 꾸미다 등을 가지고 있습니다.

化는 밥을 뜨는 '숟가락'이나 고기를 베는 '비수'의 모양을 본뜬 글자입니다. 그 뜻은 되다, 교화하다, 가르치다, 따르다, 변천하다, 죽다, 망하다, 교역하다, 변화, 요술, 죽음, 집 등의 다양한 뜻을 지니고 있습니다. 그리고 化는 두 사람이 서로 마주보고 있는 형상도 지니고 있습니다. 그러므로 이 글자는 사람들 사이에 일어나는 관계에서 형성되는 이야기와 무늬, 즉 하나의 모습과 형식을 이야기 합니다.

문화는 사람과 사람 사이에서 존재하는 모든 것이며 그것이 바로 문화를 의미합니다. 문화는 개인의 산물도 아니며 감추어진 것도 아닙니다. 그것은 드러나 보이는 것이며 우리들이 함께 공유하고 여러 사람들 사이에 상호작용에 의하여 생겨나는 것입니다.

우리의 문화는 유형이든 무형이든 간에 무엇이나 우리 자신의 참여와 관계를 유도하고 그것이 없다면 존재할 수 없습니다.

인사동 입구

서울은 지난 600여년간 무엇을 창조하고 무엇을 남겼습니까
서울이 우리에게 남긴 문화는 무엇입니까

화문 사거리

우리가 건축하는 이유는 건축물과 도시를 위한 것이 아닙니다. 우리가 건축하는 이유와 목적은 바로 우리들 자신을 위한 것이며 우리 자신이 생활하고 휴식하고 일하고 사랑하고 경험하고 창조하기 위한 거처를 마련하는 것입니다. 그것은 바로 우리 삶의 방식이자 문화를 창조하는 것입니다.

도시환경의 구축은 문화적인 문제이며 문화를 확장하고 생성하는 것입니다. 경제, 예술, 과학, 사고 등의 상호 교차하는 촛점으로서 세계의 확장을 의미합니다.건축은 우리 시대의 산물이고 우리 문화의 산물입니다. 그러므로 건축물이 지속적일 수 있는 유일한 방식은 절대적으로 한 시대에 적절한 문화적 대상이 되는 것입니다. 진보된 문화로서 궁극적 목적은 개개인의 삶의 질을 증대시키는 것입니다. 그러므로 건축은 그것에 이바지 해야 합니다. 정보와 커뮤니케이션 기술의 확대는 창조적 행위를 확대시키고 더욱더 지속적인 발전을 유지시킵니다. 진보된 문화는 인간의 행위와 정보, 커뮤니케이션 기술에 의하여 창조됩니다. 정보의 기술은 동일한 행위를 유발하는 도구가 아니라 새로운 행위를 창조하기 위한 영향력이고 토대입니다. 진보된 문화는 미래의 구축에 대한 낙관적인 전망과 확신을 제공합니다. 그러므로 더욱더 진보적 건축물과 안정적인 도시와 거대한 정보의 세계를 유도하고 행복과 여가시간을 제공하고자 합니다.

우리시대의 건축문화(建築文化) 그리고 문명

오늘날 문화는 풍부함을 넘어서 부유함과 연관되고 있으며 그 모든 가능성은 경제적 기반을 요구합니다 그러므로 자본주의와 자연스레 결탁되었습니다. 또 문화자본이라는 개념을 만들어 냈습니다. 문화는 한때 특권적인 것이었습니다. 그러므로 여전히 계층을 구분하고 세대를 구분하고 삶의 가치를 구분하는 자연스러운 도구가 되기도 합니다. 그러한 문화는 건축에서도 마찬가지로 이해됩니다. 문화 culture와 자연 nature은 상호대립과 경쟁의 개념이었습니다. 인간이 자연에 부여하는 노력과 창조적 사고가 만들어내는 모든 것을 일컫는 것이었습니다. 그러나 오늘날 도시문화와 대조적으로 자연으로 돌아가 삶을 유지하는 방식을 일컫기도 합니다. 문화와 자연은 이제 연속적인 개념이고 상호작용적인 두 요소일 뿐입니다. 결국 문화는 인간에 의하여 창조된 것이라기 보다는 인간 자신으로부터 파생되는 모든 것이 되었습니다. 건축문화는 자본과 인간의 노동력, 기술, 경제적 주체, 경제적 구조, 사회적 기반, 문화적 구조 등을 기반으로 합니다. 그러므로 사회의 경제적 혼란과 문화적 혼란은 건축 활동을 제약하게 됩니다. 또 이 요소들을 통하여 건축을 생산하지만, 동시에 건축은 이 요소들의 가치를 평가하는 기준이 되기도 합니다. 오늘날 건축은 자본의 축적, 노동력의 집약, 기술의 표현, 사회적 인식의 표현이 되고 있습니다. 그러한 바탕에서 사회, 정치, 예술, 종교, 과학, 이데올로기와 같은 상위 문화들이 창조됩니다. 오늘날 문화는 과거와 다르게 급속하게 변화합니다. 그것은 과거 시대를 반영하던 문화는 짧은 시간에 나타나고 사라지는 사회의 부분들의 문화가 될 수도 있고 한 사회의 다양한 문화, 다층적 다면적인 문화로 이해되기도 합니다. 그러므로 우리시대는 멀티 multi그리고 하이퍼 hyper의 시대가 될 수 있었습니다.

비슷한 개념으로 **문명 civilization**은 인간이 창조한 **진보**된 세계를 의미합니다. 문명은 진보와 제도를 의미하기도 합니다. 이데올로기는 그 개념을 설명하는 것은 이 책의 범위를 넘어서는 것일 수 있습니다. 그러나 건축에서 이데올로기는 하나의 사회적 문화의 배경으로서 건축문화 창조의 계기가 되어 왔다고 이야기 할 수 있습니다. 건축은 어떠한 시대적 상황을 넘어서 존재하고 지속되므로 이데올로기를 초월한 가치를 지니고 있습니다.

또 한편 한 시대를 반영하고 시대의 정신과 사회, 문화, 제도, 권력 등을 반영하므로 이데올로기와 완전히 분리될 수는 없다고 볼 수도 있습니다. 이데올로기는 정신적으로 의식적 표상이며 사상의 특수한 시스템이기도 합니다. 그러므로 기독교나 사회주의 같은 신념의 체계일 수도 있습니다. 또 다르게 양식이나 이즘과 같은 하나의 시대적 양상의 표상하는 예술의 형식을 의미하기도 합니다. 혹은 한 시대의 건축에 있어서 주된 관심의 표상이거나 주장이기도 합니다. 공간, 시간, 하이브리드, 폴딩과 같은 표현의 방식을 의미하기도 합니다. 그러나 건축에서는 그 모두를 다른 방식으로 전환하여 이해하고 정립합니다.

무엇이 진보입니까 우리시대가 바라고 진보적이라고 보는 것은 무엇입니까 가장 현대적이고 가장 발전된 진보적 건축과 문화는 무엇을 의미합니까

필연적으로 계획적이고 창조적이고 미래를 예견할 수 있는, 과학적인 논리를 가진, 문화적인 발전을 유도하는, 기술적인 변화를 수반하는, 모험적인, 탐구적인, 응용이 훌륭한, 질적인 확대를 유도하는 건축적 미래. 그리고 디지털 세계의 제시, 인류의 새로운 가능성을 제시, 혁신적인 창조, 전지구적인 도시 개념, 건설보다는 랜드스케이프적 사고, 문화와 자연의 혼합적인 과정, 열린 형태와 전략 그리고 다양한 가능성의 확보, 다수보다는 개인의 한정, 규범보다는 지식에 의하여 생산, 다층적 다수적 다원적 다의적 세계의 존재, 량 보다는 질적인 평가와 선택, 내적인 도시의 구축, 지속적인 발전과 유지, 지역적 세계적 선택, 인공지능과 사이버네틱, 사회적 의미의 반영, 인간 중심의 건축, 진보적 낙관적 세계의 구축, 복합성과 잠재성의 고려, 건축–도시–공간–행위의 네트워크, 역동적 유동적 도시, 그리드 – 매트릭스 – 지형학 – 구조체를 넘어선 새로운 도시 그리고 장소의 장소, 나아가 의미적 매개체의 도시를 진보라고 일컫게 되었습니다.

진보는 직선적인 변화를 의미하지 않습니다. 진보는 어떠한 재정보화입니다. 역사적으로 진보적인 사회는 어떠한 거대한 유산을 생산하고 남겨 놓은 사회이며 그것은 단지 과거로부터 물려받은 것만을 의미하지 않습니다. 도시에서 그리고 한 국가에서도 마찬가지가 적용됩니다. 우리의 도시민들은 역사적인 의미와 유산들을 소진하여왔습니다. 역사는 우리가 누구이고 무엇을 갖고 있으며 무엇을 얻어내는가에 따라서 더 많은 유산을 얻게 되고 우리의 역사는 풍부해집니다. 우리는 우리의 존재했던 곳에서 태어나고 우리는 그 역사를 진보시키기 위하여 역사를 연구해야만 합니다. 우리에게 역사의 부분으로서 남겨진 것은 바로 혁신입니다. 그것은 오직 새로운 창조이며 결코 모방으로 얻어낼 수 없습니다. 진보는 역동적인 시스템을 요구합니다. 그것은 어떠한 최초의 시작으로부터의 변형을 통하여 얻어지는 과정입니다. 진보는 그러한 역동적인 연쇄적 결과의 수행이며 비선형적인 자유로운 시도와 성장의 결과로 만들어지는 다양성입니다.

혁신 innovation 의 가능성은 어떠한 새로운 것에 대한 배척이라기보다는 가장 열정적인 것으로 이해되어야 합니다. 건축에서 혁신은 총체적으로 공유되는 집합적인 현상은 아닙니다. 오히려 개인적인 역량과 태도로부터 얻어지는 개별적인 사실입니다. 그것은 상호관계를 가능하게 하고 궁극적으로 그 자체의 표현을 창조하는 것입니다. 발전의 통로를 창조하기 위한 기대는 주어진 분위기와 일반적으로 공공의 권리들에 의하여 진작되는 것입니다. 높은 수준의 건축은 진정한 가능성과 행위의 1%에 지나지 않습니다. 단지 건축한다는 것은 점진적으로 확대된다는 것입니다. 우리 모두는 건축이 공간적 지정학적 영역의 문화적 측면을 증명해야만 합니다. 권력은 더 이상 건축적인 공모전을 조직화하는 데에만 노력하지 말아야 합니다. 우리는 서비스 조정하고 도시적 기구와 장치들을 설정하는데에만 신경쓰지 말아야 합니다. 그들이 해야만 하는 것은 문화적이며 환경적으로 부가된 건축의 가치이며 진정한 가치의 발전을 진작시키는 것입니다. 진정한 문제는 그러므로 사고와 태도이며 궁극적으로 가치이며 지평을 창조하는 것에 가깝습니다. 이러한 새로운 사회제도에서의 부는 직접적으로 혁신으로부터 생성됩니다. 그것은 결코 최적의 조건으로부터 생겨나는 것은 아닙니다. 다시 말하자면 부는 이미 알려진 것을 완성함으로써 얻어지는 것이 아니라 불완전하게 알지 못하는 사실들을 구축하고 획득함으로써 얻어지는 것입니다.

사실 우리는 쉽게 혁신할 수 없습니다. 오래된 생산물에서 그들의 위치하고 있는 주변에 참호를 파서 에워싸고자 하는 것입니다. 그것은 오래된 방식의 기술을 강요하고 새로운 것을 시도하는데 어려움을 줍니다. 혁신의 매우 흥미로운 측면을 그 징후입니다. 혁신에 대한 위협은 언제나 어떠한 기술적인 통제와 우월함, 혁신을 발생시키고자 하는 시도를 잠식하고 위태롭게 합니다. 개척자, 발명가, 혁신가는 변화의 위협에 직면하여 그것을 넘어서고 반작용을 노력해왔던 사람입니다. 진보적인 건축의 적은 바로 아첨꾼이며 현실에 안주하는 자입니다.

발전 혹은 진화 evolution 는 어떠한 변화를 의미하며 그 변화가 좋은 결과를 가져올 경우 발전이라고 합니다. 또 어떠한 변형을 일컫기도 합니다. 점진적인 변화는 어떠한 양상에서부터 다른 양상으로의 이동을 의미하며 근본적인 실체의 성공적인 변화로서 현상을 설명할 수 있을 때 우리는 발전이라고 일컫습니다. 그러나 발전은 얼마간의 불균형을 요구합니다. 그것은 완전한 안정이 아닌 상태를 요구합니다. 즉 자기조직화의 속성과 질서의 가능성을 열어둔 잠재성을 바탕으로 합니다. 그러나 군사학적으로는 이것은 어떠한 상태의 변화 혹은 형식의 변화이고 이동, 전진을 의미합니다. 찰스 다윈은 진화의 이론에서 이 어휘를 처음으로 진화라고 사용하였습니다. 그것은 유기적 생명체의 근원과 근본적인 변화에 관계하는 어휘입니다. 그러한 원칙으로 다윈은 적자생존을 내세웠습니다. 두 가지 원칙가운데 적자는 종의 임의적이고 자연스러운 결합과 재구성이 가지고 있는 다양성을 정립합니다. 선택 혹은 생존의 결과는 결과적인 복제물을 형성합니다. 어떠한 발전은 일련의 혁명이나 변혁을 의미하고 있습니다. 21세기에 있어서, 우리는 어떠한 디지털 혁명의 시대에 살고 있습니다. 이 혁명은 오늘날 지속되는 평화와 전지구적인 변화의 한 결과입니다.

Behnesch, Behnisch & partners. Norddeutsche Landesbank. Hanover. 2002

건축가의 역량과 건축디자인

건축가를 의미하는 다양한 자격들과 건축 작업들은 무엇으로 이루어져 있습니까 우리가 건축가들에게 요구하는 것은 무엇이고 건축가가 이 사회에서 책임져야만 하는 것은 무엇입니까 우리가 건축하고 있는 세계는 어떠한 세계이며 무엇을 디자인해야 합니까

?

최초의 건축가로 기억될 수 있는 일단의 전문가들이 고대로부터 존재해 왔습니다. 그들의 이름을 몇몇 거론하자면 Iktinos, Callicrates, Marcus Vitruvius Pollio, Dinocrates, Palladius, Anthemios 등을소개할수 있습니다. 이들 건축가들은위대한통치자와국가를통하여작업할수있었습니다.그들을 건축가라고 부를수있겠으나실제로는장인혹은기술자로서 불리는것이더타당하다고할수있습니다.그러나그들의사고방식과작업태도는오늘날의건축가들이지녀야하는것과다르지 않았습니다.그러한 시대가 지나서 진정한 건축가가 탄생하게 된 것은 건축가로서의 개인이 국가와 귀족으로 자유로운 주체가 될 수 있으며 한 주체가 독립된 사고를 표현할 수 있게 됨으로써 가능해 졌습니다. 또 건축가가 진정한 건축가가 될 수 있었던 것은 건축가들이 작업할 수 있도록 건축물을 요구할 수 있는 풍부하고 다양한 계층이 형성되어야만 했습니다. 그것은 바로 건축주가 생겨난 것입니다. **건축주가 몇몇의 귀족들로부터 확대되어 부를 가진 다양한 사람들로 늘어나면서 자연스럽게 다양한 건축물이 요구되었으며 계층과 문화의 확대는 기능적 요구의 분화를 가져왔습니다. 그러므로 건축가라는 이름이 실제로 사용된 것은 건축을 나름대로 이해하고 작업하게 된 이후의 일입니다.** 또 건축가라고 할 수 있게 된 또 다른 이유는 건축가라는 위상이 확립될 수 있게 된 배경에 있습니다. 건축가들은 자신만의 예술적 영역을 구축하고 그 예술에 있어서 전문가일 뿐만 아니라 타의 추종을 불허하는 강력한 정치적 지지를 확보하는 수단을 얻었기 때문입니다. 또 막대한 자본을 움직이게 된 것도 그 배경일 수 있습니다. 그러자 거대한 자본과 정치, 문화적 역량은 건축가를 다른 예술가와는 다른 위치에 올려놓았습니다. 건축가는 창조자이면서 계획가이고 신중한 철학자여야 했습니다. 따라서 건축가들은 매우 복잡하고 세밀하면서도 다양한 문제들에 직면하게 되었습니다.

다이노클레스에 의한 비트루비우스적인 표현의 기념비적인 재현
(Fischer von Erlach 1721, Plate XVIII: 'Der Macedonische Berg Athos in Riesengestalt')

수많은 사람을 만나고 설득하고 자신을 피력하고 건축적으로 표현하고 도면을 작성하고 물류와 여건을 통제하고 건축적인 이상과 철학을 통찰할 수 있어야 합니다. 건축가는 그러므로 다른 전문가 집단과 같이 특수한 방식으로 나름의 교육을 받아야만 하고 일정기간 훈련을 위한 실습을 하도록 유도되었습니다. 우리시대의 건축교육은 바로 그러한 요구를 만족시키기 위한 것입니다. 건축가는 이제 다양한 서비스를 제공할 수 있는 훌륭한 사업가여야 합니다. 우리는 그러한 역량을 요구하고 필요로 합니다. 건축가의 위상에 따라서 그만한 역량이 요구되고 또 나름의 윤리가 필요해 졌습니다. 건축가들은 사회를 대변하지만 그들은 사회전체의 다양성과 다원화 가운데 나름의 가치관을 정립하고 건축적 가치를 제시해야만 했습니다. 그들은 단순히 건축주의 의도와 이익을 위하여 일하는 것 이상의 책임감을 지니게 되었습니다. 그것은 우리사회에서 생산되는 거대한 건축물이 가진 물리적 혹은 비물리적으로 강력한 영향력과 건축물이 존재하는 시간과 주변에 미치는 영향 때문입니다. 건축에 있어서 윤리는 흔히 이상주의적 견해를 수반하게 되었습니다. 이제 건축은 그 영향력으로 인하여 충분히 나름의 이데올로기를 갖게 됩니다. 흔히 건축물은 단순히 도시를 메꾸고 기능을 하는 구조물이 아니라 새로운 문화양식과 삶의 방식 그리고 그 안에서 새로운 가능성을 생산하고 미래를 제시하는 도구가 될 수 있습니다. 그것은 가장 큰 사회제도를 형성하고 사회적 양식을 생산하게 됩니다. 건축물이 담게 되는 내용이 어떠한 거리와 지역 그리고 도시의 모습을 결정하고 나아가 시대의 문화 자체가 될 수 있게 되었습니다.

우리시대 건축교육이 얻는 것과 잃어버린 것

장인 그리고 도제의 방식들 그 방식이 가진 여러가지 문제점과 현대적 관점에서 보기에 불합리하고 비효율적일 수 있으나 그것은 좋은 의미에서 보자면 훨씬 더 커다란 교육의 목적을 지니고 있습니다.

즉 삶의 방식과 건축에 적합한 사고방식 그리고 생활방식 전반에 대한 교육을 함께 할 수 있다는 것이며 그들이 그 삶의 방식에서 세계를 이해하는 방법을 건축이라는 굴레에서 가능하도록 한다는 것입니다.

그들은 몇 년간 함께 생활하고 작업에 함께 참여함으로써 이미 많은 것을 이해하고

의 통달한 장인 Master로부터 기술뿐 아니라 정신과 태도, 사고방식을 함께 가르침 받

니다. 그리고 그것은 삶과 자연스럽게 결합됩니다.

즉 오늘날 우리가 배우고 있는 건축은 사실상 건축의 방법이고 건축의 기술이며 효율적인 접근 방식입니다.

그러나 그 가운데 절대적으로 필요하고 가장 근거가 되는 건축가의 철학은 체득시킬 수 없습니다. 대부분의 경우 그러한 정신적 과정과 이해는 스스로 깨달아야만 하고 우리시대는 그 보다는 합리성과 상대적인 선택에 우선하고 있는 것이 사실입니다.

그러나 장인에게 배우는 입문생, 도제, 문하생은 사실상 개인의 존재 자체를 설정하는 것으로부터 시작될 수 있었습니다. 왜 건축을 하며 왜 그렇게 배우고 있으며 왜 닮고자 하고 왜 그것에 있는가를 바로 그 집단 안에서 경험하고 이해하게 됩니다. 그것이 바로 우리 시대가 전해주지 정신이고 그것이 바로 전통이 될 수 있습니다. 현대 건축은 바로 그러한 토대에서 멀어지고 못하는 있다는 것도 사실입니다. 건축은 새로운 시도를 우선으로 하고 새로운 교육과 해석방식이 우선합니다.

우리시대의 건축교육이 창조하고 있는 것은 건축을 통하여 생산하는 가치입니까 혹은 건축물 자체입니까 건축이 만들어내고 있는 문화는 무엇으로부터 얻어지는 것입니까 건축교육을 통하여 우리가 가르치고 배움을 전하고자 하는 것은 무엇입니까

?

우리가 배우고 얻고자 하는 것은 건축의 정신이고 문화이고 건축이 담고 있는 인간의 삶입니다.

그리고 우리 모두는 그러한 기술적이고 실무적인 방식들을 교육받도록 유도되어 왔습니다. 건축이 건축물을 구축하는 수단이고 기술이며 그에 따른 디자인으로 여겨져 왔습니다. 실제로 건축의 범위는 그 이상으로 포괄적이며 더 커다란 인간의 삶 전체와 관련을 가지고 있습니다. 우리시대의 건축교육은 그러한 가치보다는 자본주의와 합리성 그리고 효율성에 근거한 방법론적인 교육에 중심을 두고 있습니다. 그러므로 자연스레 삶과 존재적 가치는 개인의 문제로 여겨졌습니다.

그리고 우리시대에 와서 한 개인은 결코 사회적 인식과 역할에 머물지 않는 주체로서의 선택에 의하여 창조되는 것으로 받아들여지고 있습니다. 우리시대의 건축이 예술로서 창조적인 정신과 무한한 가치를 생산하는 것으로 받아들여지는 한 건축을 배우고 이해하는 것은 단순한 기술과 방법을 습득하는 것으로 남겨지지 않을 것입니다.

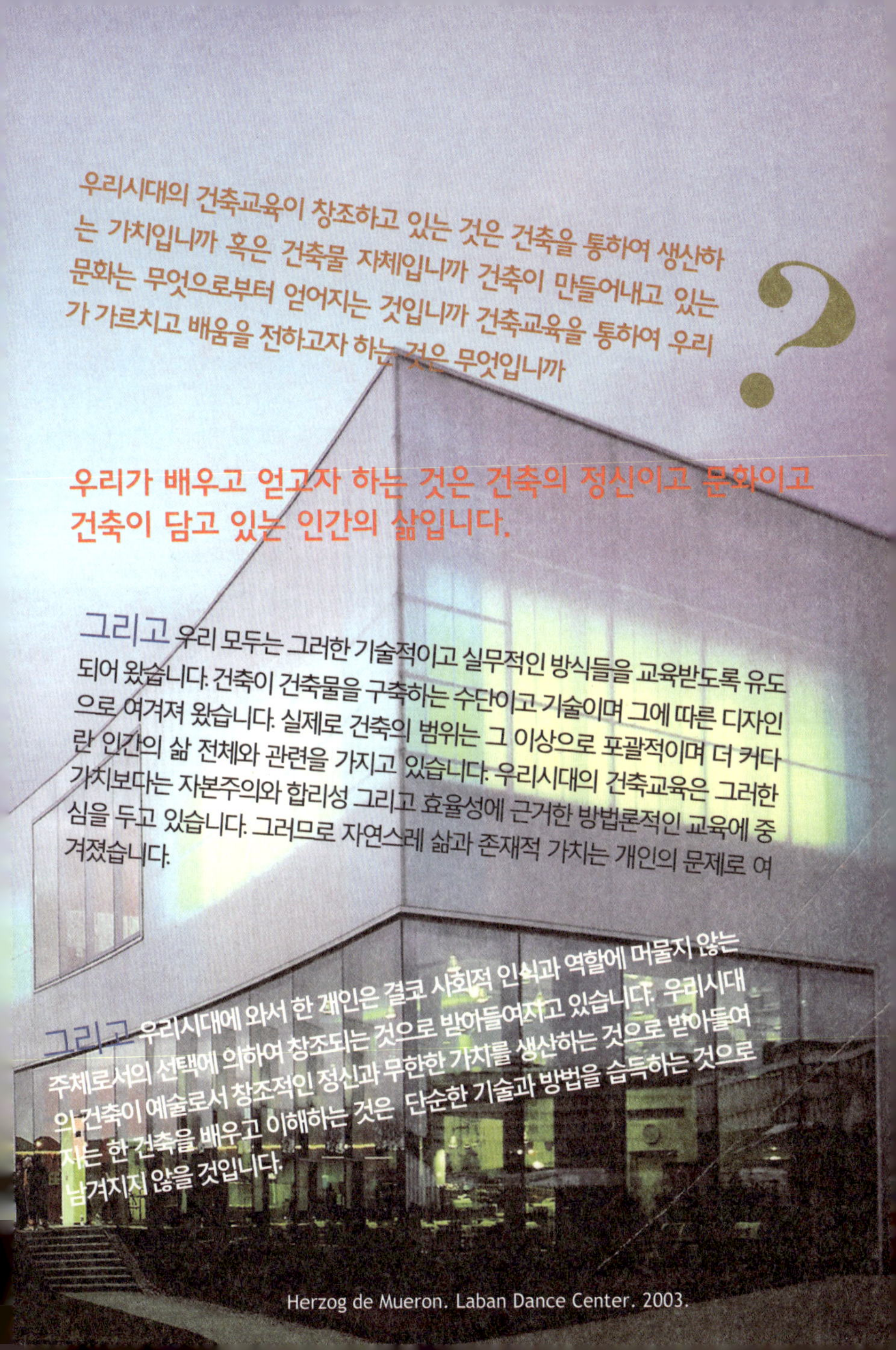

Herzog de Mueron. Laban Dance Center. 2003.

건축가의 사고와 건축디자인의 개념

건축디자인은 형태를 마음에 그리고 그 다음에 구성해 나가는 작업을 통하여 구체화합니다. 서양 건축의 역사에서 대부분의 건축가는 그러한 건축 디자인 과정에서 효율적인 이론을 찾고자 노력하였습니다. 사실, 그들은 어떻게 훌륭한 건축물의 형태가 창조되어지는가를 설명하고 그들의 작품을 관리해나가고 조직할 수 있는 가에 대한 직접적인 지침을 제시할 수 있는 일련의 법칙을 찾고 있었습니다. 불행하게도 디자인에 관한 대부분의 이론들은 지금까지 이러한 작업들을 만족스럽게 설명하지 못하고 있습니다. 특히, 그러한 이론의 대부분들은 디자이너와 디자이너의 작업에 관한 두 개의 동등하고 불만족스러운 그리고 정반대의 개념들 사이에서 우왕좌왕했습니다.

한쪽으로 치우친 극단적인 이론들에 따르면, 디자인 개념은 피동적으로 디자이너의 외부에서 접히는 것 가운데, 디자인의

개념의 재료적인 제한들 가운데 혹은 널리 퍼져있는 시대의 정신 혹은 당시의 주도적인 사회적 경제적 조건들 가운데에서 디자이너에 의하여 발견되어지는 것으로 여겨져 왔습니다. 그리고 그 반대의 극단에는 디자인 개념은 능동적으로 외부의 어떠한 영향에도 의존하지 않으며 더 나아가서는 디자이너 자신의 예술적인 근원 안에서 창조된다고 보았습니다

이러한 이론의 대조적인 것으로, 무엇보다도 모든 건축적 기능주의와 관련된 개념이 최고의 예일 것입니다. 이 기능주의적 개념에 의하면, 훌륭한 건축물의 형태는 수행되어야 하는 다양한 물리적, 사회적, 심리적, 상징적 기능들에 의하여 형상을 얻는다는 것입니다.

종종 이러한 견해는 종종 이상적인 건축적 형태가 이미 잠재적으로 다양한 기능을 안에 내재되어 있는 것으로 언급되었습니다. 그리고 디자이너의 역할은 단순히 그것을 발견하는 것이라고 여겼습니다. 그러므로 1960년대의 디자인 방법론에 있어서 이러한 견해를 따르는 사람들은 디자이너가 과학자와 같아야만 한다고 보았습니다.

그것은 과학자와 디자이너 모두 냉정하게 사실의 객관적인 실체로서의 어떠한 형태를 찾는 것과 관계하기 때문이기도 합니다. 왜냐하면 과학과 디자인 모두에서 개인적인 가치와 경향은 이미 존재하는 것을 발견해나가는 이성적인 실현 과정으로 여겨지기 때문입니다. 가능한 개념들에 의하여 판단하자면 <예견되는 것>은 배제되어야 했습니다. 왜냐하면 그러한 예견이 디자이너가 문제의 객관적인 실체를 해결하는 것을 방해하기 때문입니다.

이와는 반대로, 창조적인 천재로서 디자이너의 낭만적인 개념에서, 건축적인 형태를 위한 개념은 디자이너의 개인적이고 주관적인 근원들로부터 기원한다고 주장했습니다. 그리고 우리시대의 건축가들은 얼마간 이러한 믿음을 공유하고 있습니다. 디자이너는 형태를 머리에서 마술처럼 피어올려 펜으로 옮겨지기도 전에는 결코 볼 수 없었던 독창적인 형태에 대한 특별한 통찰력 혹은 어떠한 특별한 감각을 이끌어 내는 것으로 자신하였습니다.

기능주의자들의 시각과는 대조적으로, 이러한 이론은 지나치게 많은 외부의 제한들을 고려하는 것이 창조적인 과정을 변형시키고 억압한다고 제시합니다. 더욱이 이러한 디자이너 중심적인 견해에서는 예견은 조장되고 칭송받아 왔습니다. 왜냐하면, 이러한 예견만이 내부의 창조적인 정신을 드러낼 수 있기 때문입니다. 디자인에 관한 모든 다른 서양 이론들은 비슷하게 외부의 제한과 내부의 근원 중 하나를 강조하는 경향이 있습니다.

그리고 그들 이론 중 어떠한 것도 디자인 개념의 근원으로서 완전하고 확실한 가치를 지닌 결과를 가져오지 못하였습니다.

만약 이론이 형태를 생산하는데 있어서 창조적인 개인의 역할을 설명할 수 있다면, 중요한 스타일 혹은 지배적 이데올로기로부터 어떻게 지배받는가는 중요하지 않으며 또 설명할 수 없게 됩니다.

어떠한 이론이 이러한 사회문화적 영향력을 설명할 수 있다면, 개별적인 건축물의 개성과 이러한 강제적 영향력들이 변화하는 과정을 설명할 수 없게 됩니다.

이론이 어떻게 기능, 대지, 환경의 특별하고 선례가 없는 요구사항이 형태에 독특한 개성들을 부여하는가를 설명할 수 있다면, 왜 특유의 요구사항들에 주의를 기울이는 건축가들이, 모든 역사를 통하여, 중정형 평면과 같이 많이 친숙한 형태의 유형들만을 고집하여 생산해내는가를 설명할 수가 없게 됩니다

어떠한 이론도 보편성과 특수성 사이에서 적절한 균형을 찾기에 쉽지 않습니다. 그러므로 서로 다른 두 견해는 건축에 있어서 중요한 흐름을 만들어 냈습니다. 그 결과 흔히 합리주의와 낭만주의, 이성과 감성, 구축과 투영, 의식과 무의식, 모더니즘과 포스트모더니즘, 새로움과 익숙함, 전통과 혁신 등과 같은 대립적 견해와 연관되어 왔습니다.

우리시대의 건축교육 그리고 문화의 이해

스톤헨지, 이집트 피라미드를 거쳐 현대에 건축물에 이르는 모든 건축물은 강력한 부와 권력, 종교적 권위를 표현하고 있습니다. 건축은 예술의 어머니로 여겨져 왔으며 거의 모든 예술의 중요한 분야로 인정받아왔습니다.

오늘날 건축을 배우고자 하는 학생들은 전문적인 5년제 교과과정의 건축대학에서 하급하고 실기를 배우도록 되어 있습니다. 그리고 학생들은 개별적인 스튜디오에서 실제 자격을 갖고 있는 교수에게 지도 받는 것을 바람직하게 여기고 있습니다. 이들은 국가가 정한 혹은 국제적으로 인정받을 수 있는 평가 기준에 적합한 교과과정을 이수하는 것을 원칙으로 합니다.

그리고 적절한 국가의 평가에 의하여 건축에 종사하는 많은 사람들이 기사 혹은 건축사, 기술사 등의 자격을 얻고 적절한 시기마다 그에 따른 재교육을 받도록 규정하고 있습니다. 이와 같은 건축 교육과 건축 실무에 대한 규정과 요구는 건축에 있어서 최소한의 요구사항을 확보하는 것이며 동시에 질적인 수준을 유지하기 위한 것이라고 할 수 있습니다.

5년이라는 기간은 학생들에게 매우 지루하고 긴 시간이라고 할 수도 있습니다. 하지만 오늘날 증가하고 있는 정보와 수많은 작품들, 이론들, 학문적 사실들을 배우고 활용하는데 있어서 5 년이란 기간은 도리어 모자라게 느껴집니다. 실상 5년은 매우 기초적인 사실을 접하고 이해하는 것에 만족할만한 기간이라고 할 수 있습니다.

건축은 수 많은 예술의 분야와는 달리 신동이 존재할 수 없습니다. 다만 창조적인 천재만이 존재합니다. 건축은 인간의 삶을 이해하고 그 행위를 파악하고 다양한 주체들의 관계를 경험하고 나서야 가능한 작업이기 때문입니다.

그러므로

실상은 그 5년이 지나고 더 많은 시간 동안 스스로 학습하여야만 실제 건축 디자인을 수행할 수 있습니다. 그리고 건축을 감상하고 해석 평가하는 것은 더 많은 통찰력을 요구합니다.

그리고 오늘날

이론의 난해함과 건축 개념의 난해함은 더 오랜 기간의 자기 학습을 요구합니다. 우리가 듣고 읽고 작업하는 모든 내용들은 과거 10년 전에는 알려지지 않았거나 혹은 누구도 인정하지 않았던 것일 수도 있습니다.

또 지금 우리 자신의 시대에 와서야 이해할 수 있는 이론이고 그 이론을 통하여 창조적 디자인이 가능해 진 것 일 수도 있습니다.

우리 문화의 난해함은
그 문화자체가 다양한 개인의 표현이고 주관적인 논리의 결과이기 때문일 수도 있습니다. 그리고 심원한 사상의 적용에 의한 것일 수도 있고 작가의 난해한 문장에 의한 것일 수도 있습니다.

또 혁신적인 아방가르드 작가의 쇼크일 수도 있습니다. 그러한 시도와 작업들이 우리를 더욱 이해 불가능한 건축의 부분들을 만들어 냅니다.

Kazuyo Sejima. Multipurpose Facility In Onishi.

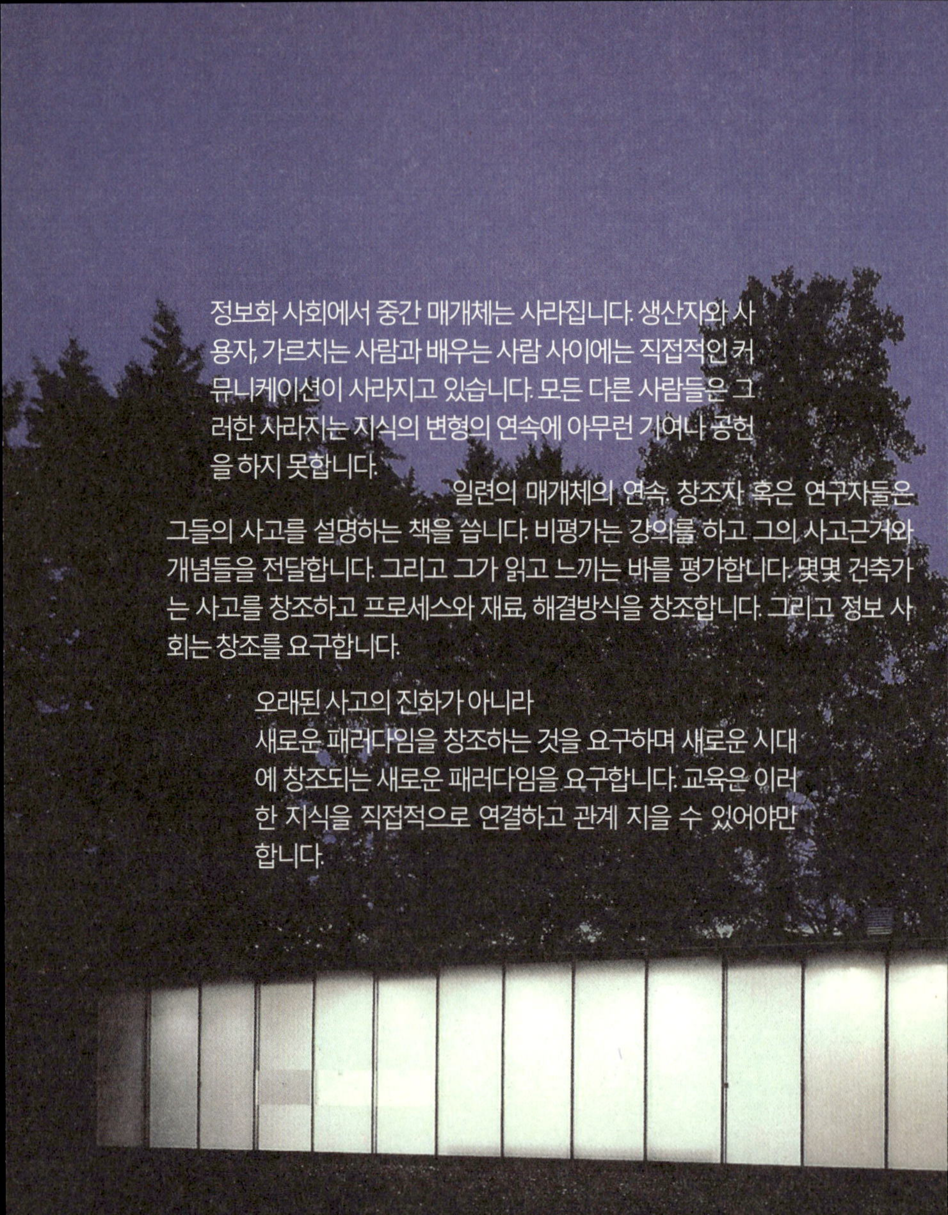

정보화 사회에서 중간 매개체는 사라집니다. 생산자와 사용자, 가르치는 사람과 배우는 사람 사이에는 직접적인 커뮤니케이션이 사라지고 있습니다. 모든 다른 사람들은 그러한 사라지는 지식의 변형의 연속에 아무런 기여나 공헌을 하지 못합니다.

일련의 매개체의 연속. 창조자 혹은 연구자들은 그들의 사고를 설명하는 책을 씁니다. 비평가는 강의를 하고 그의 사고근거와 개념들을 전달합니다. 그리고 그가 읽고 느끼는 바를 평가합니다. 몇몇 건축가는 사고를 창조하고 프로세스와 재료, 해결방식을 창조합니다. 그리고 정보 사회는 창조를 요구합니다.

오래된 사고의 진화가 아니라
새로운 패러다임을 창조하는 것을 요구하며 새로운 시대에 창조되는 새로운 패러다임을 요구합니다. 교육은 이러한 지식을 직접적으로 연결하고 관계 지을 수 있어야만 합니다.

아카데미는 교육적인 과정과 규율을 통하여 역사의 전통을 답습시킵니다. 그리고 천천히 그 내부에서 새로운 과정을 진전시키고 그 방법을 제공합니다. **전문적인 건축가로서의 훈련, 교육기관, 매우 많은 규율과 출판들은 새로운 권위를 만들어내고 이단과 정통을 구분하였습니다.** 그리고 시대의 조류를 형성하였습니다. 사실, 건축의 훈련과 교육은 어떠한 통합을 유도하고 저항을 불가능하게 만들었습니다.

오늘날의 모든 지혜와 지식은 어떠한 상호교차의 훈련, 환경의 연구, 대안적 대체적 연구, 많은 분야의 다층적인 연구와 적용은 건축 훈련에 있어서 새로운 양상이 되었습니다. **이러한 교육적 기능이 형태, 건축적 양상, 힘을 형성하고 방식과 정식들을 공식화하고 일반화하였습니다. 오늘날 이와 같은 대체적인 노력들은 새로운 효과적 건축작업들을 유도해냈습니다.**

이제 어떠한 효율적인 프로젝트의 수행이전에 어떠한 저항들도 만들어냈습니다. 그 과정을 기록하고 판단하고 규정하고 어떠한 기호로서 코드화하면서 건축작업을 유지하게 됩니다.

context
우리시대의 건축문화의 이해

우리 시대의 문화가 만들어 놓은 다양한 결과들은 새로운 시도와 창조적인 발상에 의한 결과물이 아닙니다. 그 모든 결과들은 우리가 오랫동안 발전시키고 노력해온 과학 기술과 창조적 사고를 통하여 이루어 놓은 위대한 결과입니다.

우리시대의 건축문화를 이해하고 건축적으로 판단하는데 있어서 우리시대의 형상과 재료 그리고 기술적인 정보 이외에 사회적 문화적 정치적 문화적 혹은 신화와 상징적인 토대를 이해해야만 합니다. 그리고 실제로 형태가 지닌 바의 내용을 즉각적으로 이해하는 부분 이면의 의미들이 존재합니다

고딕 성당의 형태와 장식 그리고 건축구조는 그 자체로 시대와 문화의 상징이 요구입니다. 그 내용을 이해한다는 것은 기독교의 역사와 사회의 조 그리고 문화를 함께 이해하는 것입니다. 그것은 그 건축물이 동대의 공간적으로 시간적으로 충분히 광범위한 일정 영역의 사회문적인 배경에서 이해된다는 것을 보여줍니다.

그러므로 우리가 흔히 context라고 부르는 것은 매우 넓은 영역의 정보와 판단을 요구합니다. 이러한 의미에서 **historicism, contextualism, regionalism, vernacular architecture, classicism** 등을 이해할 수 있습니다.

우리는 언제나 새로운 시대를 꿈꾸고 새로운 건축을 창조하고자 합니다. 그러나 그 기반이 되고 토대가 되는 것은 바로 그 시대이며 사회이고 문화이고 지역입니다. 그러므로 건축을 이해하고 연구하고 교육하는 것은 두 가지 방향에서 이루어져야만 합니다. 그것은 바로 통시적인 접근과 공시적인 접근입니다.

우리는 그것을 통시적으로는 시대, 왕조를 가로질러 제한적인 양식, 이즘, 건축적 경향에서의 연구로부터 건축사 전체의 흐름으로 확대할 수 있습니다. 공간적으로 하나의 제한된 대지, 지역으로부터 도시와 국가로 확대할 수 있습니다.

그러한 방식은 건축을 물리적 대상으로가 아닌 의미의 대상으로 확대하고 문화적인 대상으로서 이해하도록 요구합니다. 우시대의 문화로서 이해함으로써 나와 나의 집단, 사회로 확대되고 그들 사이에 이해계와 이데올로기, 정치, 권력, 제도 그리고 문화적 가치로까지 적용됩니다.

그러한 방식은 건축을 물리적 대상으로서가 아닌 의미의 대상으로 확대하고 문화적인 대상으로서 이해하도록 요구합니다. 우리 시대의 문화로서 이해함으로써 나와 나의 집단, 사회로 확대되고 그들 사이에 이해관계와 이데올로기, 정치, 권력, 제도 그리고 문화적 가치로까지 적용됩니다. context 우리시대에 그렇게 이해하고 연구하고 디자인 하는 것이 가능한 것은 거의 모든 도시의 구조물이 건축의 대상이고 우리 도시는 역사의 산물이기 때문입니다. 우리시대에 건축을 형태적 오브제로 보는 것은 이미 사라지고 없습니다.context 건축물은 강력한 도시의 상징이고 부의 상징이며 문화의 매개체가 되었습니다. 우리는 무엇인가를 누리기 위하여 이미 특정한 지역과 건축물을 찾아가는 시대에 살고 있습니다.context Context라고 부르는 것. 어떠한 프로젝트, 장소, 환경의 문맥은 도시적 차원의 규모를 넘어서 존재하는 관계입니다. 사실상 거의 모든 고려의 대상들은 서로 영향을 미치게 됩니다. context 그리고 그러한 컨텍스트의 사실과 의미의 역사적인 존속에 의하여 전통적인 방법을 넘어서 확장됩니다. 우리시는 물리적인 통로와 접촉을 넘어서 다양한 상호작용이 가능하며 네트워크를 구축합니다. 컨텍스트는 가상적인 혹은 물리적인 이미지와 정신적인 지도를 형성하고 그 지역을 장소로서 존재하게 합니다. context 컨텍스트의 어휘적 의미를 통하여 근본적인 의미를 찾아볼 수 있습니다. 컨텍스트는 문장의 전후 관계,정황, 배경, 환경의 의미를 지니고 있습니다. 사실상 문장 안에서 해석할 수 있는 다양한 관계로서 순접, 역접, 병렬, 전환, 인과관계를 바탕으로 합니다.

인사동 골목

Architectural Education

5. 건축을 배우는 과정 : 우리시대의 건축교육

건축분야에서 건축설계 업무에 종사하는 사람들은 일정한 교육을 받고 전문적인 디자인 프로세스와 과정을 이수한 사람들이 대부분입니다. 다르게 개인이 공방이나 설계사무소 혹은 관련 학원에서 학습하여 건축 관련 업무에 참여할 수도 있습니다. 그러나 대다수 사람들은 대학에서 정규과정을 거친 사람들입니다. 이러한 교육제도는 현대 사회에서 사회구성원을 교육하여 일정 수준의 전문적인 작업에 적절한 능력을 키우기 위한 것입니다. 건축 교육은 그 시대의 가치관과 목표, 원칙에 따라 커리큘럼의 내용, 교육방식, 평가방법 등이 결정됩니다. 그러므로 다양한 나라에서 나름의 방식으로 건축교육이 이루어져 왔습니다. 최근의 세계화와 상호교류에 의하여 건축에 있어서도 국가와 지역간의 경계가 사라지고 있습니다. 우리는 유럽이나 동남아시아, 극동아시아, 일본, 중국에 까지 건축디자인 업무를 넓혀가고 있습니다. 중요한 것은 일정한 기간 동안 유지되는 건축교육의 방식이 건축가에게 미치는 영향이 크고 일정한 건축적인 경향과 테마를 결정하기도 합니다.

5년제 교과과정과 자격

최근에 건축시장이 국제적으로 개방되고 많은 외국 건축 사업에 참여하고 국제적 건축사 인증이 추진되고 있습니다. 그것은 세계적으로 공인된 건축전문가의 능력과 교육수준을 요구하였습니다. 따라서 건축교육도 국제적인 인증을 위하여 2002년 부터 5년제가 도입되어 시행되고 있습니다.

인증 기준 안에서 제시하고 있는 것 중에서 중요한 것은 전임교수 및 지원인력을 확보하고 수요공간을 확보하고 필수 기자재와 제도 건축교육과정의 제시입니다. 그렇게 해서 대부분의 건축 설계과정의 교육을 이끌어 오던 건축관련학과는 기존 4년제를 5년제로 개편하고 건축학부 혹은 건축학과를 건축대학으로 분리하기 시작했습니다. 건축대학으로 분리함으로써 차별화되고 개별적인 프로그램과 학습을 진행할 수 있는 가능성을 얻기 때문입니다. 5년제로 개편된 대학들은 인증신청을 하고 최초에 신청 후 일정 기간 후에 5년제로서 충분한 자격이 있는가를 인증 받게 됩니다. 건축대학의 5 년제 교과과정은 더 많은 시간을 설계디자인에 집중시키게 됩니다. 그리고 교과과목 중심이 아닌 설계 디자인의 발전을 위하여 다양한 교과과목이 연계되도록 조정되어 있습니다. 사실상 건축학은 건축공학과는 분리되고 그 목적과 교과 내용이 분리될 수 있게 되었습니다. 그것은 설계 중심의 교과목과 이론중심의 교과목으로 구분된 것입니다.

홍익대학교 1학년 건축과제 : Wood Pavilion

수행평가기준

건축 교육에 있어서
요구되는 수준과 내용을
확보하고
그 진행과정을
평가하는 것은
건축 교육을
하나의 체계와 시스템을 통하여
진행하고자 하는 의도에서
생겨났습니다.

건축학 교과과정에서 제시하는
일련의 교과과목과 학습목적은
대전제가 되는 수행평가기준에 의하여
결정됩니다.
5년제 교과과정은
건축설계 중심의 교육방식을 유지하고
건축디자이너로서 필요한
충분한 정보와 경험을 제공할 수 있도록
필요한 건축관련 내용들을 교과목으로
설치합니다.
전체적으로 보자면
다섯 가지의 인증을 위한 교육 목적을
제시합니다.

수행평가기준은 우리가 바라보는 가치기준입니다

그러한 과정의 평가와 목표는
실제로
우리시대가 요구하는
건축적 의미와 가치를
구성합니다.

그 범주는 **커뮤니케이션, 문화적 맥락**
(역사/형태/환경), **설계, 기술, 실무** 로
구분하고 있습니다.
이러한 범주는
실제로 우리 시대의 우리 사회가 요구하는
건축가로서 필요한 역량이 무엇인가와
무엇이 가장 절실한가를 단적으로 보여주고
있으며 또 건축이 무엇을 목적으로 하고 있는가
확인할 수 있습니다.
물론 다음의 제시되는 내용은
전체적으로 모두 적용되는 것은 아니며
5년제 건축대학의 설계중심의 교과과정임을
먼저 염두에 두어야 할 것입니다.

커뮤니케이션

01. 상황과 상대에 맞추어 건축적 아이디어를 글과 말로 표현할 수 있으며 적정한 외국어를 구사할 수 있다.
02. 각종 건축도서 및 보고서를 간결하고 명쾌하게 작성할 수 있으며, 적절하게 발표할 수 있다.
03. 건축행위에 관련된 다양한 부류의 사람들과 협력을 이끌어 나가기 위한 방법론 및 지도력에 대해서 인지한다.
04. 건축적 아이디어를 그림으로 표현할 수 있다.
05. 사진모형 등 미디어를 적절히 사용하여 설계에 연결시킬 수 있다.
06. 컴퓨터 등 정보통신기술을 정보의 이용과 관리, 이미지의 표현, 설계과정에 이용할 수 있다.

문화적 맥락(역사/형태/환경)

07. 건축과 과학 및 예술에 관계를 이해한다.
08. 세계의 건축역사와 전통의 다양성을 인지한다.
09. 국가 및 지역의 고유한 사상과 문화적 전통성을 이해한다.
10. 건축이 지닌 역사적, 사회적, 지역적, 정책적 상관관계 및 영향을 공시적, 통시적으로 이해한다.
11. 다양한 선례들을 비평적 시각으로 건축적 논의에 이용할 수 있으며 건물설계, 단지 계획 및 도시 설계에 적용할 수 있다.
12. 다양한 문화 속에서 개인과 사회집단이 드러내는 가치 및 관습과 환경과의 상호영향에 대해 이해한다.
13. 물리적 환경과 인간행동 간의 상호관계를 밝혀주는 이론과 방법을 이해한다.
14. 환경적 맥락을 다루는 이론과 원리 그리고 환경의 재생가능성을 이해한다.

설계

15. 건축 및 도시설계의 기초를 이루는 2차원과 3차원형태 및 공간구성의 기본원리와 시스템을 이해하고, 이것을 건축적으로 구체화 할 수 있다.
16. 설계에 관련된 다양한 정보를 수집, 분석하여 이를 종합한 프로그램을 만들 수 있다.
17. 특정대지의 지속가능한 개발을 고려하여 자연적, 환경적, 기후적 맥락과 제한조건을 적절히 해석하여 설계에 통합시킬 수 있다.
18. 프로젝트에 주어지는 다양한 문화적, 역사적, 맥락의 조건에서 설계개념을 추출하여 체계적 분석과 평가를 통해 구체적으로 설계할 수 있다.
19. 노약자 및 장애인 등을 포함한 다양한 건물사용자의 요구를 고려하여 설계할 수 있다.
20. 건물재료, 구성부재, 건물시스템 및 구축방법 등을 평가 선정하여 설계에 적절히 통합시킬 수 있다.
21. 설계의 초기단계부터 완결하기까지의 과정을 체계적으로 보여줄 수 있으며 단계별 목적에 맞게 기술적으로 정확한 설명과 도서를 작성할 수 있다.
22. 증축, 개축, 보수 등의 기존환경을 변경하는 문제를 다양하게 검토 및 판단하고 설계할 수 있다.
23. 설계(의) 전 단계를 걸쳐 필요한 요소들을 포괄하여 종합적으로 설계할 수 있다.
24. 개인의 재능을 극대화하는 다양한 역할을 인지하고 책임을 맡을 수 있으며 설계팀 혹은 기타 다른 상황에서 일원으로 작업할 때 다른 구성원들과 협력할 수 있다.
25. 인명안전 및 방재의 원리를 바탕으로 건물 내외부에 적합한 방재시스템을 선정하여 설계에 적용할 수 있다.

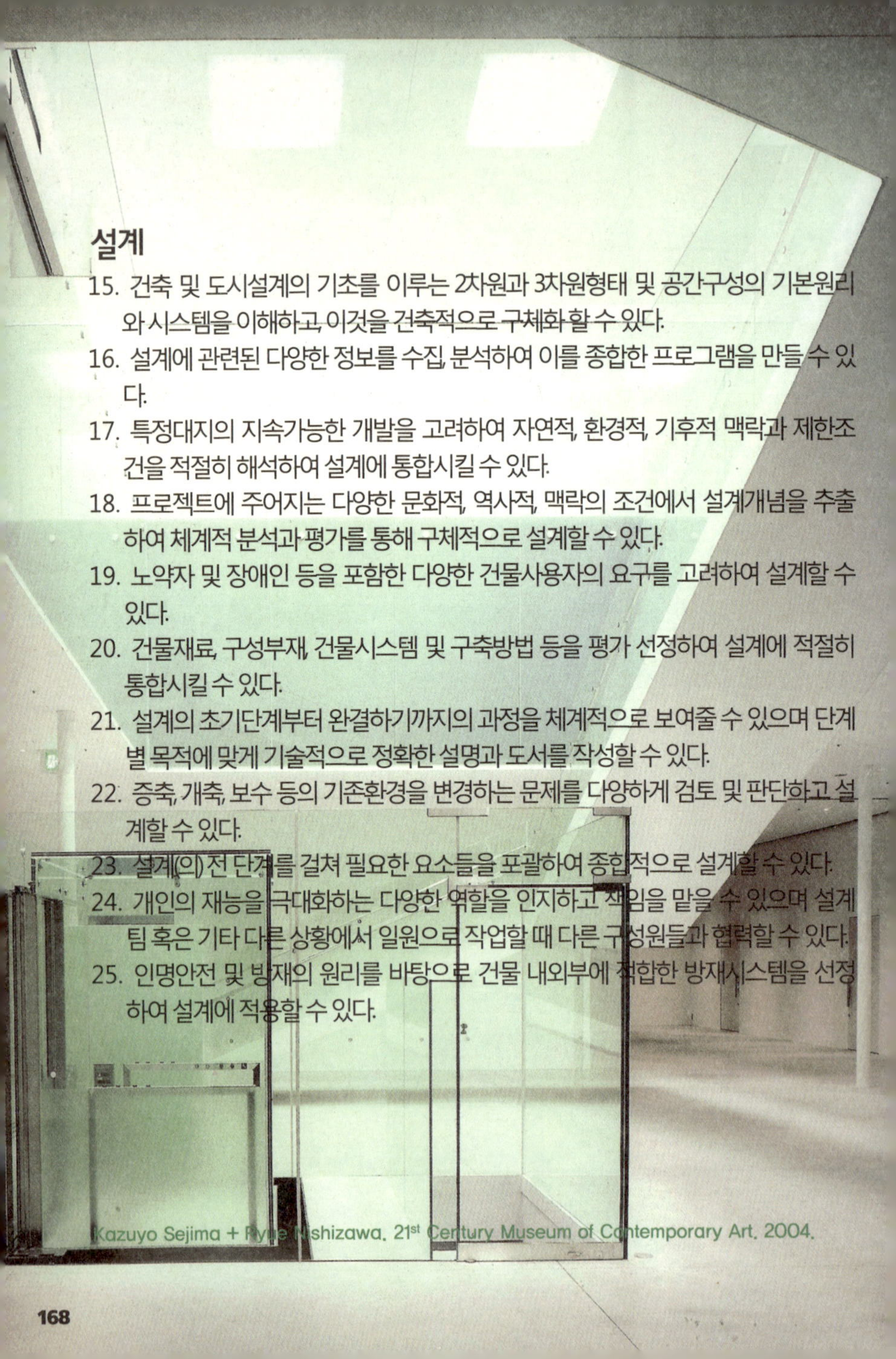

Kazuyo Sejima + Ryue Nishizawa, 21st Century Museum of Contemporary Art, 2004.

Allmsnn Sattler Wappner, Herz Jesu Kirche, 2001.

기술

26. 구조에 관한 기초이론과 그 역학적 원리를 이해한다.
27. 다양한 건축구조시스템의 특성과 적용방법을 이해한다.
28. 환경조절을 위한 지역의 전통적 방법을 이해한다.
29. 조명, 음향, 에너지 관리 등을 포함한 환경 시스템에 관한 기본원리 및 성능평가방법을 이해한다.
30. 건물의 외피설계에 관한 기본원리를 이해한다.
31. 기계, 전기, 통신, 방재 등을 포함하는 건물 시스템을 선정하고 설계에 적용되는 원리를 이해한다.
32. 건설관리에 관한 기본원리를 이해한다.
33. 시공재료, 구성부재, 조립부품을 생산하고 사용하는 데에 관련된 원리, 관습, 규격, 적용, 제한 등을 이해한다.
34. 시공재료 및 건축 폐기물의 재생 가능성과 유해성 및 규제 방식을 이해한다.
35. 지역적으로 취득 가능한 물적, 인적, 기술적 자원을 능숙하게 다룰 수 있도록 시공관리 및 절차에 대하여 충분히 이해한다.

Toyo Ito. Mediatheque. Sendai. 2001.

실무

36. 건축실무에 적용되는 사무소 조직, 사업체계, 마케팅, 협상, 재정관리, 지도력 등의 기본원칙을 인지한다.
37. 프로젝트 시작부터 설계, 본 설계 계약에 따른 행정적 업무, 설계관련 분야의 의사결정과 조정, 시공, 공사감리 및 거주 후 평가(POE), 시설관리 등에 이르기까지 프로젝트의 모든 과정에서 건축사의 역할을 이해한다.
38. 설계 프로젝트를 진행시키는데 따른 건축재정, 건물의 경제성, 시공비용 조절 등의 기본적 사항을 인지한다.
39. 다양한 프로젝트를 수행하는 방법들에 상응하는 용역 계약 양식과 경쟁력 있고 책임 있는 전문용역을 처리하기 위해 요구되는 도서유형을 인지한다.
40. 공중보건과 공공의 안전 및 복지, 재산권, 건축법규, 기타설계, 시공, 실무에 영향을 미치는 건축사의 법적 책임을 이해한다.
41. 건축주와 사회에 대한 건축사의 책임과 전문인으로서 직업윤리를 이해한다.

Jean Marie Duthilleul, Avignon TGV Railroad Station, 2001.

수행평가기준의 체계와 건축교육의 단계

건축학 분야의 수행평가기준은 각 과목에서 수행하는 교육과정의 목표를 제시합니다. 각 과목마다 나름의 목표를 제시하는 것이 이상으로 전체 건축교육이 나아가야 할 방향을 제시하고 있습니다. 이 내용 자체가 건축대학에서 건축을 전공하는 학생들에게 제시하는 방향이고 요구되는 역량이기도 합니다. 각각의 교과과목들은 수행평가기준에 부합하는 목적으로 진행됩니다.

어찌 되었건 간에 이러한 수행평가기준의 **커뮤니케이션, 문화적 맥락(역사/형태/환경), 설계, 기술, 실무** 의 구분은 건축을 바라보는 범주이기도 합니다. 즉 건축 설계와 그를 가능하게 하는 실제 업무 그리고 기술적인 분야로 구분되며 건축의 인문사회적 배경으로서 문화적 맥락과 건축의 표현과 해석을 수반하는 커뮤니케이션으로 구축되어 있습니다.

과목들은 서로 단계 단계 수준을 높여가면서 최종적인 건축교육의 목표를 달성하도록 짜여져 있습니다. 다음의 예는 홍익대학교 건축대학의 교과과정을 간단히 제시한 것입니다.

각 분야별 연계와 과목간의 연계가 체계적으로 수립되어 있으며 각 교과목은 그러한 연관성과 목표에 적절히 세분화된 계획을 가지고 있습니다. 이러한 이해는 우리가 건축교육을 받는 것 뿐 아니라 우리시대의 건축이 무엇을 위하여 달려가고 있는가를 가늠하게 해 줍니다.

무엇이 중요하고 무엇이 교과목으로 설치되는가 그리고 그 교과목에서 무엇을 학습하는가는 적어도 동시대의 건축에 종사하고 있는 많은 사람들과 교육자, 건축주, 건축연구 그리고 건설관련 행정 당국의 관심사와 향후의 방향을 제시하게 됩니다.

여기에는 설계를 중심으로 하는 층위적인 사고가 존재합니다. 그것은 오른편 다이어그램을 보아도 충분히 확인할 수 있습니다. 이 다이어그램은 건축 디자인이 총체적인 학습의 중심에 놓여 있으며 그 결과 과거와는 다른 교육방식이 만들어 졌습니다.

그 가장 큰 변화 중 하나는 다수의 건축이론은 실제적으로 건축 설계 디자인의 교육과정으로 통합되었습니다. 그러자 건축 교과의 변화는 우리가 중시하였던 몇몇 관심의 대상이 변화하였습니다. 이제 건축 계획을 설계 디자인이 아닌 다른 하나의 과목으로 교육하거나 하는 일은 없어졌습니다.

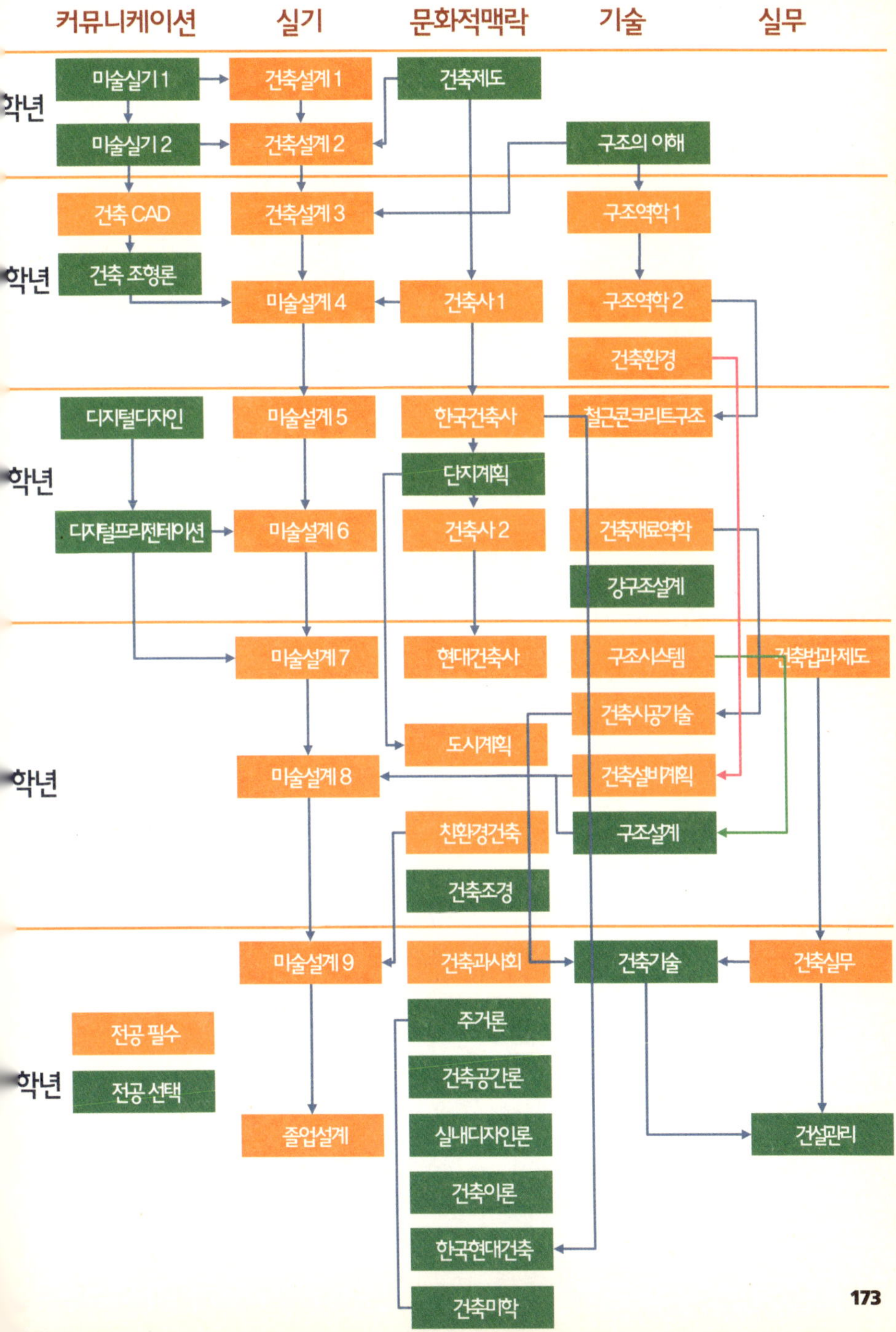
커뮤니케이션
실기
문화적맥락
기술
실무
학년
미술실기 1
건축설계 1
건축제도
미술실기 2
건축설계 2
구조의 이해
학년
건축 CAD
건축설계 3
구조역학 1
건축 조형론
미술설계 4
건축사 1
구조역학 2
건축환경
학년
디지털디자인
미술설계 5
한국건축사
철근콘크리트구조
단지계획
디지털프리젠테이션
미술설계 6
건축사 2
건축재료역학
강구조설계
학년
미술설계 7
현대건축사
구조시스템
건축법과제도
건축시공기술
도시계획
미술설계 8
건축설비계획
친환경건축
구조설계
건축조경
학년
미술설계 9
건축과사회
건축기술
건축실무
주거론
전공 필수
건축공간론
전공 선택
졸업설계
실내디자인론
건설관리
건축이론
한국현대건축
건축미학

건축을 배운다는 것

우리가 배운다는 것은 자신이 새로운 사고와 이해의 지평을 열어가는 것을 의미합니다. 종종 전혀 모르는 것이나 혹은 건축이 가진 언어적인 뜻 아니라면 건축하는 방법을 알게 된다는 것을 배운다고 여길지도 모르겠습니다. 물론 우리는 그것을 배운다고 할 수도 있습니다.
그러나 배운다는 것은 더 큰 의미와 닿아 있습니다. 스스로 어떠한 행동하고 이해할 수 있는 능력을 얻는 것이며 그 능력을 통하여 새로운 가능성을 얻고 자신이 더 많은 것을 가늠하고 찾아 볼 수 있는 흔히 지혜라고 부르는 것을 얻는 것입니다.

결국 그 지혜는 우리가 삶을 살아가는데 필요한 방식들에 가까워지고 그 낯설고 불안한 상태를 여유롭고 편안한 상태로 전환시키는 것입니다. School의 기원은 그리스어 schole로부터 시작되었습니다. 영어로 번역하자면 여가 leisure의 의미도 지니고 있습니다. 이렇게 보자면 무엇인가를 배운다는 것은 오늘날 교육기관과 학원 등에서 배운다는 것과는 차이가 있음을 알 수 있습니다.

물론 시대와 문화의 차이는 있으나 학문의 의미는 여전히 동일한 근원으로부터 작됩니다. 그러므로 건축을 배운다는 것은 건축을 배우고 있는 우리 자신을 더욱 가치있게 수 있어야만 합니다.

우리가 흔히 건축작업을 하는 공간을 studio라고 부릅니다. 그것은 라틴어로 열의 혹은 연구를 의미하는 단어인 스투디움 studium에서 시작되었습니다. 그 말은 study의 의미를 지니고 있습니다. 따라서 건축을 배우고 건축작업을 하는데에는 끊임없이 창조하는 것과 동시에 배움과 앎의 지평을 넓혀가는 것이 함께 묶여 있습니다.

건축은 어원적으로 매우 큰 기술 즉 Architecture (큰 archi + 기술 tecture)로서 우리 세계를 구축하는 것입니다. 그러므로 이 세계를 살아가는 우리 자신과 우리가 속한 자연적이고 사회적인 세계를 연구하고 파악하고 이해하는 것을 바탕으로 합니다.

모든 분야에 종사하는 사람들이 마찬가지으나 자신의 배움을 통하여 건축할 수 있는 능력을 넓혀나가 것은 건축가로서 기본적인 자세가 되어야 할 것입니다.

건축은 한자로 建築으로 씁니다. 建 은 세우다, 일으키다, 아뢰다, 개진하다, 열쇠와 같은 의미를 지니고 있습니다. 그러나 이 문자가 어떻게 생겨났는가를 보면 더 많은 의미를 찾아낼 수 있습니다. 聿(율)은 붓을 세워서 글자를 끄는 것을 의미합니다.그것은 사실 사물에 하나 하나 차례를 정해 나가는 것입니다. 순서와 내용을 정하는 것입니다.

부수인 민책받침(⊠)은 걸어간다는 것으로서 행동(行動)해 나가는 것입니다. 즉 사물에 체계를 실제로 행동으로 개진하는 것입니다.그러므로 建은 법을 정하여 나라를 다스리고 새로운 제도와 문화를 세우고 작게는 물건(物件)을 세운다는 뜻을 가지고 있습니다.

建築

築 의 의미는 쌓다, 다지다,짓다, 건축물, 날개치다 등을 지니고 있습니다. 이 문자는 木(목)과 음(音)을 나타내며 동시에 찧다의 뜻을 가지는 筑(축 : 고부라진 대나무로 줄을 쳐서 소리를 내는 악기)으로 이루어져 있습니다.그러므로 절굿공이로 흙을 다져 굳게 한다는 의미를 지니게 됩니다.

흔히 축대(築臺)라고 부르는 것은 이 문자를 잘 사용한 단어입니다. 그러므로 건축(建築)은 사물의 체계를 실제로 구축하는 것입니다. 매우 놀라운 의미로 해석될 수 있습니다.

이러한 해석이
과거 수천년간 전혀 이루어지지 못한 것은 아니지만 최근에 가능하게 된 것은 우리 시대가 그러한 해석을 요구하기 때문이라고 볼 수 있습니다.

반면에 지난 수천년간은 구축은 실체를 쌓아 만들어 내는 것에 더 가까운 것으로 해석되어 왔습니다. 건축은 적어도 우리시대의 물리적 의미적 정신적 그리고 존재하는 사물의 체계를 구축하는 것이 되었습니다.

그러므로
건축을 배운다는 것은 존재하는 세계를 배우고 그 세계를 내재화하고 구축하여 실체화하는 것을 배우는 것입니다. 또 그 안에서 자신을 스스로 얻어내는 것이며 행복을 얻고 익숙해지는 것입니다. 그러므로 여유롭게 사고하고 누리며 사는 것이 행복합니다. 그리고 그것이 건축을 통하여 자신을 발전시키는 것이며 건축을 통하여 배우는 방법입니다.

건축의 교과목

다음은 홍익대학교 5년제 교과과정을 요약한 것임을 미리 밝힙니다.

강구조설계의 목적은 강구조물을 구성하는 시스템을 이해하고 강부재설계를 할 수 있는 기본적인 지식을 습득하는데 있습니다. 이를 위해 강재의 재료특성을 파악하고 활용성을 극대화할 수 있도록 다양한 사례를 예시하여 이해를 돕도록 합니다. 또한, 학생들이 사례조사를 통해 스스로 문제점을 파악하고 해결방안을 모색하도록 지도하는 것입니다. 그 내용은 1. 강구조의 역사적배경 2. 강재의 재료특성 3. 강재부재의 접합방법 4. 인장재, 압축재, 휨부재의 설계 5. 트러스구조의 해석 및 설계 6. 골조설계 및 특성 등입니다. 그에 따른 수행평가기준의 적용은 <26. 구조에 관한 기초이론과 그 역학적 원리를 이해한다. 27. 다양한 건축구조 시스템의 특성과 적용방법을 이해한다. 33. 시공재료, 구성부재, 조립부품을 생산하고 사용하는 데에 관련된 원리, 관습, 규격, 적용, 제한 등을 이해한다. >입니다. **건축CAD** 는 전통적인 디자인 방법을 보완하고 확장시킬 수 있는 설계 도구인 디지털디자인에 대한 이론적인 내용을 바탕으로 3 차원모델링 시스템에 대한 정확한 사용법을 익히고 정형적인 형태에서 부정형형태에 이르기까지 다양한 모델링 연습을 통하여 창조적인 디자인 능력을 발전시킬 수 있도록 합니다. 또한 이미지의 표현과 시각화에 대하여 다양한 연습을 통하여 표현기법에 대한 방법을 알아보고 궁극적으로 학생들의 디자인 발전을 위해 효과적인 디자인 툴로서 활용할 수 있도록 합니다. 중요한 내용은 디자인 소프트웨어 모델링 시스템의 환경설정을 이해하고 다양한 미디어의 이론을 학습하며 정형의 Mass Model를 모델링시스템을 통해 제작하는 것입니다. 또 Light, Rendering Mapping 이론을 바탕으로 각 기능을 다양한 공간에 적용 연출하고 건축가의 작품을 3차원 모델링으로 제작하고 3차원 미디어인 공간의 선, Surface, Rendering의 이론을 학습합니다. 또한 비정형의 Mass Model를 모델링시스템을 통해 제작하며 디지털 모델의 창의적인 표현방법을 개발하고 자신의 아이디어를 자유롭게 모델링 하는 능력을 갖도록 하는 것입니다. 그에 따른 수행평가기준의 적용은 <6. 컴퓨터등 정보통신기술을 정보의 이용과 관리, 이미지의 표현, 설계과정에 이용할 수 있다.> 입니다. **건축개론**은 다음과 같은 내용을 중심으로 건축 전반에 걸친 일반적인 개념과 분야의 이해를 돕기 위한 과정입니다. ① 자연환경과 건축계획에 대해 알아보고 외부 환경을 통한 자연적 배경과 내부 환경을 통한 인문적 배경을 학습 한다. ② 시각적 인식 체계와 심리적 상관관계에 대하여 이해한다. ③ 건축의 공학적 지식과 응용 능력을 향상시킨다

④ 실내건축의 포괄적인 이해 와 실내건축 디자인과 인간공학의 관계 ⑤ 다가오는 미래세계에 대한 이해와 건축가의 자세 등을 중심으로 진행합니다. 그에 따른 수행평가기준의 적용은 <1. 상황과 상대에 맞추어 건축적 아이디어를 글과 말로 표현 할 수 있으며, 적정한 외국어를 구사할 수 있다. 7. 건축과 과학 및 예술의 관계를 이해한다. 13. 물리적 환경과 인간 행동 간의 상호관계를 밝혀 주는 이론과 방법을 이해한다.>입니다. **건축경영**은 다양한 건축수업들이 학생들에게 디자인 위주의 건축을 폭넓게 가르치는 반면 이 수업은 건축물이 성공적으로 완성될 때까지의 과정 중 다른 숨겨진 요소들을 다룹니다. 이러한 요소들은 구성팀 (건축주, 건축가, 시공사, 기술자 그리고 하청업자)들의 역할 속에서 찾을 수 있으며 수업은 각 팀의 업무영역을 규정하면서, 프로젝트를 관리하는 PM(Project Management)의 관점에서 진행합니다. 즉, PM(Project Management)은 프로젝트 초기단계에서 전략 메니지먼트를 어떻게 해야하는가부터 설계와 시공의 단계에서 예산, 공정, 품질, 위험관리 등의 수단과 함께 그 프로젝트의 성질에 맞는 적합한 발주 방식 (GC, CM, Multiple Primes, Design-Build, Turnkey, BOT)의 선택방법을 포함하며, 건축주를 위한 프로젝트 진행과정의 성공적인 보고형태 그리고 각 구성팀들간의 원할한 의사소통과 문제 해결방법등을 일컫습니다. 또한, 건축시장이 이미 글로벌화되어 있고 현재 진행되고 있는 FTA 협정 등을 감안하여 볼 때, PM이 다루어야하는 프로젝트의 범위를 국제적 사례로 확대하고 이에 대한 사례를 위주로 비즈니스적, 법적, 문화적 지식을 학습합니다. 그에 따른 수행평가기준의 적용은 <03. 건축행위에 관련된 다양한 부류의 사람들과 협력을 이끌어 나가기 위한 방법론 및 지도력에 대해서 인지한다. 32. 건설관리에 관한 기본원리를 이해한다. 33. 시공재료, 구성부재, 조립부품을 생산하고 사용하는 데에 관련된 원리, 관습, 규격, 적용, 제한 등을 이해한다. 34. 시공재료 및 건축 폐기물의 재생 가능성과 유해성 및 규제 방식을 이해한다. 35. 지역적으로 취득 가능한 물적, 인적, 기술적 자원을 능숙하게 다룰 수 있도록 시공관리 및 절차에 대하여 충분히 이해한다. > 입니다. **건축미학**은 건축물에 표현된 아름다움에 대한 이야기를 정리해보는 과목입니다. 우리가 사는 이 시간의 현대는 여과되지 않은 수많은 미학 이론이 쏟아져 나오고 있습니다. 이 과목을 통해 우리는 역사적으로 검증된 미론을 살펴봄으로써 학생들 자신만의 독특한 건축어휘를 만들어가는 과정 속에서 건축 미래에 대한 정의를 명확히 내리고 각 시대가 가졌던 건축 미론은 그것이 현대의 시각의 범주 안에 속해 있든지 아닌가를 판별하는 것이 아니라 그 시대의 미론이 왜 그렇게 나올수밖에

없는 가를 이해하며, 혼돈의 현재 속에 있는 '나'의 건축 미론을 적절히 추론합니다. 교과과정의 내용은 서양의 고대와 중세, 근세, 근대의 건축미론을 이해하고 각 시대를 풍미했던 예술사가나 미학자의 예술이론과 건축사가 혹은 건축가들의 건축미론을 이해합니다. 특히 근세 이후 철학자들이 제시했던 건축에 관한 그들의 생각을 정확히 이해하는 것을 중심으로 진행합니다. 그에 따른 수행평가기준의 적용은 <07. 건축과 과학 및 예술에 관계를 이해한다. 10. 건축이 지닌 역사적, 사회적, 지역적, 정책적 상관관계 및 영향을 공시적, 통시적으로 이해한다.>입니다. **건축법과제도** 건축과 관련한 제반 규정을 이해하여 건축디자인을 현 실정에 맞게 하며, 나아가 건축실무(Practice)에 있어 제반 건설행정과 건축가의 행정적 역할을 이해하는 것입니다. 건축법이란 모든 건축행위와 관련하여 안전(safety)을 목적으로 하는 사회적 강제요건이며, 건축계획의 가장 기본적 check 사항으로 건축관계자의 역할과 법률적 책임을 이해하고 건축가적 윤리와 책임 있는 건축계획에 도움이 됨을 이해할 수 있어야 합니다. 그러한 과정 중 학습하는 내용은 건축관계자의 역할과 법률적 책임, 건축의 행정적 절차, 안전관련 규정의 이해와 건축계획의 적용, 건축가의 윤리를 이해하는 것입니다. 그 내용을 살펴보면 1. 방재 : 건축물 내・외에서 요구되는 안전규정의 이해 2. 건축에서 건축주의 역할 : 건축주체로서 건축주의 의무와 책임의 한계 이해 3. 축가의 행정적 역할 : 건축 행위 절차 과정의 이해와 그 과정상의 건축가의 역할과 책임 및 윤리의 이해 4. 건축실무 : 설계사무소를 운영하는 전 과정의 이해와 실시 설계도서의 작성방법, 도면과 시공과정의 이해 및 관계전문기술자와의 협력관계 파악 5. 법률적 책임: 건축법이 미치는 범위와 건축법의 적용대상에서 제외되는 문화재보호법 등을 이해하고, 지구단위계획을 이해하여 도시계획에 있어서 건축가의 역할 및 책임의 이해 6. 윤리와 전문가적 판단 : 건축가의 책임과 윤리의 이해입니다. 그에 따른 수행평가기준의 적용은 < 40. 공중보건과 공공의 안전 및 복지, 재산권, 건축법규, 기타설계, 시공, 실무에 영향을 미치는 건축사의 법적 책임을 이해한다. 41. 건축주와 사회에 대한 건축사의 책임과 전문인으로서 직업윤리를 이해한다. >입니다. **건축설비**는 전반적 건축설비의 기초 이론과 내용을 이해하고 건축 설계에 필요한 핵심이론의 습득을 위한 과목입니다. 냉난방, 공기조화, 급배수 및 위생설비를 설계하는데 필요한 부하계산법과 설비의 용량계산 방법을 익히고, 현장견학을 통한 실습과 적용 사례분석 등을 통하여 건축설비가 건축계획 단계에서 종합적으로 다루는 방법을 이해합니다. 내용은 1. 공기의 특성 및 조절방법을 고찰하여 냉난방부하의 계산법과 그에 따른 공기조화 설비를 이해한다. 2 태양열의 영향과 그에 따른 건물 내외부 공기의 변화를 이해하고 그에 따른 건축설계 방법들과 소비되는 건물 에너지 계산을 이해한다. 3. 위생설비, 급수 및 급탕설비, 오물정화조 설비 등을 이해하여 그에 따른 설계 원리, 기법 및 요소를 학습한다. 4. 주거에서 우리나라 특유의 온돌이 설치되는 난방설비 뿐만 아니라, 안전과 방재에 관련된 전기설비, 소방설비에 관하여 학습한다. 5. 앞으로 이 분야에서 심화될 친환경건축에 관한 사례연구를 하여 발표하고 레포트를 작성한다. 6. 최첨단 공기조화 설비를 갖춘 국내 사례를 답사하여 직접 체험한다.그에 따른 수행평가기준의 적용은 <29. 조명, 음향, 환경조절, 에너지 관리 등을 포함한 환경 시스템에 관한 기본 원리 및 성능평가방법을 이해한다. 31. 기계, 전기, 통신, 방재 등을 포함하는 건물 시스템을 선정하고 설계에 적용되는 원리를 이해한다.> 입니다. **건축시공기술** 건축물의 대형화, 고층화, 다양화에 따라 건축시공 기술 역시 고도로 복잡해지고, 중요성을 더해가고 있습니다. 건축 시공은 건축시공과 관련된 전반적인 기술과 지식을 제공하는 것을 목표로 하며, 현장에 적용되고 있는 실질적인 최신기술과 건축공사의 진행과정을 포괄적으로 소개합니다. 내용으로는 1. 건축시공기술과 관련된 공법 및 재료를 포괄적으로 제시함으로써 시공기술에 대한 기본적인 소양습득 2. 건축시공 과정에서 투입되는 물적, 인적, 기술적 자원과 건설생산 시스템에 대한 포괄적인 이해증진 3. 건설관리의 제 부문을 소개하고 ,건축시공과 연계하여 실무적 차원에서 이해할 수 있는 능력배양 4. 실사례 중심의 지식 제공과 현장견학을 통한 실무적응 능력함양을 등입니다. 그에 따른 수행평가기준의 적용은 <32. 건설관리에 관한 기본원리를 이해한다. 35. 지역적으로 취득 가능한 물적, 인적, 기술적 자원을 능숙하게 다룰 수 있도록 시공절차에 대하여 충분히 이해한다.> 입니다. **건축실무**는 설계사무소에서 행하여지는 좁은 의미의 건축설계행위를 넘어서서 건축설계와 관련된 보다 포괄적인 건축설계행위에 대해 폭넓은 이해를 할 수 있도록 합니다. 그 내용은 1. 건축을 단순한 설계의 차원이 아닌, 현실성을 감안한 하나의 사업으로 이해시킨다. 2. 주어진 대지를 사업적 차원으로 분석한다. 3. 법규적인 분석과 대입에 따른 사업규모를 산정한다. 4. 규모에 따른 투자비와 수익에 대한 수익성분석을 연습한다. 5. 건축주 및 협력업체와의 협의과정 및 태도를 이해한다. 6. 전체적인 사업제안서를 작성한다. 7. 인허가 도서작성과 인허가 협의에 대한 내용을 이해하고 과정을 익힌다. 그에 따른 수행평가기준의 적용은 <3. 건축행위에 관련한 다양한 부류의 사람들과 협력을 이끌어 나가기 위한 방법론 및 지도력에 대해서 인지한다. 36. 건축실무에 적용되는 사무소 조직 사업계획 ,마케팅 ,협

상 ,재정관리 ,지도력 등의 기본원칙들을 인지한다. 37. 프로젝트의 시작부터 설계. 본설계 및 계약에 따른 행정적 업무. 설계관련 분야의 의사 결정과 조정. 시공. 공사감리 및 거주 후 평가. 시설관리 등에 이르기까지 프로젝트의 모든 과정에서 건축사의 역할을 이해한다. 38. 설계 프로젝트를 진행시키는데 따른 건축재정. 건물의 경제성. 시공비용 조절 등을 기본설계에 관련된 다양한 정보를 수집, 분석하여, 이를 종합한 프로그램을 만들 수 있다. 21. 설계의 초기단계부터 완결하기까지의 과정을 체계적으로 보여줄 수 있으며 단계별 목적에 맞게 기술적으로 정확한 설명과 도서를 작성할 수 있다. 23. 설계의 전 단계에 걸쳐 필요한 요소들을 포괄하여 종합적으로 설계할 수 있다. > 입니다. **건축재료와 구법** 건축의 구축적 특성과 내용 그리고 다양한 재료에 대한 이론 및 활용방법에 대한 기본적인 지식을 습득하고 이해하는 것을 목적으로 합니다. 건축 공사 특히 건축구조와 건축적 구성에 사용되는 재료의 특성과 각각의 재료를 사용한 구조물의 구성방법을 이해하고 재료를 사용하여 디자인 하기 위한 감각을 증진할 수 있도록 합니다. 그러한 이해와 훈련을 통하여 건축 계획 과정에서 건축물의 용도, 규모, 지역에 따라서 적절한 재료와 시스템을 선정하여 건축계획에 반영할 수 있는 능력을 지니도록 합니다. 그에 따른 수행평가기준의 적용은 < 26. 구조에 관한 기초이론과 그 역학적 원리를 이해한다. 27. 다양한 건축구조 시스템의 특성과 적용방법을 이해한다. 33. 시공재료, 구성부재, 조립부품을 생산하고 사용하는 데에 관련된 원리, 관습, 규격, 적용, 제한 등을 이해한다.> 입니다. **건축조형론** 건축을 배우는 학생들에게 생각이나 아이디어를 형상화하는 즉, 물질적 형태로 전환하는 능력을 키울 수 있도록 합니다. 즉, 건축이 우리의 삶을 담는 물질로 이루어진 공간 환경을 구축하기 위한 것이라고 한다면, 디자이너로서의 건축가들은 어떻게 자신들의 이념, 생각, 아이디어 등을 물질로 이루어진 형상으로 전환하는가에 대한 물음을 학생 스스로 가져보고, 이에 대한 답을 찾아가는데 중점을 둡니다. 미술가나 음악가 또는 과학자들까지도 자신들이 파악한 세계와 사물들에 대한 생각을 보다 정확하고 효과적으로 형상화하기 위해서 끊임없이 노력해 왔습니다. 디자이너로서의 건축가들 또한 예외는 아닙니다. 때로는 기하학적 도형이 지니고 있는 의미를 사용해서 자신들이 표현하고자 하는 생각들을 형상화하기도 하며, 때로는 자신들의 이념이나 개념 등을 건축에 보다 더 정확하게 표현하기 위해서 또 다른 형상들을 찾기 위한 노력들을 해오고 있습니다. 물질적 형태를 지니는 건축물을 디자인해야 하는 건축가들은 보다 창조적인 디자이너로서 건축가가 되기 위하여 형상화하는 방법을 찾기 위하여 끊임없는 노력을 하기 위한 태도와 설계능력을 향상시키고자 합니다. 내용은 1. 고대부터 현대에 이르기까지 인간이 자신들의 생각을 형상화한 사례들을 건축과 관련된 미술사나 디자인 분야, 기타 분야에서 그 사례들을 이론적 측면에서 이해한다. 2 각 시대별 정치, 경제, 사회, 문화 등의 측면을 지배하던 사상이나 이념 등을 살펴보고, 그러한 것들이 건축의 조형에 어떻게 반영되어 표현되었는지 실례를 통하여 이해한다. 3. 건축가를 포함한 각 시대별 디자이너들이 자신들의 생각을 형상화하기 위하여 사용한 조형언어를 이해한다. 4. 오래 전에 구축된 건축조형언어가 현대를 살아가는 건축가들에게 충분한 것인가 질문해보고, 현대의 상황에 보다 적합한 조형 언어의 구축을 위한 노력을 한다. 그에 따른 수행평가기준의 적용은 < 5. 사진모형 등 미디어를 적절히 사용하여 설계에 반영할 수 있다. 7. 건축과 과학 및 예술에 관계를 이해한다. 15. 건축 및 도시설계의 기초를 이루는 2차원과 3차원형태 및 공간구성의 기본원리와 시스템을 이해하고, 이것을 건축적으로 구체화 할 수 있다. >입니다. **건축환경** 인간-환경, 환경-건축, 인간-건축 시스템 속에서 건축가가 물리적 환경과 사회적 환경을 적절히 제어함으로써 환경과 공존하며 삶의 질을 향상시킬 수 있는 건축 환경계획 방법을 학습합니다. 환경조절, 환경복원, 인간-건축-환경시스템의 조화로운 계획방법과 특히, 최근 이슈가 되고 있는 저에너지 소비형 친환경 건축과 삶의 질 향상 계획 방법론을 이해합니다. 최근 국내외 친환경 건축사례에서 나타난 적용원리, 적용현황, 발전방향에 접근하고 건축계획을 통한 물리적 환경조절방법을 통하여 열 (외피의 설계, 저에너지 소비형 건축계획), 빛 (일조일사 제어와 실내조도, 냉난방에너지, 빛 환경), 음 (환경소음, 도로교통소음, 공사소음 , 층간 소음, 세대측벽간 소음), 공기질 (공기질 제어방법, 기류통풍환경계획, 단지배치 및 실내파티션 계획) 등을 조정하는 방식을 이해합니다. 최근 국내에 적용되고 있는 친환경건축물인증제도, 주택성능등급표시제, 건물 에너지성능등급인증제, 다중이용시설의 실내공기질관리법 등 관련 제도를 이해합니다. 친환경적 계획요소와 적용현황, 원리, 효과의 고찰을 통하여 건축계획을 발전시키는 능력을 얻고자 합니다. 13. 물리적 환경과 인간 행동간의 상호관계를 밝혀주는 이론과 방법을 이해한다. 그에 따른 수행평가기준의 적용은 < 28. 환경조절을 위한 지역의 전통적 방법을 이해한다. 29. 조명, 음향, 에너지 관리 등을 포함한 환경 시스템에 관한 기본 원리 및 성능평가방법을 이해한다. > 입니다. **구조설계** 건축설계자가 설계시 기본적으로 갖추어야 할 구조적인 지식과 구조설계 전반에 관한 지식을 습득하고 비교적 간단한 계산과 직관으로 구조시스템을 이해하고 구조지식을 활용하는 방법을 이해합니다. 내용으로는

1. 하중, 시스템, 재료, 직관 등 기본적 구조설계 과정을 이해한다. 2 간단한 공식의 원리 및 적용법과 구조의 역학적 원리를 이해한다. 3. 구조하자 및 사고사례 소개하고 건축 설계자의 받을 수 있는 구조기술지원을 이해한다. 4. 구조재료의 특성 및 단면의 특성을 이해한다. 5. 구조물의 구조시스템 분석 및 구조부재 지지형식 이해한다. 6. 리모델링의 순서와 수직 및 수평증축의 구조적 특성을 이해한다. 7. 코스트와 구조설계의 관계를 이해한다. 그에 따른 수행평가기준의 적용은 < 26. 구조에 관한 기초이론과 그 역학적 원리를 이해한다. 27. 다양한 건축구조시스템의 특성과 적용방법을 이해한다. 33. 시공재료, 구성부재, 조립부품을 생산하고 사용하는 데에 관련된 원리, 학습, 규격, 적용, 제한 등을 이해한다. > 입니다. **건축구조역학** 건축구조물에 가해지는 하중에 대한 분석과 그 하중에 의하여 발생되는 힘의 흐름을 분석할 수 있는 능력을 배양합니다. 구조물의 형태에 따른 응력의 해석과 변형에 대한 개념을 정리하고 구조적 힘의 흐름과 그 해석에 대한 감각을 갖도록 하여, 건축 계획시 적절한 재료와 구조시 시스템을 선택할 수 있도록 합니다. 그 내용은 1 힘과 하중에 대한 정의 및 이해 2 건축구조의 역사적 발전 3. 절점, 응력 및 단면의 성질과 해석 4. 정정구조물의 소개 및 해석 그에 따른 수행평가기준의 적용은< 7. 건축과 과학과 예술의 관계를 이해한다. 26. 구조에 관한 기초이론과 그 역학적 원리를 이해한다. >입니다. **구조의 이해** 건축을 실현하기 위해 합리적이고 체계적인 사고능력을 배양함으로써 과학과 자연에 내재하는 근본적인 원리를 습득하도록 한다. 또한 시각적인 인지의 기초와 설계, 건축적 구성, 형태질서의 원리 및 체계를 이해하며, 건축에서 요구하는 기술과 건축구조의 기본을 익힘으로써 중력과 하중을 지지하는 구조적 형태원리 및 현대적 구조시스템의 발전과 적절한 응용에 대한 이해를 목적으로 한다. 그 내용은 1 서양사에 있어서의 건축과구조 2 우주와 생명의 기원, 인류의 기원 및 과학기술의 변천과정 3. 힘의 이해 4. 건축재료소개 5. 고대건축물의 구조시스템 6. 근대건축물의 구조시스템 7. 현대건축물의 구조시스템 등입니다. 그에 따른 수행평가기준의 적용은< 7. 건축과 과학 및 예술에 관계를 이해한다. 26. 구조에 관한 기초이론과 그 역학적 원리를 이해한다. 27. 다양한 건축구조 시스템의 특성과 적용방법을 이해한다. >입니다. **단지계획** 건물 내부에서 외부로 시선을 확대하여 건물의 집단과 외부 공간들이 합하여 만들어지는 도시라는 공간에 대한 사고의 첫 걸음으로서 단지계획을 이해합니다. 이를 위하여 단지계획에 관한 기본지식 및 계획기법을 습득하고, 개별 건축물의 계획이 역사적으로

어떠한 사고의 과정에 의하여 단지계획으로 이어졌으며 단지계획의 개념이 시대의 요구사항에 따라서 어떻게 변화해나가고 있는지 또한 현 시점에서의 단지계획은 어떠한 사회적 요구를 반영하고 있으며 이를 위한 해결 방안으로서 구체적으로는 어떠한 사례들이 국내와 국외에서 제시되고 있는지를 학습합니다. 내용으로는 1 단지계획의 개념과 이론 2 단지계획의 위상과 도시건축의 문제 3. 주거단지 계획 4. 단지계획과 관련 법제 5. 국내외 주거단지 6. 환경 친화 단지계획 7. 복합용도 단지계획 및 개발 등입니다. **도시계획** 도시의 기능, 역할, 발전사 등 인간의 경제, 사회, 정치적 활동의 물리적 환경에 대한 이해 및 지역적 특성 이해를 돕고 도시계획/설계의 필요성, 관련된 이론과 제도를 이해하는 것입니다. 도시계획과 설계의 기본원리와 기법을 학습하여 적용성을 이해합니다. 주요한 내용은 1. 도시변천사를 고찰하여 도시의 시대적 ,지역적 특성과 발전원리를 이해한다. 2 도시를 이론적으로 이해하고 ,분석할 수 있는 이론을 이해한다. 3. 도시를 효율적으로 개발하고 관리하는 도시계획/설계 제도를 이해한다. 4. 건축설계에 관련된 도시계획/설계 원리, 기법 및 요소를 학습한다. 5. 도시에 대한 사례 연구를 하여 발표하고 레포트를 작성한다. 6. 도시설계가 실현화된 국내사례를 답사하여 직접 체험한다. **디자인연구방법론**은 디자인방법론과 비평방법론 의 종합이라 할 수 있습니다. 현대 건축의 구체적인 상황들을 이해, 분류, 비평 할 수 있는 이론적인 평가 능력을 배양한다. 실무적인 건축가로서 자신의 디자인을 논리적으로 설명 할 수 있는 표현력을 향상시킨다. 구체적인 디자인 전략으로까지 일관된 적용이 가능한 방법론을 스스로 찾는 시도를 훈련시킨다. 중요 내용은 1 다양한 현대건축 이론의 파악과 이해 2 각종 비평들의 배경적인 사유 또는 세계관의 이해를 통해 건축의 평론화 시도 3. 구체적인 작품과 건축가의 디자인 전략 파악 4. 강의와 발표를 통해 개인의 의견 개진 및 설득 능력 배양 입니다. 그에 따른 수행평가기준의 적용은 < 7. 건축과 과학 및 예술에 관계를 이해한다. 11. 다양한 선례들을 비평적 시각으로 건축적 논의에 이용할 수 있으며 건물설계, 단지 계획 및 도시 설계에 적용할 수 있다. >입니다. **디지탈디자인**의 목적은 공간 구성의 본질을 이해하고 물리적 모형과 컴퓨터 모형의 차이를 이해함으로써 보다 본질적인 시뮬레이션 능력 배양합니다. 영상의 흐름으로 공간을 이해하고 에피소드를 만듦으로써 스토리텔링을 이해하고 인간이 존재하는 공간을 디자인하는 능력을 배양합니다. 중요한 내용은 1 공간을 형성하는 점, 선, 면, 큐빅의 조형과 프로세스에 따른 공간창출을 시뮬레이션하는 능력을 갖도록 한다. 2 공간구성을 이해시키기 위해 기존 건축가가 설계한 건축물을 선정하여 분석한 후 모델을 제작한다. 3. 모델 제작과 분석은 컴퓨터 모형과 물리적 모형의 두 가지를 비교하여 공간 시뮬레이션 능력을 배양하는데 도움이 될 것이다. 4. 물리적 모형 제작과정을 통해 모형 재료의 감각과 느낌을 습득한다. 5. 공간 시뮬레이션을 위해 디지털 동영상과 3D CAD와 CG가 활용되고 선정된 건축물에 거주들의 에피소드를 만들어내어 건축 공간 구성의 컨셉과 연계시켜 시놉시스를 작성한다. 6. 전체 시뮬레이션은 스토리텔링 방식으로 제작하여 발표한다. 그에 따른 수행평가기준의 적용은 <4. 건축적 아이디어를 그림으로 표현할 수 있다. 6. 컴퓨터 등 정보통신기술을 정보의 이용과 관리, 이미지의 표현, 설계과정에 이용할 수 있다. >입니다. **디지탈프리젠테이션** 정보를 표현한 창조적인 아이디어는 다이어그램 (변화관리, 프로세스제어, 관계파악, 비즈니스 맵핑, 문제해결, 인과관계 분석, 정보처리, 흐름관리 등 생각을 정리하여 표현하는 중요한 도구) 이며, 자신의 생각을 간단하고 신속하게 전달해야 하며 비주얼하게 표현할 수 있어야 합니다. 패널, 영상, 이미지, 웹 등으로 표현하고 정확한 의사전달을 위한 커뮤니케이션의 이해를 도울 수 있어야 합니다. 디지털 프리젠테이션은 어떠한 지식을 얻도록 정보를 전하는 창조적 방식을 디자인하는 것으로 그 이론적 토대는 커뮤니케이션으로 가장 침투력이 강하고 중요하며 복잡한 행위의 복합체입니다. 커뮤니케이션의 목적은 경험을 공유하고 인간의 사회적 상호작용을 이해하며 개개인의 디자인 능력을 발휘하기 위해서는 인지과학과 행동과학에서 정보전달 방법이 텍스트, 그림, 다이어그램, 챠트, 그래프, 도해로 구성되는 메시지와 디자인 변수들을 이해할 수 있도록 합니다. 정보를 명확하게 전달하는 능력을 갖도록 하며 디자인 도구인 도식적인 전달방식을 제대로 숙지하는 방법을 알도록 합니다. 정보 디자인을 이해하는 기반의 역할로 문화는 인간의 모든 행위와 생각이 포함되는 광범위한 영역으로 문화의 발전은 인간의 창의성으로 인해서 주도됩니다. 문화는 지식에 생명을 주는 메타지식의 역할을 하며 구조의 명확성을 지니며 정신적 (Moral), 디자인 본질을 추구하며 보수적인 성격을 지닙니다. 특별함과 포괄성을 가지며 공유지식을 기반으로 진화에 필요한 선택의 결과이고 다른 사회시스템과 연계하여 영역을 확장한다는 것을 이해하고 자신의 아이디어를 효과적으로 전달하는 능력을 키웁니다. 행동/인지과학으로부터 정보 Processing은 코치, 목표설정, 능력, 학습, 작업능력, 프로젝트수행능력 등 인간의 수행 (human performance)에 대한 관심에서 정보처리과정을 추상적으로 분석하는 방법과 언어구조를 분석하는 방법으로 발전되어 왔습니다. 기억은 선호와 인식에 영향을 미치고, 새로운 정보도 인식에 영향을 미칩니다.

메시지 텍스트와 디자인은 인지적, 정신적, 신체적 측면에서의 행동을 변화시키는 목적을 가지고 만들어진 언어 및 시각기호들의 패턴이 메시지입니다. 디지털프리젠테이션은 텍스트, 그림, 다이어그램, 챠트, 그래프, 도해에서 상호의사소통의 문제로 부터 출발하여 그 문제를 해결하고자하는 분석과 종합의 의도적 과정을 다룹니다. 그에 따른 수행평가기준의 적용은 < 4. 건축적 아이디어를 그림으로 표현할 수 있다. 6. 컴퓨터등 정보통신기술을 정보의 이용과 관리, 이미지의 표현, 설계과정에 이용할 수 있다. > 입니다. **미술실기**를 통하여 드로윙 능력의 향상과 다양한 미술분야를 경험해 봄으로써 미술에 대한 전반적 이해를 고취시키며. 실습을 통해서 사물을 정확히 이해하고 파악하는 것이 목적입니다. 나아가 사물의 형태와 기본구조를 파악하고 이를 응용하여 인체 및 자연물의 비례와 기본원리를 이해하여 창의적인 표현방법을 연구합니다 또한 이러한 결과물들을 바탕으로 질적으로 향상된 건축드로잉 능력을 배양하고자 합니다. 건축학도로서 필요한 미적 시각과 심미적 요소를 향상시키는데 필요한 조형감각을 키우는 것을 목표로 합니다. 아울러 조형의 중요 요소들을 이론과 실기를 통하여 체득합니다. 프리핸드 스케치 freehand sketch를 통한 완벽한 건축 스케치 능력구축과 수채화를 통한 칼라링 및 색채 활용을 이해합니다. **세계건축사**는 고대에서 현대에 이르는 건축의 역사를 이해하고 각 시대의 건축물의 양식적 조형성과 구조 속에 내재되어 있는 서양건축사의 연속성을 인지합니다. 시대별 건축물의 의장, 구조, 공학적 특성을 파악하는 동시에 각 시대의 건축적 주체와 변천의 원동력을 이해하고 다음 시대의 건축의 변화에 어떠한 요인을 제공했는지를 이해합니다. 중요한 교과내용은 1. 전체 서양건축사의 연속성에 대해서 리포트 한다. 2. 서양 건축물의 구성적 체계와 형태적⊠조형적 원리의 특징을 이해한다. 3. 서양건축의 양식이 자연적 요인, 사회 ⊠문화적 요인, 인위적 요인에 의해 고유의 전통과 건축적 규범이 어떻게 다양한 형태로 발전 되어 왔는지 알아본다. 4. 서양 건축문화가 갖는 다양한 풍토적 지역적 양식적 건축물을 이해한다. 5. 각각의 시대에 건립된 대표적 서양건축의 사례물을 고찰하고 그 적용성을 습득한다. 6. 고대에서 현대까지 이어지는 건축적 사고의 모방과 형태적 설계전이를 이해한다. 7. 과거에 성취된 다양한 서양 건축문화의 창출은 그 시대가 요구하는 건축가의 문화적 업적, 사회적 역량과 건축의 본질에 대한 이해가 중요하였음을 고찰하고 역사의 맥락 속에서 미래에 대한 시간⊠공간⊠건축의 흐름을 알아본다. **실내건축계획**의 목표는 인간이 일하며 놀고 사는데 편안하고 효율적이며 안전하고 아름다운 공간을 제공하는 것입니다. 인테리어 디자인, 산업 디자인,

그리고 건축에 있어 디자인이란 용어는 어떤 특정한 대상물이나 공간, 또는 건축물이 그래야만 하는 (willbe)방법을 기술한 것입니다. 이는 형식, 크기, 형상, 재료, 구조, 질감, 색상 등 독특한 물리적 실체를 다른 물리적 실체와 구별시키는 특질상의 모든 면을 의미한다. 특히, 실내 디자인은 시각적인 면 외에 기능, 동선계획, 안전성 뿐만 아니라 색채, 조명, 재료, 음향, 스케줄, 예산, 공간계획, 가구와 같은 여러 요소를 디자인 해야 하며 구조, 설비, 클라이언트의 요구, 효용성까지 고려해야 하는 광범위한 작업으로 여러 관련 분야에 관한 풍부한 지식과 경험을 필요로 합니다. 그에 따른 수행평가의 적용은 < 8. 세계의 건축역사와 전통의 다양성을 인지한다. 13. 물리적 환경과 인간행동간의 상호관계를 밝혀주는 이론과 방법을 이해한다. >입니다. **건축설계** 건축설계 1 은 5년제 건축학 교과과정 중 전공기초단계로 건축 디자인의 기초가 되는 필수적인 기술적 능력과 창의적 사고방법을 종합적인 훈련을 통해 습득하는 것을 목적으로 하고 있습니다. 1학기 설계교육목표는 선/면/빛/공간 등 건축을 구성하는 기본 디자인 요소와 투영/투사/투시 등 건축을 표현하는 기술적 방법을 다양한 디자인 종합 훈련을 통해 이해숙지하고 적용할 수 있는 능력을 배양하는데 있습니다 건축설계 2 는1학기에 익혔던 건축의 기초지식과 기초 설계를 기본으로 개별 작업과 공동 작업을 통한 실제적인 건축설계와 표현방법을 습득하는데 있습니다. 건축설계 3,4부터는 대지를 설정하기 시작합니다. 특히 2학년 설계과정은 건축설계 1,2의 선수과목을 기초로 구체적인 대지위에 본격적으로 건축 디자인을 훈련하는 과정입니다. 작은 규모의 단위공간에서 경관으로 해석되는 도시규모의 공간까지 "공간을 만들고 배열하는 방법을 익히는 것"을 거시적인 목표로 합니다. 인간의 행위와 삶, 공동체로 이어지는 건축 내용적인 개념들로부터 바디, 척도에서 형식적인 단위공간의 만들어내고 배열하는 일련의 건축화 과정을 학습합니다. 건축설계 3의 설계 프로젝트는 6x6x6 큐빅, 단독주거, 소규모 종교 공간입니다. 건축설계 4는 학교주변 가로환경을 텍스트로 설정합니다. 환경 읽기, 분석, 재현의 일련의 프로젝트를 통하여 도시 공간 환경을 이해하고 이들과 개별적인 건축물과 맺고 있는 관계를 탐색하며 이에 대한 인식을 바탕으로 인간과 도시 건조 환경 사이의 의미 있는 관계를 설정하고 새로운 프로그램에 의한 공공시설을 제안하고 건축의 공공적 성격의 이해합니다. 설계 프로젝트는 Urban Mapping, 소규모 복합시설 계획입니다. 건축설계 5 의 목적은 건물의 용도와 기능을 고려하여 합리적인 설계과정을 통하여 건축물을 설계하고 미적 감각과 건설기술이 조화를 이룰 수 있는 설계능력을 습득하는 것입니다. 복잡한 용도를 체계적인 공간계획 능력을 배양하고 2학기 공동작품을 대비하여 건축의 도시적, 문화적 맥락에 대한 기본적인 지식 및 분석을 통하여 도시설계 및 건축계획을 하는 것입니다. 그리고 건축도면과 모델 등 표현기법의 숙달을 통해 보다 높은 수준의 건축표현에 접근하는 것입니다. 과제는 지정된 건축물의 리모델링과 지역 개발입니다. 건축설계 6 은 도심 문화지역의 활성화와 문화적 도시맥락의 보존을 위한 도시설계 및 건축적 제안을 할 수 있게 하며, 도시의 현황을 분석하고, 도시조직 및 스케일 그리고 역사적, 문화적 맥락에 부응하는 마스터플랜(안)을 수립한 후, 개발지역의 블록 및 필지를 나누어 설계하고, 공동으로 작업을 수행합니다. 개인 및 팀별 작업에서 구성원과 협력할 수 있는 능력 배양하고 문화적 맥락으로서 다양한 문화 속에서 개인과 사회집단이 드러내는 가치 및 관습과 환경과의 상호영향에 대해 이해하고 문화적, 역사적 맥락의 조건에서 설계개념을 추출하여 체계적 분석과 평가를 통해 구체적으로 도시 및 건축설계능력 배양하는데 주안점을 둡니다. 또한 친환경 및 도시적, 문화적, 사회적 이슈를 고려하여 설계에 적용할 수 있도록 합니다. 건축설계 7 은 건축적 아이디어를 그림, 모델, 사진, 컴퓨터, 인터넷 및 기타 창조적인 방식을 이용해서 발전시키고 표현할 수 있게 합니다. 설계에 필요한 다양한 정보를 수집, 분석하여 자신의 디자인에 종합적으로 적용시킬 수 있게 하며, 설계의 프로세스를 체계적으로 보여줄 수 있으며 필요에 따라서 정확한 기술적 도면과 설명을 할 수 있게 합니다. 건축사를 살펴보면 그 시기와 지역을 나누는데 있어서 건축재료 (Material)와 구조(Tectonic)는 아주 밀접한 관련을 가지고 있음을 알 수 있습니다. 새로운 건축기술과 재료는 새로운 건축을 만드는 것과 아주 밀접한 관련이 있기 때문입니다. 특히 1990년대 부터의 현대건축의 흐름을 살펴보면 재료 고유의 물성에 의한 새로운 현상 (Phenomenon)을 이용해서 새로운 공간을 만드는 흐름이 일고있습니다. 학생들은 각자가 찾은 Material을 가지고 자신이 개발한 Tectonic을 이용해서 새로운 Phenomenon을 창조해 내고 나아가서 새로운 공간 새로운 건축을 만들어내는데 주력하고자 한다. 따라서 학생들은 종이 위에 선을 그리고 종이로 모델을 만드는데에서 건축의 끝이라고 생각했던 기존의 틀을 깨고 좀더 실제적이면서도 강한 건축의 힘을 느껴보는 시간이 되도록 유도합니다. 건축설계 8 은 설계 7로부터 얻은 능력을 확장시켜 과제를 수행합니다. 주거와 삶에 대하여 더 깊은 이해와 접근을 목적으로 합니다. 주택은 가장 오래된 건축 프로그램이면서 모든 건축의 출발점이기도 합니다. 주택에서 침실의 수를 늘리면 호텔이 되고, 거실의 면적을 넓히면 컨벤션 홀이 되고, 복도를 넓히면 박물관이 된다. 건축가의 주택만 보아도 그 사람의 모든 건축철학이 함축되어서 나타난 것을 알 수 있습니다. 우리는 주택을 1 학년때 하게 되는데, 이미 3 년이 넘게 건축을 한 4 학년 학생들이 주택을 다시 함으로써 자신의 건축철학을 정립해 보는 시간을 질 수 있도록 유도 합니다.

건축은 비어 있는 대지에서 시작해서 인간이 건축물을 만들고, 사용하고, 살기 시작하면서부터 서서히 장소가 되어 갑니다. 따라서 건축은 Void와 Place의 사이에 위치하고 있음을 이해합니다. 이 스튜디오에서는 침실은무엇인가? 거실은 무엇인가? 부엌은 무엇인가? 화장실은 무엇인가? 라는 원초적인 질문에서 부터 시작하게 됩니다. 이 과정을 거친 뒤 가구, 문고리, 수도꼭지 등 주택에서 인체와 직접적인 접촉을 가지게 되는 부분의 디테일을 디자인 하게 됩니다. 이 과정을 통해서 인간의 몸과 건축의 관계를 생각해 보는 시간도 가질 수 있습니다. 하나의 주택이 만들어 지기 까지는 대지조건, 사용자의 구성, 취미, 생활패턴, 건축재료, 삶에 대한 철학 등 수 없이 많은 요소들이 영향을 끼치게 됩니다. 이 모든 것들을 종합해서 하나의 조화로운 건축을 만들어 내는 것이 이 스튜디오 목적입니다. 건축설계 9 그리고 건축 설계 10 은 졸업설계로서 1년간 스스로 선택한 주제를 심도 있게 진행해가는 것입니다. 스스로 합리적인 개념을 도출하고 종합적인 프로그램을 창출하여 졸업작품을 완성합니다. 따라서 건축학을 전공하여 학습하게 된 전 과정을 통하여 얻게 된 정보와 다양한 경험을 통하여 작업합니다. 다양한 건축과 연관된 인문과학 분야를 연계하여 주제를 선정하고 합리적 설계 디자인 개념을 정립합니다. 건축설계와 연관하여 다양한 정보를 수집 분석하며 합리적 연구과정을 통하여 타당한 프로그램을 도출합니다. 합리적 개념과 종합적인 프로그램을 바탕으로 하여 타당한 대지를 선정하여 종합적인 기본계획 방향을 수립합니다. 건축설계는 거의 모든 수행평가기준을 수용할 수 있어야만 하고 실제적인 설계과정에서 건축적 정보를 이해할 수 있어야 합니다.

철근콘크리트구조학

현재 가장 저렴하게 사용할 수 있는 구조재료인 콘크리트의 재료적인 특징을 이해하는데 역점을 둡니다. 콘크리트가 가지는 역학적인 단점을 보완하기 위한 철근의 역할을 설명하고 수치해석을 통하여 건축물을 구성하는 각각의 부재설계(보 및 기둥 설계를 중심으로)의 방법에 대하여 소개하고 실제 건축물에서 구조부재의 철근 배근 방법을 구조역학적인 이론을 접목시켜 이해합니다. 슬래브에 대한 여러 가지 구조계획 방법을 통하여 외력이 작용할 때 수평부재와 수직부재의 강성의 변화에 따라 보와 기둥의 역할 분담을 이해시키기 위한 과목입니다. 구조에 관한 기초이론과 그 역학적 원리의 이해를 바탕으로 철근콘크리트의 이론을 습득하는데 주안점을 둡니다. 이러한 이론을 바탕으로 철근콘크리트를 이용한 다양한 건축구조시스템의 특성과 적용방법의 이해를 목표로 합니다. 이러한 기초적인 이론을 근거로 구조재료인 철근콘크리트의 시공에서의 적용 및 사용성에 대한 이해를 높이는데 목표로 두고 있습니다. 그에 따른 수행평가기준의 적용은 < 26. 구조에 관한 기초이론과 그 역학적 원리를 이해한다.

27. 다양한 건축구조시스템의 특성과 적용방법을 이해한다. 33. 시공재료, 구성부재, 조립부품을 생산하고 사용하는 데에 관련된 원리, 관습, 규격, 적용, 제한 등을 이해한다. > 입니다. **한국건축사** 전통건축 속에서 보여 지는 역사적, 사회적, 지역적 정책적인 상관관계 및 영향을 편년사적인 입장에서 이해하고 인접문화권과의 비교를 통해서 문화적인 배경이 얼마나 건축에 영향을 미치고 또한 상호 작용하고 있는지를 인지하는 것을 목적으로 합니다. 전통건축을 편년사적으로 접근해 봄으로써 시대적인 상황과 정치적인 관점에 따라서 어떠한 영향이 건축에 적용되는지 그리고 어떠한 제약조건을 형성시켰고 또한 그러한 조건을 해결해 나갔는지 파악할 수 있습니다. 이와 같은 일련의 문헌적인 연구를 통해서 실제 현대건축의 적용사례를 통해서 과거와 현재의 소통을 이해하고 설계에 적용하는 능력 양성합니다. 나아가 현장 답사를 통해서 전통건축의 비례와 공간감을 익혀서 죽어있는 학문이 아니라 직접 적용하고 활용하는 학문으로 이해할 수 있습니다. 전반부에는 선사시대, 삼국시대, 통일신라, 고려, 조선전기, 조선후기로 나뉜 시대분류를 따라서 파악하고, 중반부에는 목조건축의 부재를 실제로 도해하고 모형을 직접 관찰하면서 그 특징과 결합방식에 대해서 이해합니다. 즉, 한국 전통건축의 역사적 편년 및 발전과정을 파악하는 한편, 목조건축양식의 구조적, 역학적, 조형적 이해를 습득하고 그 건축적 설계방법과 건축사상을 한국적 철학에 의해 고찰하고 확인하는데 목적이 있습니다. 또한 현장을 답사하여 건축적 테마를 가지고 고전 건축을 분석함으로써 전통건축의 이해와 현대건축의 철학을 육성하는데 목적이 있습니다. 그에 따른 수행평가기준의 적용은 <07. 건축과 과학 및 예술에 관계를 이해한다. 08. 세계의 건축역사와 전통의 다양성을 인지한다. 09. 국가 및 지역의 고유한 사상과 문화적 전통성을 이해한다. 10. 건축이 지닌 역사적, 사회적, 지역적, 정책적 상관관계 및 영향을 공시적, 통시적으로 이해한다. >입니다. **현대건축** 속에서 나타나는 역사적, 사회적, 지역적 정책적 상관관계 및 영향을 공시적 통시적으로 이해할 수 있게 합니다. 또한, 다양한 문화를 배경으로 건축이 만들어지는 과정에서 건축가 상호간의 영향은 어떤 것이 있었으며, 주어진 제한적 상황에서 건축가가 어떻게 대처하는가를 살펴봅니다. 건축가, 건축주, 사용자들의 이해와 사회가 지니고 있는 가치 및 환경과의 상호영향, 또한 그 시대에 나타나는 새로운 철학, 건축기술, 재료가 어떻게 새로운 건축을 형성하는데 영향을 미쳤는가에 대해 이해합니다. 중요한 내용은 1960년 이후의 현대 건축사를 돌아봄으로써 건축을 읽는 시각을 키우며 나아가서 자신의 디자인 철학을 세울 수 있는 기초를 만들고자 하는 것입니다.

20세기 후반에 이르면서 세계는 잡지, 인터넷, TV등 다양한 커뮤니케이션 방식으로 문화가 하나로 혼재되고 있는 상황이 되었습니다. 이렇게 서로가 서로를 모방하고 닮아가는 현대건축이지만, 그 가운데서도 창조적인 건축가들은 어떻게 새로운 건축을 만들어 나가고 있는가를 살펴보고, 그러한 건축이 탄생하게 된 배경과 문화적 뿌리를 살펴보고 이해합니다. 그에 따른 수행평가기준의 적용은 < 10. 건축이 지닌 역사적, 사회적, 지역적, 정책적 상관관계 및 영향을 공시적, 통시적으로 이해한다. 12. 다양한 문화 속에서 개인과 사회집단이 드러내는 행동원리와 환경의 상호영향에 대해 이해한다. >입니다. **현대건축론** 건축문화의 변화과정을 제시하고, 세계건축사로의 편입과정과 시대적 변화와 상황에 따른 건축적 변화양상과 다원화의 양상을 파악합니다. 특히 건축적 표현과 한국 전통성의 표현문제를 객의 건축과와 건축물을 중심으로 이해함으로서 건축의 발전 방향을 모색하며 세계적 경제, 사회, 문화적 배경 속에서의 발전하는 건축적 트랜드를 고찰합니다. 나아가 한국현대건축의 자립성모색을 위한 자기화 과정이라는 관점으로 한국현대건축의 성립과정과정과 건축적 메커니즘 그리고 변모하는 시대상황에서의 한국건축의 현재성의 개념을 이해합니다. 건축이 내포하는 물리적이고 사회적인 영역으로서의 건축본질과 각 시대정신 반영에 따른 건축표현을 이해합니다. 그러므로 서양문화의 유입에 따른 한국 건축문화의 변화과정의 분석 및 이해, 한국건축의 시대적 변화와 상황에 따른 건축적 표현의 변화와 다원화와 양상의 파악, 한국 전통성의 현대적 표현에 탐구 및 이해 및 건축 및 도시 공간 사례 이해 및 적용 능력배양, 건축의 정체성과 방향성 탐색, 건축의 유전자적 인자 발견, 차이의 탐색과 해석의 습득을 통하여 건축을 이해합니다. 그에 따른 수행평가기준의 적용은 <10. 건축이 지닌 역사적, 사회적, 지역적, 정책적 상관관계 및 영향을 공시적, 통시적으로 이해한다. 12 다양한 문화 속에서 개인과 사회집단이 드러내는 행동원리와 환경의 상호영향에 대해 이해한다. >입니다. **친환경건축** 은 환경문제, 지속가능한 발전, 친환경적 건축이론과 기법을 이해하고 습득하는데 있습니다. 구체적으로 인간이 자연환경을 인간생존에 적합하도록 바꾸어 나가는데 있어서, 자연환경의 원리, 인공환경 조성에 대한 문제점, 도시건축에 있어서 친환경적으로 조성하는 원리와 기법을 이해합니다. 자연의 순환체계, 인간과 자연의 연관관계 그리고 자연과 조화가 되도록 건축계획기법을 주 내용으로 하며 인간과 자연의 연관관계를 이론적으로 이해하고, 이를 조절할 수 있는 전통적, 현대적 방법을 이해합니다. 특히 생태학, 자유시장경제론 그리고 좌파 환경론이 현대환경디자인의 다양한 접근방법에 어떠한 영향을 주었는지를 파악하고 환경친화적 접근이 필요한 도시계획, 단지계획, 건축계획의 공간범위를 설정하고, 각 위계의 친환경 기법원리를 이해합니다. 이를 통하여 지속가능한 사회를 구축하는데 건축적 해결뿐만 아니라 도시적, 경제적, 사회적 총체적인 노력이 필요하다는 것을 이해합니다. 그에 따른 수행평가기준의 적용은 <12. 다양한 문화속에서 개인과 사회집단이 드러내는 행동원리와 환경의 상호영향에 대해 이해한다. 14. 환경적 맥락을 다루는 이론과 원리 그리고 환경의 재생가능성을 이해한다. 28. 친환경조성을 위한 지역의 전통적 방법을 이해한다. >입니다.

건축의 의미를 이해하고 건축적 가능성과 실제 작업의 경험을 얻는 것은 건축교육이 당연히 얻어야만 하는 경험입니다. 건축을 건축답게 하고 건축의 가능성을 확대하는 것은 단순히 건축을 다양한 부분으로 나누어 이해하고 학습하는 것과는 다릅니다. 건축교육은 서로간에 긴밀하게 연관된 단계와 종합을 형성할 수 있어야 합니다.

건축 교육은 지금까지 건축이론과 건축실무로 구분되어 왔습니다. 그것은 건축이 실제로 그러한 차이와 영역을 지니고 있다는 것은 아닙니다. 다만 이론적으로 접근할 수 있는 한계가 존재하고 실무적 작업이 소화하고 수용할 수 있는 이론적 범위가 존재합니다.

건축 실무는 과거 수천년간 이론보다는 실제적인 작업 그리고 건축재료와 현장의 상황들에 더 많이 영향을 받아 왔습니다. 그리고 무엇보다도 그것은 건축공사에 사용되는 금전적인 문제들로부터 야기되었습니다.

건축물은 건축실무자의 의도에 의하여 이루어질 수 없다는 것도 중요한 이유입니다. 건축주, 건축가, 실무자, 시공자, 건설업체, 행정당국을 비롯한 수많은 관련자들이 건축 실무를 진행시켜나갑니다.

또한 건축에 관한 모든 실무는 이제 개인의 일이 될 수 없게 되었습니다. 그것은 하나의 대표적인 법인 흔히 말하는 단체로서 회사를 통하여 이루어지게 되었습니다. 그리고 그러한 과정을 중재하고 대변하는 것은 건축관련 단체이고 행정단체의 일이 되었습니다.

건축 교육은 그러한 실제의 상황들을 모두 수용하고 제약들을 모두 수용할 수는 없습니다. 그러나 그러한 관계와 가능성을 이해할 수 있어야만 합니다.

6 건축을 연구하는 이야기 그리고 건축을 건축으로 성립시키는 이야기

사막 위에 혼자서 서 있는 건축물, 아무도 사용하지 않는 건축물, 접근할 수 없는 건축물은 사실상 아무런 의미가 없습니다. 건축은 근본적으로 관계를 성립 시킬 수 있는 것에 더 관심을 갖는 것이라고 볼 수 있습니다. 건축과 인간, 건축물과 배경, 공간과 공간, 장소와 장소 그리고 사람과 사람 나아가 그 밖의 요소들 사이에 관계를 창조합니다. 그리고 그것을 견고한 구조로 확정해 놓은 것이 바로 건축 구조물이 되고 건축 환경이 됩니다.

그러므로 건축을 안다는 것은 그 모든 것을 아는 것, 규정하는 것을 넘어서 모든 것이 서로 어떻게 관계를 얻게 되는가를 유도하는 것이라고 할 수 있습니다. 근본적으로 우리가 알아야 하는 것은 바로 관계입니다. 나아가 극단적으로 보자면 우리가 디자인을 하면서 얻게 되는 결과물은 바로 관계입니다. 그렇게 보자면, 도면 위에 그려지는 선들, 건축물을 구성하는 벽체와 외피 그리고 출입구 혹은 가늠할 수 없는 형상들은 그것이 만들어내는 시각적인 결과물이라기 보다는 사실은 그것이 제한하고 가능하게 하는 서로 다른 공간과 공간의 관계이고 바닥과 천장의 관계, 안과 밖, 좌우, 앞뒤 그리고 모든 것의 관계라고 할 수 있습니다.

그러므로 모든 구축물은 단순한 영역의 한계를 규정하는 경계가 아니며 구분과 단절이 아닙니다. 사실은 수많은 요소 사이에 새로운 관계를 설정하는 것입니다. 분명한 것은 우리가 하는 건축은 보여지는 건축물을 넘어서는 순간 실체가 담고 있는 더 큰 의미에 다가가게 된다는 것입니다. 우리는 건축물 자체를 넘어서 구조체가 만들어내는 보이지 않는 관계의 구조를 확인할 수 있어야만 합니다. 우리는 보이지 않는 원칙들을 확인하고 그 원칙에 의하여 보이지 않는 관계를 구축할 수도 있습니다.

건축은 그 자체로 성립되지 않습니다. 건축은 모두가 하나로 이루어지는 관계입니다. 그러므로 모든 것은 관계로서만 나타납니다. 우리가 이야기 하는 모든 것은 그 자체로 존재하지 않습니다. 그것이 만들어 내는 모든 것은 바로 많은 것들 사이에 존재하는 관계 입니다. !

Rem Koolhaas, Seattle Central Library, 2004.

우리가 건축을 이해하고 건축을 판단하는 것은 무엇을 통하여 가능합니까 우리가 판단하는 것으로서의 건축은 무엇입니까 건축은 무엇을 위하여 존재합니까 우리가 배우고 판단하는 건축은 무엇입니까

우리가 건축을 접하면서
맨 처음 관심을 갖는 것은
보이는 형태입니다.
그리고
건축에 친숙해지고
더 많은 지식을 얻게 됨으로써
건축은 의미이고
가치가 됩니다.
그리고
보이지 않는 관계들이
건축을 더 의미 있고
가치 있게 만들고 있다는 것을
깨닫게 됩니다.
따라서
보이는 것으로 건축물은
존재 자체의 미와 가치를
얼마간 대변하지만
그 전부일 수는 없습니다

Schwartz / Silver, Shaw Center for The Arts, 2005

보이는 것으로서의 실체, 건축은 보이지 않는 대상의 구축을 실현합니다.
우리 자신이 누리고 경험할 수 있는 공간은
보이지 않은 세계를 담는 그릇으로 발전한다는 것은 틀림이 없습니다.
그리고 그러한 공간 안에 담겨지는 모든 기억과 내용이
우리가 이야기 할 수 있는 의미가 됩니다.
공간은 그러므로 보이는 것으로서의 건축 이후에 나타났고
공간은 무언가 담게 되는 장소가 될 수 있었습니다.
건축이 만들어 내는 것은 공간이 담는 것입니다.
그것은 행위이고 사건이고 이벤트입니다.
우리는 여기에서 관계가 어떻게 담기게 되는가를 확인하게 됩니다.
사람들의 관계, 사건의 관계 그리고 형식의 관계들이 담기게 됩니다.
그 모든 것은 우리 삶의 조건이 되고 건축물 자체의 의미가 됩니다.

건축물은 관계의 구조로서 존재합니다. 그러므로 건축물 각각의 존재를 설명하는 것은 전체를 설명하는 것이 아니며 관계를 모두 드러낼 수는 없습니다.

Relation

건축은 관계의 구조입니다.

지금까지 건축물은 관계로서 기술되는 것이 아니라 실체로서 설명되어져 왔습니다. 그러므로 고전적인 건축으로부터 모더니즘의 건축에 이르기까지 건축적 실체가 시각적으로 보여주는 의미로만 관심이 집중되었습니다. 건축이 과거의 지평으로부터 벗어나서 인간 혹은 다른 예술, 철학으로 의미의 범위를 넓혀가면서 건축적 실체는 건축 자체만을 대변하는 것이 아니라 포괄적인 관계의 구체화가 되었습니다. 건축은 그들 사이에 관계이고 의미이고 그 모든 것을 담는 그릇이 되어야 했습니다. 자연스럽게 건축은 모든 것의 관계에 관심을 갖게 되었습니다. 이제 건축은 관계가 되었습니다.

건축을 수많은 논의의 누적입니다. 어떠한 학문도 단순한 개념들의 합은 아닙니다. 그 안에는 면면히 흐르는 이야기가 반드시 바탕이 고 서로 다양한 층위의 이야기들로 얽혀 짜여 있습니다. 그것은 건 이 그만큼 많은 문제들과 관계되고 인간의 삶에 직접적으로 연관되 있기 때문입니다. 건축은 인간의 최소한의 요구로서 의식주(衣食 에 관계한 것이기 때문입니다.

그 관계를 추적하고 이해하는 것은 동시대의 여러 요소들이 어떻게 서로 연관되었는가를 확인하는 것이며 결국 그것이 어떻게 변화해 왔는가를 찾아내는 것입니다. 우리시대의 수많은 요소들이 서로 연관되어 있다는 것은 굳이 어떻게 관계하고 어떻게 상호작용하고 서로 영향을 미치는가를 이야기하고 연구하지 않더라도 당연히 알고 있습니다.

우리는 거대한 자본에 지배 받고 우리시대의 문화, 미디어 그리고 영상들과 영향을 고 받습니다. 건축은 또 수많은 철학자들의 사고들로부터 영향을 받아 왔으며 그것 새로운 건축의 개념을 창조하는 것이라고 보았습니다.

우리시대가 요구하는 다양한 주체와 주체의 관계 그리고 그 단과 사회 더 넓게는 국가 또 전세계에 걸친 하나의 흐름과 움직임이 생겨났습니다. 그것 건축이 봉사하고 얻어야 하는 세계이고 창조하고 담아야 하는 세계이며 우리자신이 바 고 필요로 하는 전체를 구축합니다. 그러므로 건축은 사회를 대변하며 구축합니다. 건축 그러한 실체로서의 구축을 넘어서 인간이 만들어낸 위대한 정신과 능력을 대변합니다. 놀라운 경지로부터 우리는 이성을 담을 수 있는 감성과 아름다움을 얻게 되었습니다.

그러므로 예술은 우리가 얻고자 하는 것 가운데 가장 세련되고 가장 얻기 어려운 것 중 하나가 되었습니다. 그리고 예술의 범주에 속해 있는 많은 장르가 건축과 가치를 공유하기 시작하고 영향을 미쳤습니다. 건축은 음악과 회화 그리고 조소적 아름다움 전체를 수용하였습니다. 건축은 감동적인 선율을 가진 음악이 되고 아름다운 그림이 되고 매혹적인 볼륨을 드러내는 조형물이 되었습니다. 그리고 그 아름다움이 창조하는 모든 가치와 원리를 받아들이게 되었습니다.

그러나 건축은 개인의 작품이기에는 이미 너무나 거대하고 광범위한 이해와 노력을 요구합니다. 건축은 그러므로 예술이라고 하기에는 너무 거대한 것이고 너무 많은 사람들이 너무 많은 과학과 기술과 이해가 얽혀 있습니다. 또 그러므로 그것은 예술일 수도 있습니다. 건축은 그러한 범위 내부에 많은 이해를 대변하는 사람들의 주장을 포섭하고 통제하고 또 그 건축물을 사용하는 사람들을 수용하고 관리합니다. 건축을 질서 있게 하는 것은 바로 그러한 문제들을 해석하고 하나로 묶어 내는 것이고 많은 문제들에 대한 명확한 기준을 설정하는 것입니다.

그러므로 그러한 의견과 의미를 대변하는 많은 사람들이 관계는 필연적으로 이데올로기적인 성향을 가지게 됩니다. 건축은 한 개인이 개인에게 전하는 감동이 아닌 절대적인 다수에게 영향을 미치고 다수를 제어하고 사회의 모습을 형성합니다. 도심지에 들어서는 고층 건물들은 그 규모와 도심지 전경을 변화시키는 정도를 넘어서 거대한 흐름을 새로이 만들어 냅니다. 그 건축물이 창조하는 공간을 점유하는 많은 물류와 사람들의 흐름은 새로운 경관과 공간의 가능성을 생성합니다. 그러한 수많은 흐름은 그 흐름을 위하여 또 다른 공간과 시설 그리고 도시구조를 생성합니다. 그것은 단순히 자본을 누적시키고 공간 위에 구조물을 생성하는 것 이상의 변화를 초래합니다. 그러한 변화는 하나의 통제를 위한 제도를 요구하고 구축된 이후에는 새로운 통제의 양식들을 생성합니다.

건축물을 구축하면

그 건축물이 만들게 되는 구조물의 형태와 유형은 그 공간을 활용하는 사람들의 행위와 사건들을 만들어 냅니다. 그것은 강력한 행위 조정의 도구입니다. 그리고 시간이 지나면서 예기치 않은 사건들이 새로운 공간의 가능성을 만들어 냅니다. 예상치 않았던 사람들이 방문하고 서로 모임을 갖고 이야기 하고 앉고 쉬고 낮잠을 자고 하면서 장소성을 만들어 냅니다. 그것은 건축이 우리의 삶과 직접적으로 밀접한 관계를 지니고 있기 때문입니다. 건축은 우리 사회 내에서 기능하고 동시에 새로운 양상을 창조합니다. 건축이 만들어 내는 것은 바로 그러한 관계의 배경이고 장(場)입니다.

건축은 다양한 관계의 구조입니다. 그 구조는 경직되고 고정된 것이 아니라 항상 상호관계를 통하여 변화해 왔습니다. 그러므로 건축의 다면적인 구조는 그 구조의 상호작용에 더 큰 가치가 존재합니다.

건축은 그 시대와 사회 그리고 계급 혹은 대표적인 개인의 부와 권력을 대변해 왔습니다. 그러한 대표적인 건축물, 피라미드로부터 궁전, 성곽, 신전, 성당은 그 시대의 가장 강력한 정치적 집단의 힘을 표현하고 그 주체가 누구인가를 보여줍니다. 또 그 도시의 구조는 위대한 건축물을 중심으로 형성되었습니다. 마찬가지로 사람들이 모여 살면서 더 많은 사람들이 이동하고 모일 수 있는 공간이 생겨났고 그것은 경제활동의 흐름을 만들어 냈습니다. 그들이 만들어 놓은 곳은 바로 시장이고 부의 흐름입니다. 건축이 형식을 갖게 되고 세련될 수 있었던 것은 인류의 문화가 발전하면서 동시에 이루어졌습니다. 더 많은 사람들이 모이고 더 많은 사건들은 더 다양한 공간과 장소를 요구합니다. 그렇게 해서 사람들이 모인 도시는 더욱 더 확장되어 갔습니다. 그것은 최초에 인간이 공동체 생활을 하면서 사람들과 사람들 사이의 교류를 통하여 문화를 생산할 수 있는 원동력이었습니다.

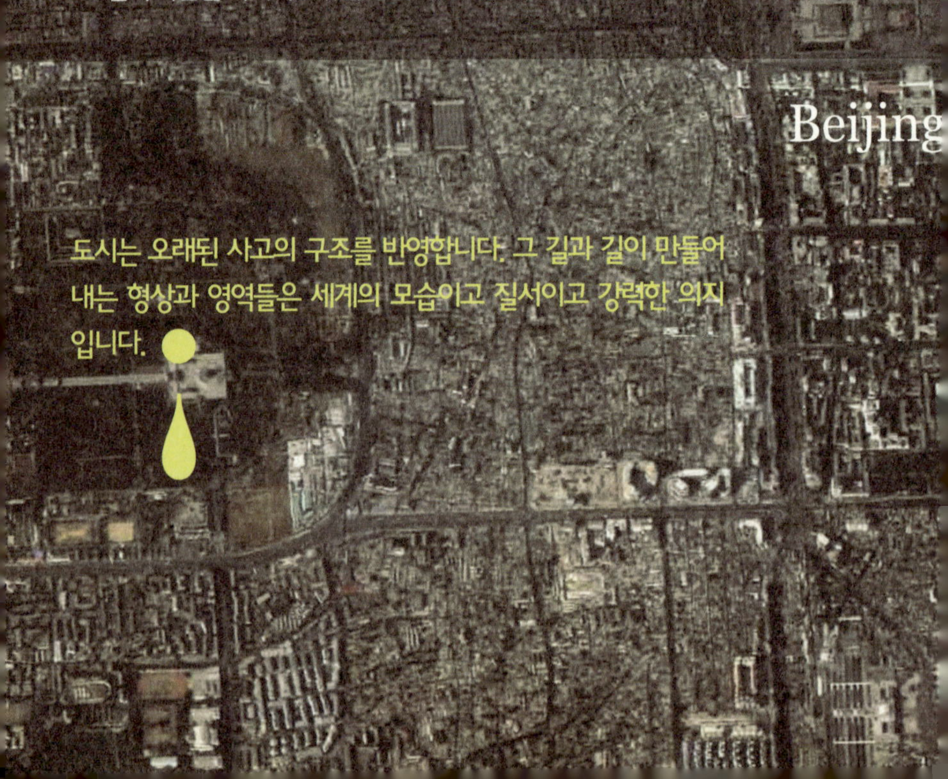

도시는 오래된 사고의 구조를 반영합니다. 그 길과 길이 만들어 내는 형상과 영역들은 세계의 모습이고 질서이고 강력한 의지입니다.

그렇게 조직된 사회는 우리 자신을 지켜주고 우리자신의 존재와 삶을 가능하게 하는 배경 이상을 의미했습니다. 소규모의 부족은 생존을 위한 최소한의 울타리를 필요로 했으나 도시로 성장하면서 강력한 조직과 통제를 위한 권력 그리고 군대를 요구했습니다. 그 문화가 요구하는 건축은 그 시대의 궁전과 성채 그리고 신전을 포함한 도시를 생산하였습니다. 그렇게 생겨난 도시는 그 도시민의 삶을 풍요롭게 하지만 반대로 도시민이 그들의 도시가 요구하는 나름의 삶의 방식을 따르도록 요구 받았습니다. 그것은 건축적으로 이루어지기 이전에 우리는 사회의 통제를 벗어날 수 없습니다. 이 사회가 만들어 놓은 기본적인 통제의 원칙과 사회적 규율 그리고 관습으로부터 자유로울 수 없습니다. 건축은 우리 사회의 정의와 인식 속에서 시대정신을 창조합니다. 그것은 우리 사회가 가지고 있는 다양한 관계의 일부입니다. 모든 구성원들은 그 사회의 일부로 받아들여져야 하고 마찬가지로 그 사회 내의 건축은 그 사회의 일부가 되어야만 합니다. 건축을 담고 있는 사회는 나름의 배경을 형성하고 있으며 우리 사회는 개개인이 모인 사회집단에 의하여 구성됩니다. 그러므로 건축은 그 집단의 이념과 목적을 수용하고 그 건축물을 사용하는 사람들은 그 건축이 담고 있는 구조를 따르게 되었습니다.

건축과 학문

건축은 학문으로서 어떠한 위치를 지니고 있습니까 그리고 건축이 학문으로서 가질 수 있는 위치는 무엇입니까 우리가 생각하는 학문이란 무엇이고 건축은 어떠한 방식으로 학문적 위치를 지니게 됩니까

우리는 건축에서 보다는 건축 외부에서 건축을 더 분명히 규정할 수 있습니다. 우리 시대의 건축의 내용과 범위는 건축을 둘러싼 많은 관계와 한계를 가늠함으로써 더더욱 명확해 집니다. 현대 건축은 실상 건축자체보다 더 넓은 분야에 관계합니다. 철학, 음악, 시학, 물리학, 기호학, 생태학, 도상학, 유형학, 언어학, 의미론, 도시공학 너머에 까지 의미를 넓히고 있습니다. 이러한 광범위한 의미의 수용은 그만큼 현대건축이 더욱 복잡하고 다양화된 사회를 반영하고 있기 때문입니다. 그리고 건축이 과거에 가장 중요한 테마였던 형태, 공간, 시간, 기능, 구조, 유형과 같은 고전적 테마를 넘어서 의미를 수용하였기 때문입니다. 거의 모든 외부의 학문이 건축에 적용되고 수용되었습니다. 그러나 그것은 외부로부터 건축으로의 의미와 개념을 이식한 것은 아닙니다. 현대 건축은 서로 공유하고 있는 의미의 소재들을 통하여 넓은 영역을 개척했습니다. 외부학문과 건축을 매개하고 있는 다양한 개념의 테마들에 의한 연관입니다. 그것은 기호학적 삼각 관계가 성립합니다. 역사적으로 건축은 수학, 기하학, 역학, 미학, 제도의 발전과 함께 해 왔습니다. 오늘날 건축은 거의 대부분의 학문과 관계하며 컴퓨터와 가상실현 시스템, 공학기술의 발전에 도움을 받습니다. 거의 대부분의 건축과정이 기구와 장비의 도움을 받고 있으며 건설현장에서 이루어지는 시공과정은 이미 인간의 노동력으로는 이루어질 수 없을 만큼 발전하였습니다. 이처럼 놀라운 기술의 발전은 건축을 점점 더 발전시키고 있습니다. 오늘날 새로운 재료와 공법은 거의 매일 선전되고 있습니다. 이와 같은 건축학문의 발전과 건축기술의 발전은 상상할 수 없는 단계로까지 발전시켰습니다. 그리고 그 발전의 결과는 건축 내부의 질서로 수용되었습니다. 건축 내에서 그 모든 내용들은 상호작용하며 관계를 구축하였습니다. 과거에 그 내용들 사이의 관계는 문법이라고 불려졌으며 원리라고도 불렸습니다. 그리고 한때 규범으로 불렸으며 오늘날에 건축 프로그램, 기능의 구조, 개념, concept 등으로 불리게 되었습니다. 그것은 완성된 관계를 가진 것이 아닙니다. 상대적 가능성에 의한 표현입니다. 건축 내에 그러한 기준이 되는 요소가 존재하고 언어로서 관계를 만들어 내는 규정과 각각의 요소를 조합하기 위한 언어적인 어휘와 그 어휘에 대응하는 실체가 존재 할 수 있게 된 것입니다.

건축적 실체는 건축적 의미를 담는 외적인 논의들을 차용하기 위하여 매개체를 통하여 기호적 의미를 생산합니다.

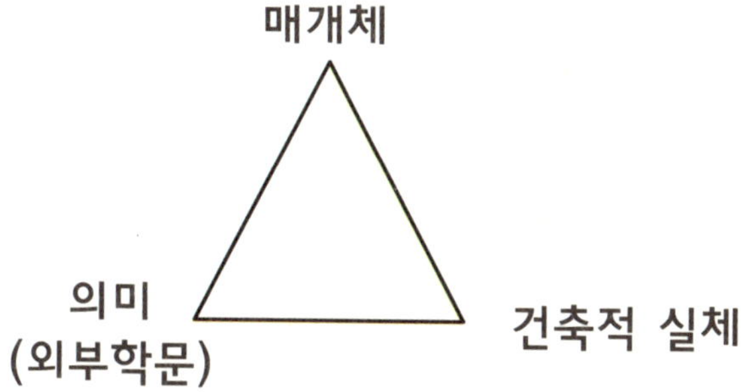

건축은 건축적 실체가 다른 학문과 공유하거나 서로간에 의미를 전달할 수 있는 다양한 개념의 적용으로부터 자신의 의미를 체계화하고 확대합니다. 건축에 필요한 외부학문의 매개적 개념을 차용하는 것은 외부학문이 건축적 시체를 규정하고 의미화하는데 소용되는 매개개념을 제공하기 때문입니다.

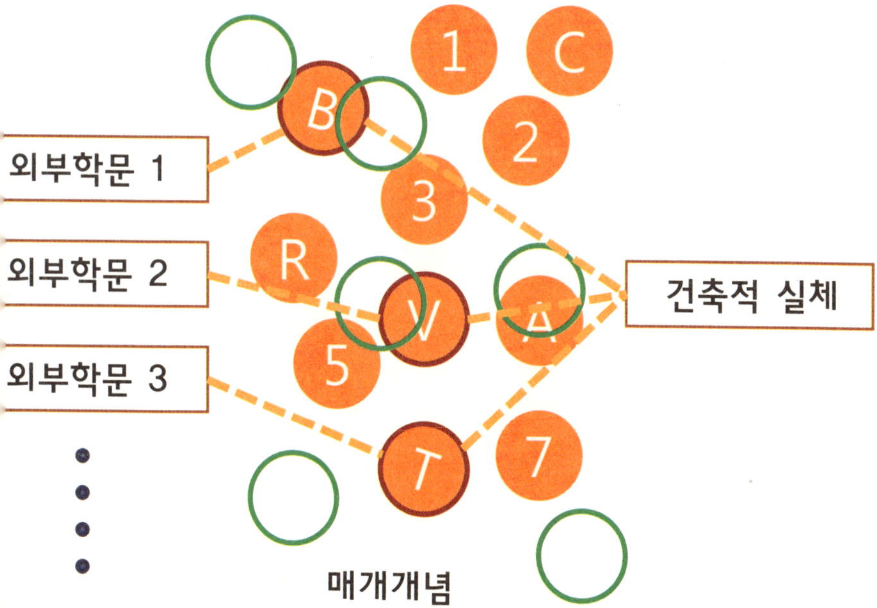

건축의 표현과 의미 …… 그 언어들

건축 언어는 무엇이며 어떻게 발전하였습니까

건축 언어를 배우는 것은 건축의 이야기 그리고 말, 대화를 가능하게 하는 것입니다. 건축 안에서 우리가 할 수 있는 대화방식은 문화가 규정해 놓은 것이며 배워야만 가능한 것입니다. 우리가 건축에 관하여 이야기 할 수 있는 것은 배웠기 때문이고 알고 있기 때문입니다.

건축에 관하여 이야기 하는 것 자체는 건축을 스스로 배우는 것과 같습니다. 우리가 누군가의 표정에서 감정을 읽어내고 자세에서 어떠한 상태와 힘을 주고 있거나 쉬고 있음 혹은 어떠한 작업 무엇을 하고 있는지 또 그 모습에서 스타일과 성격, 하는 일을 유추할 수 있습니다. 건축물로부터 그 건축물이 지닌 특성을 이해하고 건축물을 규정하는 것은 바로 우리 나름대로의 대화하는 방법을 얻는 과정입니다. 그 건축물의 내용과 의미를 이해할 수 있게 되는 것입니다. 그렇게 될 수 있는 유일한 방법은 친숙해지는 것이며 가까운 사람과 마음을 나누듯이 건축물로부터 숨겨진 사실들을 얻어내고 밝혀내고 감상하는 것입니다. 그리고 더 많이 대화하면 할 수록 건축물은 더 많은 이야기를 전해줍니다. 그 과정에서 우리는 건축물의 가장 은밀한 부분들에 접근하게 되고 왜 그렇게 훌륭한 의미를 얻게 되는지를 깨닫게 됩니다. 그것은 건축을 접하면서 느끼게 되는 가장 훌륭한 기쁨 중 하나입니다. 건축언어는 과거 특정한 형태가 특정한 의미를 전달하거나 고양된 정신을 대변한다고 보았습니다. 그렇게 쓰여지는 거의 모든 형식을 우리는 건축언어라고 부르고 있습니다. 건축언어를 인정하면서 건축물은 내재된 다른 언어적 특성을 가지고 있다고 여기게 되었습니다. 그 결과 비유적으로 생겨난 것을 어휘, 문법, 수사학, 통사적 구조 등입니다. 이러한 해석은 언어적 사고에서 건축물이 가지고 있는 규칙이고 형식입니다. 고전적 오더의 사용은 그 대표적인 예이며 그 고전적 오더를 그 유형에 따라서 여성적, 남성적, 중성적, 장식적으로 구분하고 신전의 이미지에 직접적인 영향을 미치는 것으로 보았습니다. 형태 중심의 건축언어는 지난 2 천년간 가장 중요한 건축표현의 중심이 되었습니다. 형태는 형상의 구축으로 집중되고 공간중심의 언어로 변화하고 시간을 포함하게 되었습니다. 일단 건축 형태가 아니라 관념적인 언어를 얻게 되면서 건축은 오늘날의 커뮤니케이션을 구축하고 다양한 학문에서 개념언어를 수용하게 되었습니다.(건축언어에 관한 자세한 내용은 차후에 깊이 소개하기로 하겠습니다.)

ntoni Gaudi. Casa Batllo. 1906.

건축은 무엇을 표현하고자 하고 어떠한 형식을 지니게 되었습니까 그러한 형식가운데 언어가 될 수 있었던 것은 무엇입니까?

Le Corbusier. Ronchamp. 1956.

표현과 의미의 언어들 : 정보 그리고 의사소통과 대중화

건축 언어에 의한 의사소통은 어떻게 생성되었습니까 그리고 의사소통은 어떠한 의미를 생산하였습니까

건축의 의미는 부분을 넘어서 전체의 관계를 통하여 더욱 다양하고 깊은 의미를 가지게 됩니다 부분이 만들어내는 많은 정보들은 전체를 대변하기도 하고 건축 자체를 구성하기도 합니다. 단 은 부분들이 서로 다른 의미를 가지고 있으므로 전체는 더 많은 서로 다른 견해를 가진 요소들의 총합으로서 상대적이고 다면적인 의미를 형성하게 됩니다. 그 깊이를 보여주는 건축적 의미는 풍부함을 보여주기도 하지만 한편으로 대중화의 문제를 낳게 됩니다. 건축적 의미를 어떻게 전달할 것이며 누구에게 전달할 것인가에 대한 문제도 낳게 됩니다. 건축을 이해하는 매우 심오하지만 난해한 내용들은 일반적으로 접하기 쉽지 않은 것이 사실입니다. 또 건축을 전공하는 사람과 건축 디자인에 종사하는 사람들 조차 실용적인 측면 이상의 복잡한 내용에 익숙하기에 쉽지 않습니다. 그리고 정작 건축 실무에서 요구되는 정보들은 건축비평가와 이론가의 학문적인 이론과 내용들과는 다른 것도 사실입니다.

자세히 들여다 보자면 학문적인 접근의 목적은 이론과 실재의 간격을 줄이고자 하는 것입니다. 그럼에도 불구하고 대중화는 학문의 본질을 파괴하고 깊이를 오도할 수 있습니다. 학문이 무엇을 요구하고 무엇을 목적으로 하는가에 대하여 새로운 견해를 낳게 됩니다. 반대로 지나치게 난해하고 일반인과 괴리된 학문적 성과는 형식적 테두리 이상을 극복하기 어렵습니다. 건축적 의미는 적절한 수준의 이해 가능한 방법들을 갖는 것이 중요합니다.

건축을 외적으로 이해하는 문제는 대중와 함께 실용성의 문제를 수반합니다. 인간과 삶에 얼마나 가깝게 존재하고 있는가에 한 문제를 낳기도 합니다. 학문의 실용성, 그것은 실천에 닿아 있고 근본적인 학문의 질과 진리가 인간의 존재에 닿는 실존적인 가치를 얻을 수 있는가에 관한 문제입니다. 로 여기에서 건축을 학문적으로나 실용적으로 혹은 대중적으로 접근하는데 있어서 법상의 문제입니다.

우리가 건축을 어떠한 것으로 창조하는가와 관련된 또 다른 제는 그러한 정보와 의미를 어떠한 방식으로 알리고 이해시키는가 하는 것입니다. 우리는 의 대부분을 관련된 전문가 집단과 동일한 수준으로 이야기 하고 건축디자인 도면과 관련 과물을 통하여 의사소통 합니다.

의미는 언제나 부분보다 전체로서 더욱 강화됩니다. 이 전체를 보여 주기 위하여 우리는 건축을 여러 방식으로 접근하고 소개합니다. 건축을 보는 여러 관점이 존재하며 그 관점을 누구에게 어떠한 수준으로 전달하는가에 대한 문제가 존재합니다.

그러나 건축을 전공하지 않는 일반인들에게 어떻게 소개할 수 있고 의사를 전달 할 것인가에 대한 또 다른 문제가 생겨납니다. 건축이 그려내는 모든 것은 그 자체로 창조적 생산물이 될 수 있습니다. 그러나 관련된 작업과 디자인 결과물들은 실제로 건축구조물을 위한 매개적 수단이었습니다. 거의 모든 건축 디자인 과정에서 소모되고 발생하는 결과물은 건축관련 종사자들 사이에서 확인될 수 있고 유용한 것들입니다. 그것은 커뮤니케이션을 위한 도구이며 건축언어의 매개체들입니다. 우리가 어떠한 것을 사용할 수 있는가에 따라서 결과물은 변화합니다.

관련된 정보를 어떠한 방식으로 표현하고 누구에게 어떠한 매개체를 이용하여 전달하는가에 따라서 새로운 결과물이 생산됩니다. 우리시대에 거의 모든 가능성이 열려 있는 대신 전통적인 매체들은 변화하고 있습니다. 그렇게 되면서 우리가 그리고 남기는 전통적인 도면들과 도서들은 컴퓨터에 의하여 작성되고 시각적인 디자인이 추가되고 실물과 다름없는 3차원 모델링에 의한 투시도와 애니메이션을 작성할 수도 있습니다. 그러한 표현은 다양한 변화와 동시에 이들 결과물들을 손쉽게 작성하고 또 이해가 용이하도록 전달하게 만들었습니다.

그러므로 그 표현방식과 매체 그리고 의사소통의 다양성이 나타났습니다. 학문적 가치와 통찰과는 다른 무엇인가에 오늘날의 건축적 문제가 존재합니다. 건축자체에 더 큰 자유와 가능성을 제공하기 위하여 건축적 정보와 의미들은 대중화되었습니다. 그리고 대중화되는 것으로부터 학문이 단순한 이야기 거리 이하가 되지 않고 나름의 기준을 제시할 수 있어야만 하겠습니다. 종종 대중화는 격이 낮거나 수준을 낮추는 것으로 여겨질 수 있습니다.

그러나

대중화의 가장 큰 목적은 그 주체가 다수의 일반에게 옮겨지고 건축적 가능성을 다수가 공유할 수 있다는 것에 목적이 있습니다. 그러므로 건축의 대중화가 학문적 가치를 오도하거나 질적인 축소가 아닌 새로운 대화의 방식과 수단을 얻는 것이라고 할 수 있습니다. 공감의 폭을 넓히고 참여의 범위를 확대하는 것이라고 할 수 있습니다. 따라서 흔히 말하는 대중화보다는 건축문화영역의 확대로 부르는 것이 바람직 합니다.

건축과 기술의 기록들 : 건축 이야기

Vitruvius

<Ten Books on Architecture>

건축에 관한 첫번째 논의는 비트루비우스의 <건축십서>에 잘 나타나 있습니다. Vitruvius 의 <Ten Books on Architecture>(ed. Ingrid D. Rowkand, Thomas Noble Howe. Cambridge University Press. 2002)의 각 권은 당시의 관심사가 무엇인가를 확인할 수 있도록 도와줍니다.

Book 1. First Principles and the Layout of Cities
Book 2. Building Materials
Book 3. Temples
Book 4. Corinthian, Doric, and Tuscan Temples
Book 5. Public Buildings
Book 6. Private Buildings
Book 7. Finishing
Book 8. Water
Book 9. Sundials and Clocks
Book 10. Machines

위 제목과 각 권의 세부 항목을 통하여 당시에 가장 중요했던 건축적 관심사를 파악할 수 있습니다. 도시, 건축재료, 신전 건축이 가진 비례와 대칭 그리고 형태적 기준, 기둥의 유형과 장식 그리고 비례, 집회장과 대극장 등을 포함한 공적 건축물의 유형과 그 디자인 요소, 사적 건축물의 시각적 원칙과 인테리어, 다양한 재료를 사용한 마감, 물을 찾고 관리하고 필요한 기구의 사용, 태양과 달의 움직임 그리고 그에 따른 여러 관계 요소들, 최종적으로 다양한 관련 기계류를 설명합니다.

?

건축은 어떠한 영역입니까 건축은 건축을 어떠한 분야들로 나누고 있습니까 그리고 각 분야를 구분하는 원리와 구조는 무엇입니까 결과적으로 우리는 건축을 어떻게 이해하고 무엇을 위하여 건축을 세분화하고 있습니까

고전적인 원칙들은 거의 대부분 비트루비우스의 견해를 근거로 설정되었습니다. 건축 십서의 건축을 이해하는 것은 단순히 그 시대의 건축물을 이해하는 것이 아니라 가장 정통한 가치 있는 건축을 이해하는 것으로 여겨져 왔고 그것이 서양의 건축문화의 중심을 만들어 냈습니다. 그것은 아름다운 건축물의 전형이 되었으며 무엇이 매력적이고 무엇이 훌륭하고 적절한 스타일인가를 결정했습니다. 그러한 고전적인 스타일은 그리스인들이 만들어 냈으며 로마인들은 그것을 풍부하게 발전시켰습니다. 그리고 이탈리아의 이성적인 교육을 받았던 르네상스인들이 그것을 다시 한번 재현하였습니다. 오더를 사용하고 페디먼트와 박공벽을 올리고 그 벽면과 주두를 장식하는 법 그리고 오더를 배열하고 간격을 정하고 하는 일련의 작업들이 거의 모든 로마의 지배지로부터 르네상스의 이태리에 이르기까지 통일되어 나갔습니다. 그러므로써 유럽의 건축물 중 대부분이 그 통일성에 의하여 구축되었습니다. 그것은 오늘날 바티칸 궁에도, 팡테온에도, 미국의 국회의사당에도, 우리나라의 국회의사당에도 버젓이 서 있습니다. 우리가 거부할 수 없는 지난 2천년간의 건축역사와 문화는 그러한 건축형태와 규칙들에게 거부할 수 없는 정당함과 아름다움을 부여해 주었던 것입니다.

다양한 건축 이야기 ······ 건축의 테마들

건축은 학문으로서 어떠한 부분들이 관심의 대상이 되어왔습니까 그리고 건축에 있어서 가장 중요하다고 여겨진 문제들은 무엇입니까 그러한 문제들은 시대에 따라서 어떻게 변화해 왔습니까

스텐리 아베크롬비 Stanley Abercrobie의 《Architecture as Art》에서는 건축적 논의의 대상을 크기, 형태, 내부형태, 배치, 기능, 지각, 의미, 질서로 보았습니다. 건축을 예술로서 보았으므로 그는 건축의 형식과 요소의 관계를 중심으로 기술하였습니다. 이들 논의들은 시지각을 중심으로 경험되는 건축을 대상으로 하고 있습니다. 따라서 이 논의에서 생겨나는 건축적 어휘들은 보이는 대상과 대응하거나 보이는 대상의 형식과 원리 그리고 요소에 관한 언급으로 되어 있습니다. 이 책의 목차를 살펴보면

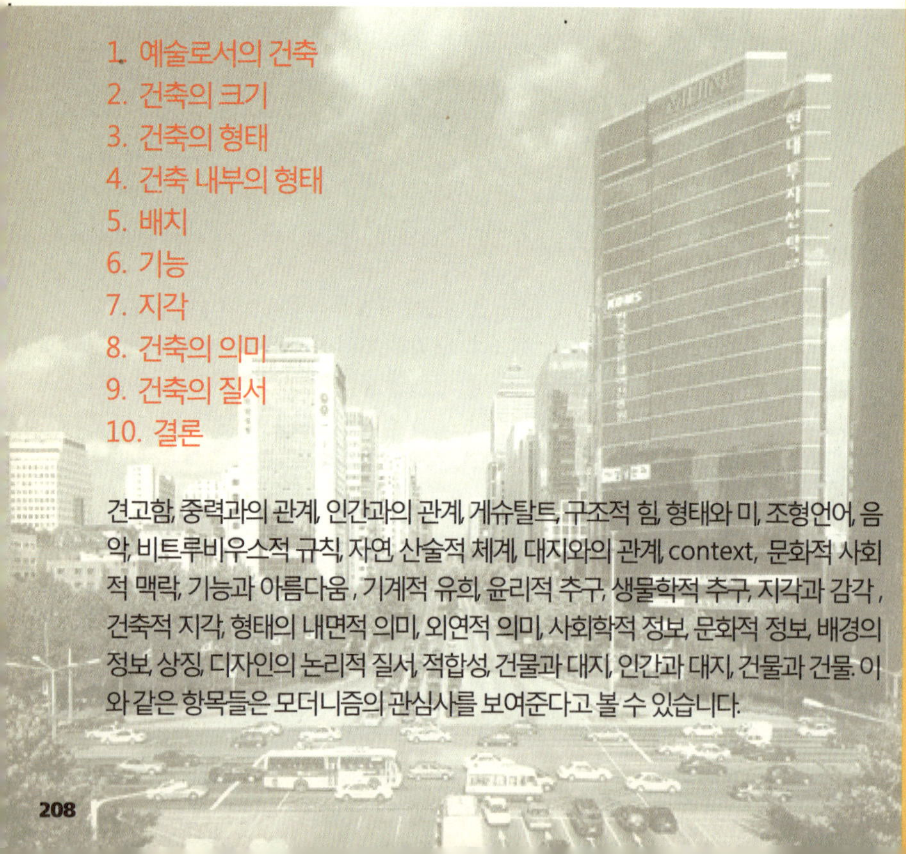

1. 예술로서의 건축
2. 건축의 크기
3. 건축의 형태
4. 건축 내부의 형태
5. 배치
6. 기능
7. 지각
8. 건축의 의미
9. 건축의 질서
10. 결론

견고함, 중력과의 관계, 인간과의 관계, 게슈탈트, 구조적 힘, 형태와 미, 조형언어, 음악, 비트루비우스적 규칙, 자연, 산술적 체계, 대지와의 관계, context, 문화적 사회적 맥락, 기능과 아름다움 , 기계적 유희, 윤리적 추구, 생물학적 추구, 지각과 감각 , 건축적 지각, 형태의 내면적 의미, 외연적 의미, 사회학적 정보, 문화적 정보, 배경의 정보, 상징, 디자인의 논리적 질서, 적합성, 건물과 대지, 인간과 대지, 건물과 건물. 이와 같은 항목들은 모더니즘의 관심사를 보여준다고 볼 수 있습니다.

비슷한 시기에 로저 스크루턴 Roger Scruton은 <The Aesthetics of Architecture>에서 재미나게도 다시 10개의 테마를 선택했습니다. 재미있게도 비트루비우스 이후로 많은 건축가들이 10개의 주제를 선택했습니다. 건축적 문제를 건축과 주체의 문제로 다루었으며, 주체의 실현과정과 사유와 감각, 판단으로 보았습니다. 이 책에서 스크루턴은 건축을 하나의 대상으로 접근하고자 하였습니다. 이 과정에서 의미와 언어의 관계를 형성하고 사회와 연결 짓고 있습니다.

1. 건축의 문제
2. 건축과 설계
3. 건축의 본질
4. 건축의 경험
5. 건축의 판단
6. 프로이드, 마르크스와 의미
7. 건축의 언어
8. 표현과 추상
9. 상세감각
10. 건축과 도덕

세부적인 내용들은 형식과 기능, 기능주의, 기술과 건축, 재료와 건축, 공공성, 일상성, 알베르티 : 적절함, 균형, 설계; 본질적 문제의 해결, 건축의 가치와 중심, 형태와 기능의 일치, 형태와 공간, 빛, 방식, 볼륨, 몰딩, 형상, 본질과 장식, 시대정신, 지역성, 미적 경험, 감각과 사유, 지각, 형식경험, 형식의 파악, 패러다임, 선호, 취미, 이성적 동물이 소유, 가치, 경험, 즐거움과 타당함, 건축의 관념적 의미, 정서의 공감, 무의식과 건축, 계급, 이데올로기의 건축, 비신비화로의 변형, 내재적 언어와 형식, 표현, 심리상태의 기호, 표현과 언어, 심리구조의 언어, 구문, 통사, 유추, 모방과 재현, 장식과 담화, 공공성, 장식, 윤리성, 양식의 가치와 선호, 장식의 문제, 장식과 언어적 요소, 미의 상세, 부분들의 조화, Human Scale, 가치, 보람, 타당, 봉사, 공리, 자아실현, 도덕적 판단들을 키워드로 제시합니다. 이러한 테마들은 우리시대의 중요한 문제들을 대변할 수 있을 만큼 광범위한 범위를 언급하고 비평합니다.

우리시대의 건축적 테마 의 다양성

상대성, 다양성, 상호작용성, 다원성……

우리시대가 관심을 갖고 있는 건축적 테마는 무엇이고 테마들은 어떠한 관계를 지니고 있습니까 그리고 건축은 어떠한 주체들의 관계이며 어떠한 요소를 지니게 되었습니까

다음은 벤 파머 Ben Farmer와 헨티 로우 Hentie Louw가 편집하여 출판한 100가지의 테마를 제시한 책 <Companion to Contemporary Architectural Thought>의 건축적 논의를 정리한 것입니다. 이 책이 보여주는 내용들은 거의 대부분이 우리시대의 기반이 되는 것입니다. 가장 최근의 동향을 설명하는 것은 아니지만 건축에 있어서 근원적인 논의를 포함하고 있습니다. 이 책이 제시하는 테마들은 매우 독특합니다. 다음의 논의들(건축적 관심의 대상들)은 무엇을 위하여 존재하며, 무엇에 영향을 주고받고, 그 요소는 무엇이며, 무엇을 형성하는가를 보여줍니다. 그리고 그것이 어떻게 감각되고 인식되는가에 대한 논의들을 보여줍니다. 이와 같은 사실은 건축이 다양한 관계에서 성립된 의미들로 이루어져 있으며 그 관심의 관계가 다층적인 측면을 제시하고 있습니다. 큰 제목을 살펴보자면, 전체는 5부분으로 나뉘어져 있고 나머지는 사례를 통하여 논의된 연구가 실제 어떻게 확장되고 적용되는가를 보여줍니다. 건축의 본질 Nature of Architecture, 다양한 요구에 대한 응답들 Responses (Responses to People, Responses to Place, Responses to Route) 그리고 건축에 미치는 다양한 영향들 Influences (Influence of Society, Influence of Function, Influence of Technology, Influence of Architectural Precedent) 그리고 건축의 중요한 요소와 특성 Elements and Attributes (Architectural Form, Architectural Space, Elements of Architecture) 마지막으로 접근 방식과 평가 Approaches and Appreciations, 마지막은 사례분석입니다. 거의 모든 건축적 이슈를 논의합니다. 우리시대 중요한 테마를 선정하고 그 내용에 가장 저명한 이론가, 교수, 건축가를 선별하여 원고를 의뢰하거나 그들의 저서 혹은 논문을 제시한 책입니다. 이 책은 위대한 건축인들의 정신이 담겨 있습니다. 그리고 건축을 다양한 부분들의 관계로서 보고 있다는 점에서 가장 현대적인 체계를 지니고 있습니다. 이 책이 노리는 바는 부분과 전체, 요소들의 관계, 건축과 관련된 주체의 문제를 동시에 파악하고자 합니다. 사실상 다양성과 상대주의 그리고 다원적인 사고체계를 가지고 있습니다.

구분	관심의 대상	
Nature	The nature of architecture	spirituality in architecture
Response to people	Patronage and professionalism	Urban space design and social life
	Architecture and people	Housing as if people mattered
	An architect for the poor	Informal housing and the barefoot architect
	Development	
Response to place	Landscape and architecture	The traditional buildings
	Harmonizing the human habitat	
Response to routes	Routes and settlement patterns	Transport in cities
	Walkability: a prerequisite for liveable cities	The discipline of the route
Influence of society	Buildings and society	Temples
	Client, community and climate	Privacy as a culturally related factor
	Vernacular Architecture	politics or art
Influence of function	'Commoditie'	The vision, the potential and the virtual reality
	The building skin	
Architectural precedent	What makes the past matter	Tradition and innovation
	The history of a rupture	modern vernacular
	The uses of architectural history	history and archaeology
	Revivals as phenomena in history	
Influence of technology	Gothic structural engineering	Changing challenges
	Structural theories and their architectural expression	The impact of the environment
	Building the total system	
Architectural form	Forms versus forces	The invisible foundations
	Instruments of order	Creativity in architecture
	A face in the cloud	The advantage of a clearer light
	Architectural form and colour	Architectural form and light
	Architectural form and ornament	
Architectural space	Aspects of spatial experience and structure	Space, knowledge and power
	The spaces in between	The theory of space in architecture
Elements of architecture	A 'thick' description of windows	Meeting ground
	Classical composition	Typological theories in architectural design
	Anthropology of building	The concept of design
	The creative search	An architecture of imagery
	The quest for synthesis	Technology in context
	Ecology against the odds	The anatomy of building
Approaches to architecture	Frozen music	The meaning of style
	Architecture and faith	The avant-garde
	Megalomaniacal institution of architecture	Educational objectives
	The impact of tourism on the environment	
Appreciation of architecture	Personal aspects of the architectural experience	Concepts of beauty in architecture
	Architecture and morality	Good and Right
	Quality in architecture	Sign and symbol
	The language of architecture	Expression and interpretation in architecture
	The role of the critic	The enjoyment of architecture

우리시대의 건축…… 포스트모더니즘

건축의 시대적 구분은 어떻게 왜 이루어집니까 그리고 그러한 구분은 어떠한 의미를 지니고 있습니까 우리가 가장 중요하게 여기는 건축문화를 구분하는 기준은 무엇입니까 그리고 우리는 어떠한 시대에 살고 있습니까

1 건축을 고대, 고전, 모던, 포스트 모더니즘, 현대 (ancient, classical, modern, Postmodernism, contemporary)로 구분하게 된 것은 실제로는 역사학자의 구분에서부터 시작되었습니다. 그리고 양식 Style의 개념을 사용하게 된 것은 뵐플린의 미술사의 연구 방식에서부터 시작됩니다.

2 포스트모더니즘은 접두어 <포스트> 와 <모더니즘>을 합하여 만든 말입니다. <포스트모던>이란 말은 최초로 문학과 관련해 1971년에 처음 사용되었으며 시각 예술의 분야에서는 찰스 젱크스가 1970년대의 건축현상을 특징짓는 말로 처음 사용하였던 것입니다. 미술 비평가들이 미술에도 적용하여 사용함으로써 거의 대부분의 예술의 분야에서 사용되었습니다.

4 나아가 역사적 사실이란 모든 역사가들에게 중심이 되는 기초적인 사실이며 이것은 역사가들이 중시하는 가장 정확한 사료들로 구성됩니다. 두 번째로 역사가는 필연적으로 선택하게 되며 그것은 매우 신중한 결정을 필요로 합니다. 그것은 역사가 개개인의 역사관을 구축합니다.

3 이러한 시대를 구분하는 어휘들은 그 시대가 가진 특징과 양상을 담는 언어로서 정착되었습니다. 그 구분에는 건축사를 넘어서 역사를 어떻게 해석하는가에 대한 기준이 담겨져 있습니다. 카 Edward Harrett Carr의 <역사란 무엇인가 ? >는 역사이론의 기초를 가장 쉽게 접근할 수 있는 책입니다. 그는 역사란 확인된 사실들을 모아 놓은 것이며 여기에서 사실들은 결론과는 다른 경험 자료라고 언급하고 있습니다. 즉 확인된 사실들을 해석하고 그 사실로부터 자신만의 역사를 구축한다고 이야기하고 있습니다.

5 그러한 역사를 구성하고 판단하는 것은 언제나 동시대의 사회문화적 시각으로부터 이루어집니다. 그러므로 반드시 선택의 문제에 직면하게 됩니다. 그 선택의 기준은 한 개인이 사회에서 스스로의 존재를 만들어낸 사고와 가치관으로부터 얻게 됩니다. 그러므로 역사는 그 역사를 판단하고 선택하기 위한 시대의 기준을 통하여 동시대의 가치관과 역사관을 통하여 재조명되는 것입니다.

Moore. Perez Associates. Piazza d'Italia. New Orleans. 1980.

Post modernism?

모더니즘은 어떻게 새로운 시대를 맞이 하였습니까 우리시대를 부르는 이름은 무엇입니까 포스트 모더니즘은 무엇을 의미하고 왜 새로운 세계를 대변하게 되었습니까 과거는 왜 중요시 되었습니까

우리시대의 건축…

? 건축의 역사는 무엇입니까 그리고 현대에서 보는 건축은 무엇입니까 건축에 있어서 현대사는 무엇이며 현대 contemporary 는 무엇을 의미하는 것입니까

크로체는 모든 역사는 현대사 contemporary history라고 선언했습니다. 그것은 역사란 본질적으로 현재의 눈을 통해서 그리고 현재의 문제들에 비추어 과거를 바라보는 것이며 역사가의 주요한 임무는 기록하는 것이 아니라 평가하는 것임을 의미합니다. 그러므로 더욱 도전적인 언급을 보자면, 어떤 역사가에게든 역사의 사실들은 스스로 그것을 창조할 때까지는 존재하지 않는다고 보았습니다. 역사철학은 과거 그 자체에 관한 것이거나 과거 자체에 대한 역사가의 사유에 관한 것이 아니라 상호 관련되는 그 두 가지에 관한 것입니다. 역사가의 역할은 자신의 경험을 통하여 또한 역사적 사실들을 통하여 재구성한 과거를 현대에 다시 조명하고 재현하는 것입니다. 그것은 우리시대가 과거를 선택하고 해석함으로써 얻게 되는 새로운 과거입니다. 역사철학은 우리가 역사를 보는 눈을 창조합니다. 그리고 우리시대의 건축을 가늠할 수 있는 기준은 바로 과거로부터 시작되는 과정이고 우리시대의 시각입니다.

그러므로 건축의 역사적인 해석과 판단 그리고 선택과 적용은 우리 자신과 역사적 사실 그리고 과거와의 끊임없는 대화이며 상호작용의 과정이라고 할 수 있습니다. 그러나 그러한 건축적인 판단은 오로지 개인만의 판단은 아닙니다. 그것은 한 개인이 속한 사회의 연관 속에서 얻는 정당성에 근거합니다. 그러므로 우리시대의 건축적 관심과 경향에 의하여 건축의 역사는 선택되고 적용됩니다. 우리시대의 건축적 역사는 건축물의 역사, 건축적 이념의 역사, 건축가의 역사, 건축사학의 역사, 건축 기술의 역사, 건축미의 역사, 건축 자본의 역사, 건축철학의 역사, 건축교육의 역사, 건축 도구의 역사 등 수많은 건축적 테마의 역사입니다. 중요한 것은 그 모든 것이 실제로 건축 자체의 역사가 중심은 아닙니다. 여전히 건축은 건축을 창조하고 사용하고 파괴하는 인간의 의지에 의한 역사의 부분입니다.

.. Contemporary Architecture

그러므로

건축사에 접근하고 건축적 개념에 접근하고 우리시대의 건축문화를 정립하는 것은 실제로 우리시대의 개개인, 살아서 행동하고 소유하고 판단하고 조직하고 철학하고 건축하는 인간이 중심이 되어야만 합니다. 그러므로 건축문화는 건축을 행하고 관계하는 인간의 문화이며 건축이 창조하는 것은 아닙니다. 따라서 건축사의 거의 모든 시대의 양식은 실제로 건축적 특징과 현상이 아니라 그 시대의 인간의 사고와 창조의 결과로서의 현상을 의미합니다. 그러한 관점은 우리시대가 인간을 중시하고 인간으로부터 대상을 비추어 판단하는 사고방식을 우선하기 때문에 이루어진 것이기도 합니다.

Norman Fpster. Hong Kong Bank. 1986.

현재로부터 돌아 볼 수 있는 과거는 모두 역사의 대상입니다. 그리고 우리가 기록할 수 있는 것은 모두 역사로 존재합니다. 동시에 우리는 미래를 위한 새로운 역사 속에서 살고 있습니다.

우리가 알고 있는 시대, 즉 새로운 시대로서 현대는 어떠한 시기로부터 시작되었음은 분명합니다. 그 시기는 개략적으로 1900년대 초반으로 가늠되는데 이 시기에 거의 모든 것이 새로운 국면에 처하고 많은 사람들이 사회와 문화의 변화 속에서 자신의 모습을 재발견하게 되었기 때문입니다. 1920년대로부터 미학적인 백지상태 tabula rasa는 역사와 관련된 것이며 그때로부터 디지털 혁명은 그들 나름의 선택적인 목소리를 담기 시작하고 우리의 도시에서 어떠한 가능성과 역량을 발휘하기 시작했습니다.

Contemporary Architectural history

문화 culture는 그들 시대의 모든 역량을 발휘하고자 하는 총체적인 지식을 가진 역사적인 도시로부터 모든 의미들을 어떻게 통합해야만 합니까? **역사적인 진행과정을 통하여 축적된 많은 언어와 규범들을 가진 환경 내에서 이미지 image는 어떻게 작용합니까?** 역사 도시적 스케일을 유지하면서 도시의 능동적인 부분들을 얻기 위한 이동성 mobility을 얻게 됩니까? 우리시대의 도시는 오래된 도시에 의하여 제공되는 공간들과 비교될 수 있는 어떠한 행위들이 존재합니까?……………

? 과거의 역사는 언제나 현재의 가치 기준을 제공합니다. 그리고 새로운 해석의 재료가 됩니다.그렇다면 우리는 어떻게 과거를 해석하고 선택하게 됩니까 그리고 전통건축을 판단하고 재조명할 수 있습니까

그러므로 건축을 시대적으로 해석한다는 것은 몇 가지 중요한 문제를 낳기도 합니다. 그것이 단순한 모방 혹은 형태적인 차용이 되는 경우를 목격하게 됩니다. 그것은 어딘가 부족한 무엇인가가 존재합니다. 왜냐하면 우리시대에 우리 자신의 전통건축을 찾고자 했던 거의 모든 노력이 사실상 피상적인 수준에 머물렀다는 것을 인정하지 않을 수 없기 때문입니다. 과거를 해석하고 판단하는 것은 매우 정확하고 세심한 연구와 조사를 요구합니다. 피상적인 결과들 모두가 실제로는 단편적인 연구와 편협 된 판단으로부터 기인합니다.

Contemporary (=advanced) 사실상 고전적이거나 모던을 넘어서는 현대의 동시대의 가장 진보한 건축적 양상, 시원론 protological적인 현대적 양상을 일컫는 말입니다. 이 말에는 같은 시대의 혹은 동시대의 그리고 우리시대의 현대의 것이란 의미를 바닥에 깔고 있습니다. 그러므로 시간적인 차원에서 하나의 시간적 범위를 전제하고 있습니다. 그러한 전제에 의하여 동질감을 지니거나 동일한 관계를 제시할 수 있는 것이 무엇인가를 요구합니다. 그러므로 이 형용사는 동일한 것과의 관계를 드러낼 수 있는 무엇인가와 결합됩니다. 그것은 일정한 가치와 의미의 영역이고 범주입니다. 사실상 우리시대는 함께 바라보는 우리라는 공통된 의식과 관심의 무리가 존재하야 하고 그 대상을 설정하게 합니다. 그것이 얼마나 유지되고 또 건축적으로 보자면 우리시대가 보여주는 가장 큰 결과로서 무엇인가를 설정해야 합니다. 우리는 스스로 현대를 규정하고 그 무엇인가를 부르게 됩니다.

Jordi Ferdinandez. 5 Sentidos Lounge Bar. 2006.

우리시대의 도시

건축은 어떻게 현대의 도시를 창조하였습니다. 그리고 건축이 도시에서 주도적이 된 시기는 언제입니까 도시는 언제 가장 중요한 건축적 대상이 되었습니까 건축과 도시는 단지 도시이고 건축입니까

건축이 도시를 형성하고 도시의 문화를 형성하는 이유는 무엇입니까? 우리의 도시가 이러한 모습을 갖게 된 가장 큰 이유는 무엇입니까? 그러한 도시의 발전은 사회의 발전, 경제의 발전, 문화의 발전, 건축재료의 발전, 기술의 발전, 정치의 발전 등에 의한 것입니다.

都市 라는 어휘는 도(都)와 시(市)가 합하여 이루어진 합성어입니다. 도(都)는 천자(天子)가 있는 수도이며, 시(市)는 물건을 사고파는 교역이 이루어지는 장소로서 시장을 의미합니다. 즉 도시는 정치⊠행정의 중심지이며, 산업⊠경제활동 등이 모여서 이루어지는 활동의 중심지를 의미합니다. 따라서 우리가 건축하고 있는 모든 장소는 곧 사람들이 모이고 사람들이 활동하는 도시의 부분이 됩니다. 건축의 대상은 바로 장소이고 도시가 됩니다. 우리는 거대한 도시를 건축물 이전에 미리 계획하기도 합니다. 도시계획의 대상은 도시의 장소 그리고 도시의 시설뿐만 아니라 한 국가의 영토 전체로 확장됩니다. 즉, 인간이 활동하는 모든 공간을 포함한다고 볼 수 있습니다. 또한 도시를 지칭하는 용어로 영어로는「City⊠Town⊠Urban」이라는 말이 사용되고 있는데, 각각 다른 어원을 갖고 있습니다.「City」는 로마시대 시민(citizen)을 지칭하고 "civis"라는 말에서 기원했으며,「town」은 둘러싸인 곳(enclosure)을 나타내는 고대 영어 "tun"에서 생겨났습니다. Urban은 중심을 의미하는 "Urbanu" 라는 말에서 기원하였습니다. 또한 미국의 도시문명 비평가인 Lewis Mumford는 그의 저서「역사상 도시, 1961」의 첫 장에서 도시(都市)란 <시민이 평등한 입장에서 대화하여 상호 변증법으로 확장해 나가도록 마련되는 장소>라고 했습니다. 그러나 경우에 따라 혹은 보는 관점이나 시대의 차이 등에 따라 다르게 정의될 수 있습니다 우리시대의 도시는 다층적인 도시이고 도시의 밀도와 자원이용을 높이기 위한 인위적인 도시입니다 이 도시는 계획된 도로와 시설물로부터 자유로울 수 없으며 어떠한 집단과 개인도 자유로운 건축을 허용받을 수 없습니다.

우리는 많은 사람들이 밀집하고 더 많은 사람들이 더 많은 흐름을 만들어 내고 물적, 경제적, 에너지적인 시너지 효과를 얻기 위한 공간에 거주합니다. 우리는 어떠한 생산이나 혹은 그 생산이 만들어 내는 서비스를 소모하고 가속화시키기 위한 시스템 속에서 살아갑니다. 우리 나름의 시간과 공간 그리고 영역을 얻는다는 것은 한정된 공간과 시간 속에서만 가능한 것이 되었습니다. 이 도시는 우리가 생존하기 위한 수 많은 수단들을 통제함으로써 우리 삶을 함께 규격화시키고 제어하고자 합니다. 그 이유는 거대한 도시가 도시로서 기능하기 위하여 우리들의 끊임없는 활동과 에너지를 요구하기 때문입니다. 어느 순간 도시의 밀도는 도시의 환경을 결정하고 가장 큰 영향력을 갖는 요소가 되었습니다. 그러자 다수의 도시 자원이용은 매우 중요한 문제가 되었습니다. 모든 사람들이 적절한 수준에서 나름의 접근과 활용을 가능하게 하고 어떠한 새로운 자원의 창출을 유도할 수 있어야만 했습니다. 그것은 도시의 경제수준뿐만 아니라 형태도 큰 비중을 차지했습니다. 우리도시의 특징은 탈 산업화 에 의하여 새로운 구조를 갖게 되었으며 도시는 생산이 아니라 지식기반의 산업화의 영향을 받게 되었습니다. 그러자 디지털, 정보와 서비스에 치중한 도시가 되었습니다. 그리고 민주주의, 지역주의, 자유경쟁 자본주의의 성장을 가속화하고 있습니다. 무엇보다도 최근의 도시들은 친환경, 지속 가능한 도시입니다. 우리시대의 도시는 다중적 개념의 도시입니다. Post-Modern, Neo-Modern, Deconstructivism 등 다양한 개념의 도시구조가 누적된 다층적 도시이고 정보화 된 도시입니다.

건축개념의 이해로부터

우리는 건축을 어떻게 이해하고 어떻게 받아들입니까

우리가 건축을 안다는 것은 무엇을 의미하고 어떠한 상태에 이르는 것입니까

건축을 어떠한 방식으로 서로 이해하고 표현할 수 있습니까

개념의 이해와 디자인 개념의 창조는 단순하게 이루어지는 순차적인 연상이 아닙니다. 그것은 건축 설계를 결정하고 건축물을 디자인하기 위한 모든 정보들의 구조를 의미합니다. 일반적으로 건축 작업은 기간이 정해져 있으며 일정 수준의 완성을 목표로 합니다. 그러나 사실상 실제작인 과정으로서 건축 실무는 과업의 성취를 위한 단계로 여겨지기 쉽습니다.

건축은 지난 수천년 동안 최고의 노력과 열을 요구한 예술이었으며 인간이 가진 량의 시험무대였습니다. 그것은 작은 산을 오르는 것과 같은 작업이 아닙니다. 결코 정상에 설수 없는 끊임없는 노력의 연속입니다. 결코 끝이란 없으며 지루하고 힘겨운 과정만이 존재합니다. 또한 개개인의 작업과정은 어떠한 방법이나 기준이 되는 방향을 가지고 있지 않습니다. 따라서 누군가가 미리 가 보았던 정상도 아니며 또 앞으로도 건축가 본인 이외에는 결코 경험할 수 없는 자신과의 대화입니다.

개념은 하나의 작품에서 그 대화를 이끌어 가는 기준이 됩니다. 그러한 작업에서의 자신과의 대화가 개념을 더욱 강화시키고 타인과의 대화를 이끌어주는 중요한 키워드가 됩니다. 또한 건축 작품이 이야기로 읽혀질 수 있는 바탕이 되기도 합니다.

따라서 개념이 없다는 것은 건축가가 작품에 부여한 의미의 일관성과 순서 그리고 대화의 실마리가 존재하지 않는다는 것을 의미합니다. 개념이 존재한다는 것은 건축작품을 통하여 우리가 대화할 수 있는 무엇인가가 존재하고 건축적 사고가 가능하다는 것을 의미합니다. 훌륭한 개념은 건축이 풍부한 커뮤니케이션의 수단이 될 수 있고 스스로 훌륭한 의미를 담을 수 있는 그릇이 될 수 있도록 합니다.

건축언어 이전에는 어떠한 방식으로 커뮤니케이션을 가능하게 하였을까요 그리고 누가 누구와 커뮤니케이션 하고 있었습니까 그리고 어떠한 커뮤니케이션의 수단과 규칙은 존재하였습니까

커뮤니케이션이 가능하게 된 것은 대화의 상대자가 존재하고 대화를 위한 다양한 방식들이 풍부해 졌기 때문입니다. 건축은 많은 사람들 사이에 의미를 전달할 수 있는 풍부한 수단들을 얻게 되었습니다. 그것이 오늘날 생성된 새로운 건축이 가진 의미의 관계이고 건축의 가치입니다.

건축에 있어서 존재하는 체계는 언어에도 반영되었으며 그 결과 건축언어의 위계가 성립합니다. 그러한 위계는 건축을 포함한 사회와 집단, 그리고 시대성의 반영으로 나타납니다. 즉 건축언어가 시대와 문화에 따라 단계적으로 변화하였다는 것을 증명합니다. 그 변화와 체계상의 단면들이 시대적 건축의 특성을 구조화한다고 할 수 있습니다.

Harry Seidler. Berman House. 1999.

건축의 커뮤니케이션 Communication

건축언어는 건축을 가능하게 하고 건축적인 의미와 사고를 유지시키는 구조를 형성합니다. 건축언어의 발화는 다자간의 의사소통(意思疏通)을 생성합니다. 그리고 커뮤니케이션은 의사소통, 의사전달이라는 말로 번역됩니다. 흔히 정보의 전달이라는 점에서 커뮤니케이션의 모델이 설정될 수 있습니다. 소 疏 는 보낸다는 의미이며, 통 通 은 열려있다는 것입니다. 이 관점에서 보자면 의사소통 즉 커뮤니케이션은 의미을 보내고 받는 것입니다. '커뮤니케이션'이라는 말은 일상적으로도 학문적으로 많은 분야에 다양한 의미로 쓰입니다. 철학, 문학, 사회학, 예술학, 심리학, 생명공학, 정보공학, 컴퓨터공학은 물론 거의 모든 학문에서 커뮤니케이션은 연구되고 정의되고 있습니다. 모든 일상은 커뮤니케이션의 과정이며 인간은 사회적 동물이라는 명제로부터 벗어날 수 없기 때문입니다. 커뮤니케이션의 개념은 사전적으로는 의미의 전달이며, 넓은 의미에서는 생물체 혹은 인간 상호간, 문화와 문화, 국가와 국가 사이의 기호나 심볼을 통한 정보전달과 교류의 모든 형식을 말하는 한편, 언어적 수단과 재스츄어, 표정, 음소 등의 비언어적 수단을 통한 인간사이의 이해를 뜻하기도 합니다. 즉 커뮤니케이션은 정보전달을 통한 이해이고 신호체계, 정보체계, 공유체계를 지니고 있는 모든 것입니다. 하나의 사회구조에서 커뮤니케이션 네트워크란 개별행위자간의 커뮤니케이션 관계를 기반으로 하는 또 하나의 사회구조를 형성합니다. 이처럼 커뮤니케이션으로 여겨지는 범위는 광범위하고 그 내용은 다양합니다. 상징적 상호작용으로서 커뮤니케이션은 Faules와 Alexander가 상징적 상호작용의 입장에서 커뮤니케이션의 이해에 관하여 다음과 같이 전제하였습니다. 첫째, 인간은 대상들 object이 인간에 대해 지니는 의미 meaning를 바탕으로 그 대상들에 행동한다. 둘째, 그러한 대상들의 의미는 사람들이 그의 동료들과 갖는 사회적 상호작용 social interaction으로부터 연유된 것이다. 셋째, 그러한 의미는 사람들이 대상들과 맞부딪쳐서 그것을 다루어 나갈 때 해석과정 속에서 처리, 변형된다. 여기서 해석이란 자신과의 대화의 과정 속에서 의미를 처리하는 것으로서 기존의 의미를 단지 기계적으로 적용하는 것이 아니라 구성과정 constructive process으로 보는 것입니다.

건축의 커뮤니케이션의 배경과 체계

커뮤니케이션의 정의로부터 다음을 도출해낼 수 있습니다. 첫째, 건축에 대한 인간의 지각과 해석은 커뮤니케이션에 의존합니다. 둘째, 건축의 커뮤니케이션이란 다양한 정도의 의미공유를 말하는데 여기에서 건축, 건축가, 해석자의 관계가 성립하고 상호작용에 의하여 의미를 교환합니다. 셋째, 건축의 커뮤니케이션은 개인과 개인, 집단과 집단, 문화와 문화 사이에 상호작용에 의하여 구성되는 과정을 모두 포함합니다. 이와 같은 방식으로 건축은 의사전달을 위한 언어체계를 구성합니다. 고전건축의 경우 은유를 통해 보다 깊고 폭넓고 설득력 있는 의미를 전달합니다. 그러한 이유로 오래 동안 상징과 의미는 인간의 인체와 관계 있는 것으로 여겨져 왔습니다. 건축언어는 실체를 지시하는 것뿐 아니라 주체의 정신적⊠심리적 영역과 연관되어 있습니다. 건축은 연상(聯想)에 의해, 역사적으로 축적된 의미들을 구사함으로써, 보다 넓은 의사 전달을 할 수 있는 것입니다. 즉 하나의 의사전달을 위한 매개체를 통하여 혹은 실마리를 통하여 많은 의미를 전달합니다. 그것은 우리가 알고 있고 또 의식하고 있는 지적인 체계를 사용하는 것입니다. 커뮤니케이션이 된다는 것은 서로 간에 공통된 의미의 체계를 내적으로 지니고 있고 서로 그 체계에서 동등한 요소들을 선택적으로 받아들이고 의미를 찾아 낼 수 있다는 것입니다. 마치 누군가가 하나의 어휘 "춘향전"이라고 하면, 전체의 이야기를 전하지 않고도 각자가 이해하고 있는 줄거리를 통하여 내용과 의미 그리고 시대적인 상황을 짐작할 수 있다는 것과 같습니다. 그러므로 우리가 그 고래는 커다란 흰 산과 같다고 할 때 그것을 이해하는 이유는 모두가 이미 <희다> <크다> <산>의 의미를 미리 알고 있는 것과 비슷한 방식입니다. 또한 한 사회에서 다수가 커뮤니케이션에 참여하고 관계를 얻는 것은 이 세계의 건축문화에 참여하는 것입니다. 그리고 적어도 건축에 참여하는 사람들이 동등하고 공통된 가치에 참여하는 것입니다.

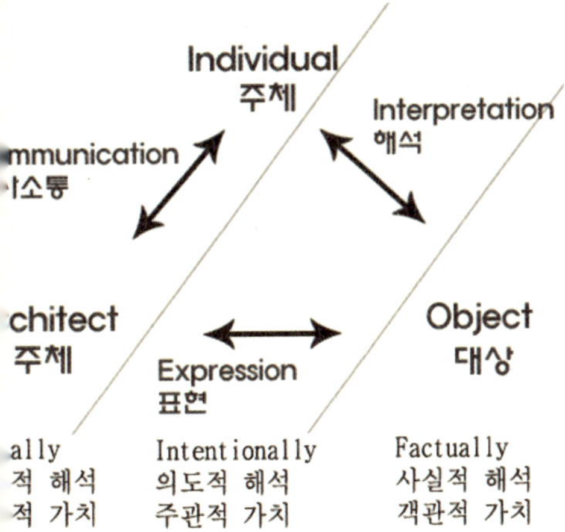

그들이 나누고 있는 의미의 체계를 공유하기 때문입니다. 그러므로 커뮤니케이션 할 수 있는 건축문화를 창조하는 것은 한 시대의 건축의 가치를 공유할 수 있도록 하고 더욱 친숙한 환경을 만들 뿐 아니라 대다수가 활동의 무대로 삼을 수 있는 도시 공간을 창조하는데 바람직하다고 할 수 있습니다. 그것은 물론 과거의 의식으로부터 생성된 의미를 공유하는 것입니다. 지금 당장 창조하고 새로운 것을 제시하는 것이 아니라 과거로부터 내재된 감각과 의미, 형태, 상징, 전설, 기호를 차용하는 것입니다. 그렇게 보자면 어떠한 문화의 역사와 동떨어진 건축은 존재할 수 없다는 것을 알게 됩니다. 건축적 환경에서 매일 일어나는 여러 가지 의미로 해석되는 은유적 표현이나 다양한 모양의 심벌을 접하게 됩니다. 우리의 생활공간이나 작업은 수없이 많은 상품, 환경조형물, 예술품, 광고, 텔레비전, 사인 등으로 둘러싸여 있는데 이와 같은 감각적 단서들은 그것을 수신하는 해석자에게 다양한 반응을 촉발시킵니다. 해석자가 이미 어느 정도 학습화된 경험을 바탕으로 잘 조직화된 정보의 구조 structure 와 구분 syntax을 지니고 있으며 이와 같은 관계에서 해석자는 다양한 정보를 정리 통합힙니디. 그렇게 보자면 사실상 우리를 둘러싼 가장 큰 시각적 표현들은 바로 광고입니다세계를 둘러싸고 있는 모든 정보를 드러내 보이는 것 그리고 상업적인 광고, 보편적 세계의 선전, 일상적 사실의 전파라는 의미를 지니고 있습니다. 광고는 또한 대상에 관한 단일한 유일한 개념을 전달하는 것을 의미합니다. 현대의 건축적 표현에서 광고의 이미지적 기능은 커다란 관심을 불러일으킵니다. 우리는 거의 모든 정보를 어떠한 자본의 흐름 속에 귀속시킴으로써 새로운 관계의 이미지들을 창조해냅니다. 우리는 넘쳐나는 광고의 홍수 속에 살고 있습니다.

GA.A Architects. Dalki Thema Park. Jeyri.

SYSTEM
PC방
New Limited Edition
Fabulous Metallic
Collection
ODY SHOP
박준美場
커피愛
le coq sportif
동찜닭
파산·회생
금강제화
피카소
FEE • BEER • COCKTAIL
ISSUE
이슈
Coffee & Cake
서실리
coffee cake
Coffee
Cocktail
Beer
골목

커뮤니케이션과 건축적 사고

다수의 주체 사이에서 일어나는 커뮤니케이션은 의미론적 관계를 형성합니다. 이러한 관계의 상세한 내용은 무엇이고 인간의 지각과 언어는 사고의 형성에 어떠한 관계를 지니고 있습니까

건축은 시각적 상황이나 메시지를 담고 있는 완성된 시각적 커뮤니케이션, 예술적 형태, 제품, 환경들은 시각적 상황과 메시지로 구성되어 일종의 물리적 형태를 띠게 됩니다. 그 상황은 수신자의 경험을 자극하여 기능을 발휘함으로써 메시지를 재현하고 전달하게 되는 것입니다. 그리고 건축적 형태는 메시지나 구조물 또는 환경에 의하여 탄생한 시각적 결과물이자 물리적 실체입니다. 건축은 물리적 요소들을 다루는데 있어서 2차원, 3차원의 다양한 형태를 사용하여 메시지를 강조하거나 창조할 수 있습니다. 이러한 정보 내에는 원칙이 존재하고 지각의 체계가 존재하는데 이것을 통하여 메시지를 전달하고 형태를 생성합니다. 이렇게 시각적으로 어떠한 메시지를 전달할 수 있는 체계를 시각적 커뮤니케이션이라고 합니다

건축에 있어서 시각적 커뮤니케이션은 기호론 혹은 기호학, 지각론, 시각적 구성과 인식, 형태의 미학에 관련하여 발전해 왔습니다. 그러한 시각적 커뮤니케이션은 하나의 의사소통 체계를 구성하고 그것은 언어적 차원의 요소와 특징을 갖는다고 보았습니다. 그렇게 해서 건축은 건축 나름의 건축언어에 의한 커뮤니케이션이 가능하고 그럴만한 내용과 규칙 그리고 구조에 관하여 연구되어 왔습니다. 그러므로 그 관계를 추적하여 도식화할 수 있습니다.

개개인은 세계를 지각하혹은 세계 내에서 행위 함으로써 혹은 세계를 언어를 통하여 포착함으로써 사고하고 념화합니다. 그러한 개념화는 정보의 개념들과 서로 통합하여 연관되며 그러한 사고 한 주체와 다른 주체와 사이에 언어를 통하여 소통하게 됩니다. 여기에서 건축적 실체 다양한 감각기관을 통하여 지각될 수도 있으며 행위를 통하여 사고될 수 있습니다. 그 고 건축적 실체와 사태를 언어적으로 포착할 수도 있습니다.

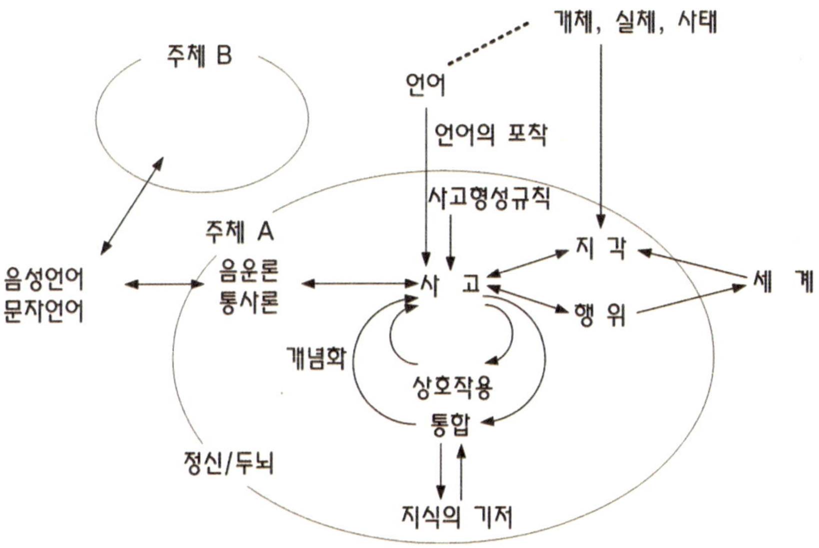

우리는 우리가 이미 알 고 있는 것과 외부로부터 얻어지는 정보 사이에서 사고합니다. 그것은 하나의 방식으로 통하여 정립된 사고의 유형을 통하여 선택적으로 이루어집니다. 하나의 생각, 하나의 유형, 하나의 의미들이 어떠한 관계들 속에서 어떠한 질문의 답이 되기도 하고 놀라운 경험에 이르게 해 줍니다. 우리는 그러한 경험가운데 가장 형식화된 통로를 통하여 어떠한 정보에 접근할 수 있습니다. 그것은 바로 언어에 의한 것입니다. 그 언어는 끊임없이 개념화되고 새로운 지식의 기저를 형성합니다. 우리는 그러한 정보와 사고를 다른 주체와 교환할 수 있습니다.

주체는 다른 주체와 대면하여 의사소통 합니다. 우리는 커뮤니케이션을 통하여 개인의 사고를 교환하고 의미를 교환합니다. 우리가 교화하고자 하는 건축언어는 하나의 의사소통의 매개체입니다. 이 언어는 음성언어와 문자언어로 구분되고 우리가 누군가와 소통할 수 있는 가장 중요한 수단입니다. 동시에 우리가 우리 자신의 정보를 남기고 형식화할 수 있는 유일한 수단입니다. 우리 문화 전체가 이러한 언어를 통하여 새로이 정립되고 문명을 창조할 수 있었습니다.

건축적 개념과 정보의 단계적 구조

우리가 얻는 정보는 그 자체의 내적인 정보를 포함하고 있습니다. 그 정보들은 하나 하위단계의 정보들과 연관되어 있었습니다. 이 정보들은 하나의 거대한 체계입니 우리가 이야기 하는 어떠한 의미들이 그 개념어휘 하나로 의미를 전달하는 것은 이 한 구조적인 단계에 의한 것입니다.

건축적 대상, 건축적 형태,건축 계획, 건축 디자인, 축적 의미, 건축 가치. 이 모든 것은 중첩된 의미를 무한히 부과합니다. 이러한 무한한 개념 단계들은 실체, 언어, 용어이고 개념입니다. 그리고 그것은 더 큰 이야기 속에서 무한히 확 됩니다. 하나의 이야기는 작은 이야기의 종합이고 그 이야기들은 수많은 작은 이야기의 단 들로 구성됩니다. 누군가가 사용하고 있는 건축어휘는 그 어휘가 무엇인가를 서로 알고 어야 합니다. 그 관계는 이미 예전부터 사용된 것이거나 최근에 나타났다면 명확히 규정하 것이 필요합니다. 우리가 배우고 쓰는 거의 모든 건축언어는 이미 과거에 규정된 어휘이 의미들입니다. 우리는 그러므로 거의 모든 존재하는 의미를 수용하는 것으로부터 시작됩 다. 그것은 바로 배움이고 학문이며 커뮤니케이션입니다.

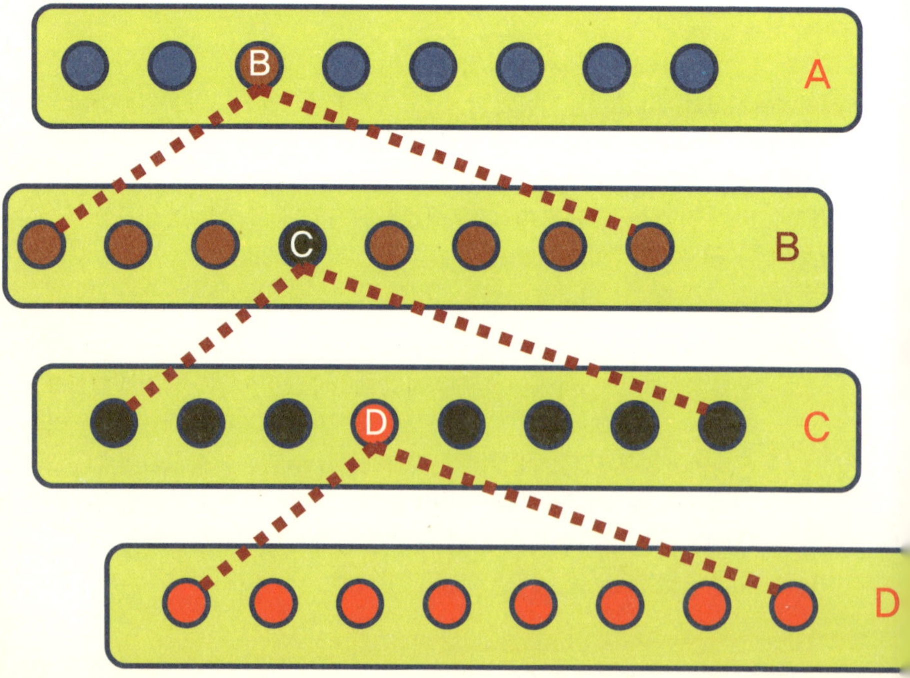

이 이야기는 A ⊃ B ⊃ C ⊃ D 로 확장됩니다. 그리고 무한히 계속됩니다. 건축언어가 거대한 언어로서 커뮤니케이션이 되는 것은 바로 이러한 확장이 이루어지고 나서야 가능해 졌습니다. 건축에 대한 모든 언어들은 그 이야기를 담고 있습니다. 그리고 그 이야기는 또 다른 이야기와 연관을 갖고 있습니다. 그렇게 보자면 모든 언어는 하나의 관계 속에서 이야기가 이루어집니다. 우리는 수많은 의미와 개념 그리고 언어의 숲에 놓여 있습니다.

건축 언어의 숲

수많은 건축언어들은 과연 어떠한 것으로 구분될 수 있고 그 언어들은 서로 어떠한 관계를 갖습니까 그 관계는 무엇을 통하여 유지되고 있습니까 우리는 그 가운데 무엇을 중요시하고 있습니까

?

오늘날 우리는 지나치게 시각적이고 이미지적인 세계를 가지고 있습니다. 그리고 우리는 가치와 의미보다는 보이는 형태에 집착하게 됩니다. 건축은 위대한 정신과 교감하고 깨닫고 스스로 창조하는 것입니다. 이것은 결코 형태를 창조하는 것이 아닙니다. 눈을 감고 다가오는 감정과 이해 그리고 놀라운 화음들로 이루어진 세계의 창조입니다. 우리는 수많은 의미와 개념의 숲에서 살고 있습니다. 그 가운데 우리가 찾아 낼 수 있는 의미가 만들어 내는 지식의 체계는 너무나 방대하고 다양하다고 할 수 있습니다.

machination, machine, macro-micro, magic, magmas, maieutics, manifesto(to demonstrate), manipulate, maps battle, maps(to map), market, marks, Marx Bros, masses(silence), material, material world, materiature, mathematics, matrix, mats, matter, mayor, McDonaldization, mcguffins, m.city(or multicity), meanig, Media Lab, meldings, membrane, memory, menus, Mercabarna(Barcelona central supply market), Metapolis, metareality, M'house houses, midget & giant, millefeuilles, mimetic architecture, mixed-use, mmm, model, Lotka-Volterra, models, modern, monotony and repetition, moral, morphing, mountain, mouthfuls, movement(movida), movie, m-section, muare' or moire, multi, multicity, multifunctional environment, multilayered, multimedia,urban, multispace, music, mutation, nada(nothing but swimming and surfing), name(to name), naturicio, naturalism(a new naturalism), naturartificial, nature(advanced), negotiate, neoclassical, Net,the, network of cities, networks, new economy, news, newspace, new vision, no-box, no-day(night and day), no-form, no-palces(non-places), no-scale, nomade, normad, nubs-nodes-knots, object, ob-server, obsessions, occupation structures, occupation(spontaneous and evolutionary), olympic(after olympics), one is may, open, operation, operative, optimism, order, order and chaos, organism,

catastrope Classic Baroque critical, Postmodern Parascape critical Landscape carpets Renaissance action abstract Fractal Biomorphic catalogue

새로운 사회가 가지는 수많은 선택의 개념들은 그 사회의 카탈로그가 됩니다.

Rick Joy. Tyler Residence. Arizona. 2000.

나름의 세계를 바라보는 창은 세계를 질서속에 놓이게 하고 체계화하고 구조화합니다. 우리가 이해하는 세계는 바로 그러한 구조 속에 놓인 관계의 지도입니다. 나와 세계, 세계와 세계, 세계내의 여러 대상들이 가진 많은 부분들이 어떻게 관계를 갖는가를 마음으로 혹은 이성적으로 그려내는 것입니다. 그러한 그림은 내가 어떻게 삶을 바라보는가와 관계가 있습니다. 동시에 그러한 틀이 건축을 어떻게 이해하는가를 결정합니다. 마찬가지로 건축에 있어서 언어는 그러한 세계를 대변하는 도구로서 개인의 사고를 반영합니다.

언어와 사물 그리고 주체의 관계에서 생겨나는 의미

언어는 음소와 그 음소를 대변하는 문자로 구분됩니다. 문자를 배우듯 우리는 가장 중요한 건축적 최소 단위를 배우게 됩니다. 그리고 그러한 학습의 과정에서 건축적으로 사고하고 관계하고 대화하여 건축을 깨닫게 됩니다. 그리고 그 과정은 건축언어가 매개합니다. 그렇게 언어는 보이는 것과 보이지 않는 것을 그려냅니다. 언어는 실체의 관계를 기술하였습니다. 그 모든 것은 언어의 기술과 함께 이루어졌습니다. 건축언어는 우리들의 사고와 경험을 대변합니다. 그리고 가치를 창조합니다. 일단 창조된 건축물은 그 가치에 있어서 또 의미와 개념에 있어서 건축가가 상상했던 범위를 넘어서게 됩니다. 그리고 건축언어는 월등하게 넘어선 가늠하지 못했던 범위를 설명하고 관계를 규정할 수 있었습니다. 건축언어가 대변하는 물리적 세계는 초기에는 커뮤니케이션하고 해석하고 창조하기 위하여 발전하였으나 건축 실체와 의미들을 수용하고 나서는 더욱 더 포괄적이 되었습니다. 오늘날 건축언어는 건축적 실체와 1 : 1의 대응을 훨씬 넘어서고 있습니다. 그러한 과정은 의미 작용에 의하여 가속화되었습니다. 건축의 발전과 건축 의미의 발전은 건축 언어의 발전을 가속화시킨 것이 되었습니다. 그것은 <건축 실체의 차원> 과 < 건축 의미의 자원> 사이에 일어나는 불균등한 마찰과 균형을 위한 상호작용에 의한 것입니다, 그리고 앞으로도 지속적으로 유지될 것입니다. 들뢰즈의 책 <의미의 논리>는 우리가 의미를 어떻게 생성하고 받아들이며 발전시키고 전달하게 되는가 그리고 의미를 포학하는가에 대한 그의 철학적 논의가 담겨져 있습니다. 그 가운데 의미작용은 의미를 어떻게 형성하고 있으며 의미와 사물의 관계, 의미와 의미를 인식하고 의미 있게 하는 주체와의 관계를 보여줍니다. 의미작용은 지시작용, 현시작용, 기호작용으로 구분됩니다. 지시작용은 사물과 그 사물의 이름의 관계이고 그것이 무엇을 지시하는가에 대한 내포이고 이름붙임의 작용입니다. 현시작용은 그러한 이름과 그러한 대상이 주체와의 만남에서 생겨나는 감정과 이해 그리고·경험의 정보들은 단순한 뜻 이상의 놀라운 연쇄효과를 만들어 냅니다. 우리가 알고 있는 거의 모든 것은 인간의 감정과 경험의 대상입니다. 그러므로 있는 것을 알게 되고 느끼게 되고 감정을 갖는 것은 지시작용을 넘어서 현시작용에 의한 것입니다.

새로운 세계를 열망하는 일단의 건축가들은 그들 나름의 세계관 그리고 건축철학을 가지고 있었습니다. 그들은 그들의 세계를 대변하는 도구로서 새로운 건축언어를 필요로 하고 그 건축언어들이 창조하는 형태와 관계를 요구하였습니다. 이러한 요구에 따라서 전혀 다른 건축 방법들이 나타났고 디자인의 과정이 생겨났습니다. 다이어그램, 아이디오그램, 프로그램, 모델링, 시물레이션은 이러한 요구에 의하여 새롭게 나타나고 변화하였습니다.

Rem Koolhaas. Guggenheim Las Vegas. 2001.

언어의 체계가 만들어 준 새로운 세계의 창조

언어는 새로운 세계를 창조하였습니다. 우리가 알고 듣고 이야기 하는 세계는 실제로 존재하고 경험하고 보고 만져서 알지 않고도 연상하고 상상하고 마음으로 그려냄으로써 가능한 세계를 창조하였습니다. 그것은 언어가 세계 전체를 수용하고 구축하는데 가장 훌륭한 도구가 될 수 있기 때문입니다.

언어적 사고가 시작되고 더 많은 가능성을 기술하게 된 것은 과거의 건축이 가지고 있었던 규범을 벗어나면서 가속화되었습니다. 과거와의 단절을 선언하고 새로운 건축을 주장한 건축가들은 새로운 세계의 새로운 종족처럼 나타났습니다. 그들은 전혀 다른 사회와 문화를 가지고 있었습니다. 그들은 과거 귀족들의 취향을 가지고 있지 않았으며 그들에게 귀속되어 후원 받지도 않았습니다. **그들은 전혀 다른 세계를 꿈꾸고 있었습니다. 과거의 방식들은 그들이 생활하고 있는 시대와 사회에 맞지 않았습니다. 새로운 재료, 새로운 문화, 새로운 기술, 새로운 건축, 새로운 미학, 새로운 기능, 새로운 예술, 새로운 시대정신으로 무장하고 있었습니다. 그들이 내세운 새로운 건축은 과거와의 단절을 분명히 표방하는 것으로 보였습니다. 그러나 사실상 그들은 과거를 비하하거나 무가치하게 평가한 것이 아니라 새로운 시대에 맞지 않는 근본적인 토대를 가지고 있었기 때문에 많은 경우 과거의 건축 경향과 대치되고 대립되었다고 하는 것이 옳다고 하겠습니다.**

그러한 이유에서 그들은 고전의 원칙들을 탈피하고 타파해야 한다고 보았습니다. 그 결과 건축의 의미와 가치를 새로이 정립하지 않을 수 없게 되었습니다. 그들은 결코 과거를 넘어서 완전히 새로운 건축을 창조할 수는 없었으나 과거 건축의 규범으로부터 새로운 건축의 근거를 찾을 수는 없었습니다. 그러자 그들만의 건축을 위하여 거의 모든 분야에서 새로운 형식을 구축해야 했습니다. 우리 시대는 지속적으로 새로운 창조의 노력이 시작되었습니다. 과거와 절연하고 새로운 개척자임을 자처하는 순간 그들은 항상 외로운 싸움을 시작했습니다. 디자인은 모든 작품마다 창조성을 요구하고 건축가의 역량을 판단하고 새로운 의도와 표현을 요구했습니다. 그들의 창조성은 바로 건축적인 가치가 되고 건축 활동의 신선한 에너지가 되었습니다. 한편 진정으로 스스로를 방랑자로 만들었습니다. 그러므로 진정한 자유를 얻었으나 항상 힘겨운 자신과의 싸움이 시작되었습니다. 그들에게 고전적 역사는 편안한 안식처가 아닌 벗어나야만 하는 굴레였기 때문이었습니다. 그것은 동시에 절대성과의 단절이고 탈출이었습니다.

모든 것의 질서를 세우기 = 개념과 언어

왜 그토록 오랜 세월 동안 인간은 서로가 소통할 수 있는 방식을 끊임없이 창조하고 새로운 방법들을 고안해 냈을까요 그것은 새로운 소통의 방식이 새로운 것을 보여주고 알지 못하던 세계의 질서를 규명하고 분명히 가시화할 수 있기 때문입니다.

모든 정보들에는 순서가 있으며 연관관계와 인과관계가 존재합니다. 따라서 어떠한 내용의 관계는 목차를 형성합니다. 그것은 우리가 세워놓은 모든 정보들 사이에 순서를 정할 수 있는 어떠한 개념적인 관계가 존재한다는 것을 의미합니다. 또 그것은 우리 자신의 사고의 순서를 결정합니다.

우리가 이야기 하고 생각하는 과정에도 어떠한 순서가 존재하고 우리는 먼저 생각하는 것, 먼저 떠올리는 주제, 먼저 이야기 하는 단어, 심지어 문장에도 먼저 이야기 하는 어휘가 있습니다. 문장은 주어 + 목적어 + 보어 + 술어의 순서를 가지고 있습니다. 그리고 그것은 나름의 체계와 설명들 상세한 관계에 의하여 완전한 문장을 만들어 냅니다. 더 많은 설명은 더 많은 문장의 관계 속에서 실체를 규정하고 실체의 부분들 사이의 관계를 그려냅니다.

그러한 정보는 세계의 의미와 구조를 정립합니다. 그와 같은 끊임없는 정보의 체계를 드러내고 세계를 보여주기 위하여 인간은 수많은 방법들을 고안해 내었습니다. 수학, 과학, 철학, 예술, 기하학, 회화, 조각. 이 모든 것은 인간이 이 세계 내에서 가능한 의미들을 표현하기 위한 시도입니다.

수에 의하여 구축된 관계의 세계, 화학공식과 기호들, 원소기호의 분자식이 창조하는 세계, 아름다움과 선의 그림으로 나타나는 창조적 세계, 형태와 그림자 그리고 볼륨이 가지는 덩어리의 감각이 창조하는 세계, 존재하는 세계와 그렇지 않은 형이상학적 창조와 의미의 체계가 창조하는 세계는 나름의 세계를 구축합니다. 그렇게 함으로써 우리는 인간의 삶이 그토록 많은 의미들로 이루어져 있으며 그만큼 가치 있고 매력적인 과정이라는 것에 공감합니다

그것은 실상은 하나의 기호이고 상징이고 동시에 대화를 위한 매개체입니다. 그리고 그 모든 것에는 언어가 담겨져 있습니다. 여기에서 언어란 어휘와 규칙을 가진 완성된 체계가 아니라도 대화할 수 있는 가능성을 지닌 의미의 소통방식이 존재한다는 것을 의미합니다.

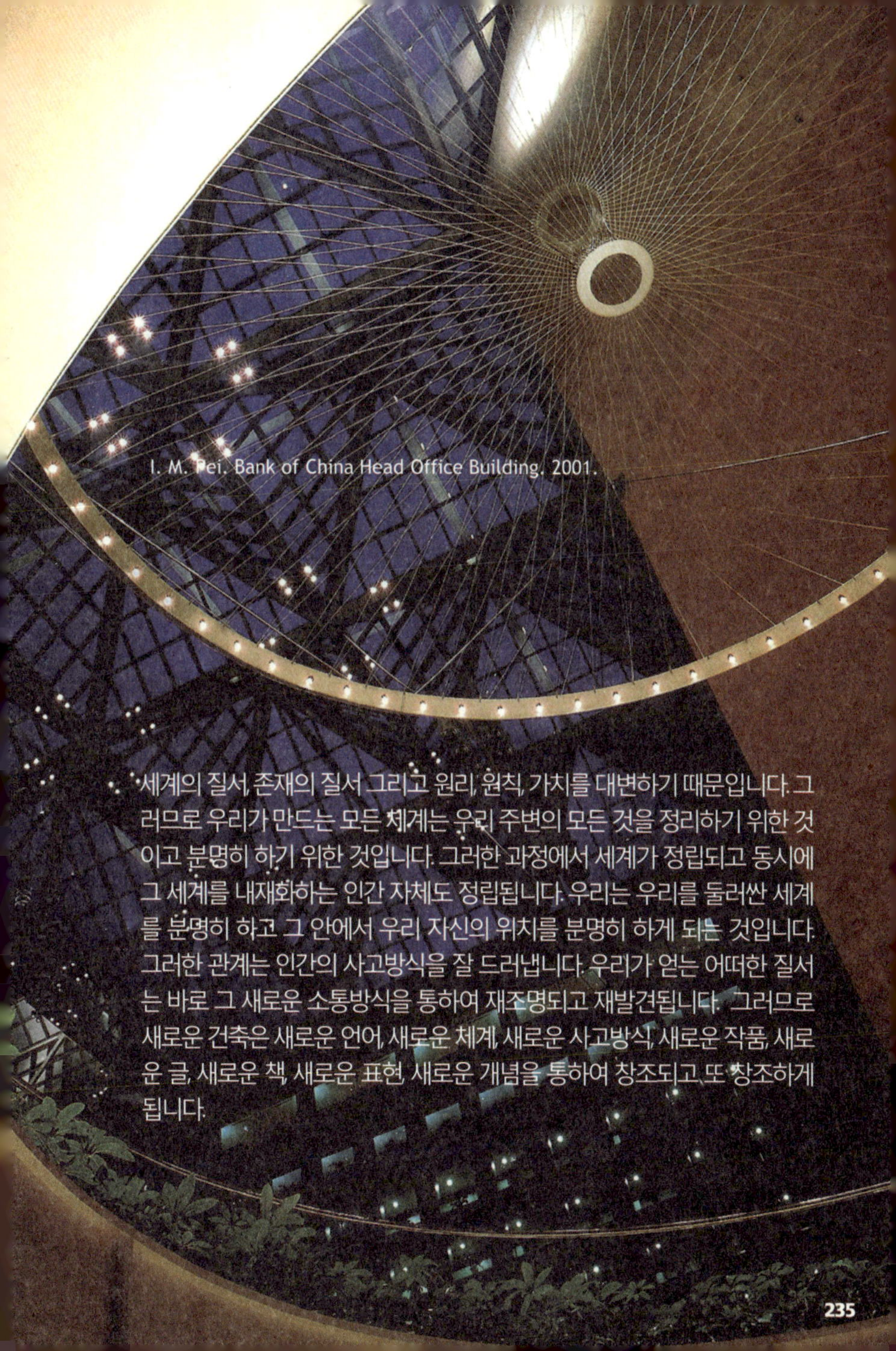

I. M. Pei. Bank of China Head Office Building. 2001.

세계의 질서, 존재의 질서 그리고 원리, 원칙, 가치를 대변하기 때문입니다. 그러므로 우리가 만드는 모든 체계는 우리 주변의 모든 것을 정리하기 위한 것이고 분명히 하기 위한 것입니다. 그러한 과정에서 세계가 정립되고 동시에 그 세계를 내재화하는 인간 자체도 정립됩니다. 우리는 우리를 둘러싼 세계를 분명히 하고 그 안에서 우리 자신의 위치를 분명히 하게 되는 것입니다. 그러한 관계는 인간의 사고방식을 잘 드러냅니다. 우리가 얻는 어떠한 질서는 바로 그 새로운 소통방식을 통하여 재조명되고 재발견됩니다. 그러므로 새로운 건축은 새로운 언어, 새로운 체계, 새로운 사고방식, 새로운 작품, 새로운 글, 새로운 책, 새로운 표현, 새로운 개념을 통하여 창조되고 또 창조하게 됩니다.

이미지의 숲을 이루는 건축의 창조와 장(場)

우리시대는 이미지의 시대입니다. 오늘날은 이미지를 생산하기 위하여 반복된 작업과 모방, 차용, 창조의 지속입니다. 그것은 공허하게 떠 있는 유희입니다. 견고한 역사의 부분이라기 보다는 일시적이며 인스턴트적입니다. 우리시대의 문화는 거대한 이미지의 바다이고 흐름입니다.

실상 건축은 그러한 보이는 것 보다는 본질적인 것으로 구축됩니다. 오늘날 건축은 의미 있는 것 그럴 듯 한 것, 보여지는 것, 체 하기, 따라 하기와 같은 모습을 갖고 있습니다. 그것은 본질적으로 예술의 차원과는 다른 것입니다.

건축은 예술의 어머니라고 불려져 왔습니다. 예술로서의 건축은 우리가 생각하고 있는 합리적인 판단과 이미지적 조작과는 다른 것입니다. 그러므로 이미지가 가지고 있는 근본적인 개념과 의미를 확인하고 이해하는 것이 중요합니다.

더욱이
디자인 소프트웨어는 건축을 더욱더 시각적인 표현의 장(場)으로 바꾸어 놓았습니다. 그리고 더욱 더 디자인된 시각적 표현들을 가능하게 만들었습니다.

우리는 건축을 디자인하고 건축물을 창조하고 그리고 건축을 표현하는 방식들을 디자인 합니다. 우리는 건축 디자인을 디자인 합니다. 또 건축 디자인 과정의 모든 결과물을 디자인합니다. 그 모두는 건축 디자인의 영역 속에서 당연한 부분이 되었습니다. 아름다운 디자인, 효과적인 디자인, 새로운 디자인, 눈에 띄는 디자인, 참신한 디자인, 특별한 디자인. 그 모두가 건축을 전혀 다른 영역으로 바꾸어 놓았습니다.

그러한 가장 큰 이유는 새로운 정보를 새로운 방식으로 전달하기 위한 노력에 의한 것입니다. 그것은 근본적으로 새로운 건축이 요구하는 것이고 그 새로운 건축은 새로운 시대의 새로운 사고방식에 근거합니다. 따라서 우리는 거의 모든 정보를 변환시키고 그것을 쓸모 있는 지식으로 만들어 내기 위한 작업들에 몰두하고 있습니다.

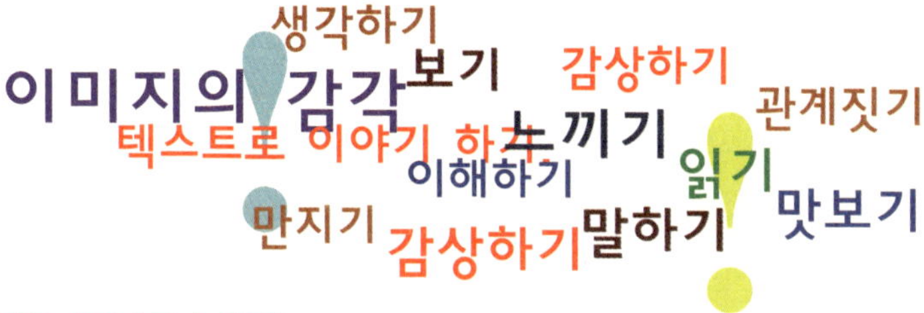

언어학적인 비평과 건축 연구는
건축작품을 감상하고 평가하기 보다 오히려 경험하기 혹은 읽기라는 말에 더 익숙하게 만들었습니다. 그러한 영향은 언어학과 기호학 그리고 텍스트 구조학의 연구에 힘입은 결과이며 대부분의 예술에서 이루어진 언어기호와 예술기호를 정립하고자 노력한 결과입니다.

그러므로 읽기는 단순히 문장을 읽는 것이 아니라 텍스트라는 무한한 해석의 대상을 경험하고 반응하는 것이며 대상을 언어적으로 분석하는 것이라고 할 수 있습니다. 고전으로부터 문법, 수사학, 시학이라고 불려진 형식이 하나의 분석의 차원으로서 학문이 된 것은 바로 오늘날 이러한 읽기를 가능하게 한 결과입니다.

기호학은
모든 실체와 형상을 대변하는 새로운 차원을 구축하게 만들어 주었습니다. 이 세계를 이름하는 것과 의미하는 것의 세계로 이해할 수 있게 해 주었습니다. 그러므로 오늘날 언어적 규범과 형식은 세계를 이해하는 방식이 될 수 있었습니다. 언어의 문체와 수사학적 기법, 그리고 문법들은 그것이 일컫는 세계와 대상들의 구조가 되었습니다.

이러한 수사학은 청중의 마음을 이끌기 위하여 사용하는 연설의 방식 혹은 유형을 일컫는 것이었습니다. 그 표현으로 문자 그대로의 언어를 사용하는 것이 아니라 시적 수법을 사용하였습니다. 흔히 직유, 은유, 환유, 과장, 제유, 의인법, 이의성, 상징, 우의, 암시, 대조, 대비, 인용, 교차, 반복 등을 사용합니다.

그것은 형태의 원리와는 다른 세계를 구축합니다. 이렇게 구축된 세계는 우리가 아주 오래 전 신화와 상징, 전설과 토템, 원시종교에서 발견할 수 있는 의미체계를 연상시킵니다. 그러한 의미의 관계들, 신화 속의 많은 등장인물과 사실들이 서로 갖고 있는 의미와 이야기의 연관을 새로이 구축할 수 있는 기호관계를 창조합니다. 그러므로 우리시대에 만들어진 모든 것은 새로운 신화적 체계를 가지게 됩니다. 바르트가 그의 논문을 신화학 Mythologies라고 제목을 붙인 것은 바로 그러한 의미이며 레비스트로스가 그의 책을 신화론으로 이름 붙인 것도 바로 그러한 의미와 다르지 않습니다.

기호의 구성원리

기호는 무엇이며 어떻게 구성되어 있습니까 그리고 기호학은 어떻게 발전하고 구분됩니까 기호학은 어떠한 면에서 건축에 기여하고 유용한 것입니까

기호는 하나의 사물과 이름이 결합하는 것이 아니라, 하나의 개념과 청각 영상의 결합으로 이루어 집니다. 여기서 청각영상이란 순전히 물리적 사물의 실재적인 소리가 아니라, 그 소리의 흔적 즉 감각이 우리에게 증언해 주는 소리의 재현입니다. 이것은 시니피에 signifie와 시니피앙 signifiant로 대체되어 발현됩니다. 개념과 청각영상은 그의 유명한 발화회로로부터 나온다고 제시됩니다. 발화회로에서 기호는 두 가지 의미에서 서로 관계를 지니고 있습니다.

1. **개념과 청각영상 모두 실재적이다.**
2. **그것들은 개인적인 발화자들의 두뇌 속에서 연상적으로 결합되었다.**

우리는 하나의 기표가 주어졌을 때 그에 상응하는 기의를 상기시키고 마찬가지로 하나의 기의가 주어졌을 때 기표를 이름하여 부르게 됩니다. 즉 우리는 어떠한 단어를 통해 의미를 떠올리고 의미를 통하여 단어를 연상하게 됩니다. 소쉬르는 기표와 기의가 만나는 것은 자의적이라고 제시하였습니다. 상호의존성과 쌍방적 선택성에 모순되는 원리로 보이지만 2개의 요소는 우리 두뇌의 연상작용에 의하여 결합되어 있을 뿐 실제로 기표와 기의를 연결하는 원칙은 존재하지 않는다고 보았습니다.

통상적 의미에서 기호라는 술어는 자신이 말한 청각 영상만을 지시하는 것입니다. 즉 기호는 단지 그 자체일 뿐 그 기호와 연관된 내용 자체는 언급하지 않는 것입니다. 결국 기표와 기의의 양면성은 실체로서의 지시체를 배제하는데 이르게 됩니다. 즉 원래 그 단어가 지칭하는 대상이 직접적으로 경험되지 않고도 의미를 전달하고 종종 그 본래의 실체를 넘어서는 의미를 가지기도 합니다. 기호를 구성하는 두 요소는 결국 심리적인 실재들일 뿐입니다.

그렇게 보자면 우리가 언급하는 거의 모든 건축적인 언어들, 상징들, 기호들은 단지 우리가 심리적으로 연관시키고 있는 것입니다. 그것을 찾아 표현하거나 그 기호적 관계를 변형시키고 정립하는 것 역시 심리적이라는 것을 의미합니다. 표현 수단의 전반적인 원칙과 구조는 집단적 습관에 토대를 두고 있습니다. 일종의 규약에 의존하게 되며 이러한 기호들을 사용하도록 강요하는 것은 바로 규칙으로서 작용하는 상황일 뿐 기호 자체에 내재하는 가치 혹은 의미에 의한 것이 아닙니다.

즉 우리는 건축적 의미와 무관하게 그 기호들을 사용하고 있습니다. 그러한 자의성의 원칙으로는 집단적 관습, 계약, 규칙 등이 작용합니다. 그러한 사회적 규칙들은 우리들로 하여금 주어진 상황에서 동일한 기호를 사용하도록 강요합니다. 기호 전체를 볼 때 나타나는 사물은 그 자체의 질서 속에서는 적극적인 사물이라고 할 수 있습니다.

기호체계로서 언어체계는 일련의 소리 차이와 개념 차이가 결합된 것입니다. 그러나 청각 기호와 사고라는 덩어리를 동등한 갯수로 세분한 것을 병치해 놓으면 하나의 체계가 생성됩니다. 바로 이 체계가 각 기호의 내부에서 음성적 요소와 정신적 요소 사이에 실제적인 연결관계를 구성해 주는 것입니다. 기표와 기의의 결합은 하나의 적극적 현상입니다. 이러한 종류의 현상은 언어가 내포하고 있는 유일한 현상이기도 합니다

왜냐하면 언어 제도의 속성은 바로 이 두 차원의 차이 사이에 관계와 그 관계의 적정한 평형을 유지시켜 주는 것이기 때문입니다. 이러한 측면에서 의미를 바라볼 때 가치에 있어서 유념할 것은 의미와의 구분이라고 할 것입니다. 소쉬르는 가치와 의미가 동이어가 아님을 지적하였습니다. 자의성의 개념은 기표와 기의의 관계가 자연적으로 마구잡이로 생겨난 기준이 아니라 체계적 기준에 의해서 설정되었음을 의미합니다. 하나의 주어진 기호 유형이 언어체계에서 매우 다양한 다른 유형들과 구별되고 인지될 수 있는 이유이기도 합니다.

기호는 건축적 실체와 이름에 대응하는 건축적 의미를 파악하고 새로운 관계를 구축하는데 가치를 지닙니다. 기호는 그 실체가 지닌 의미와 관계를 형성할 수 있는 매개체입니다. 기호는 더 많은 의미의 관계를 형성할 뿐만 아니라 기호의 의미가 창조하는 세계는 관계의 확장이고 상호작용을 낳습니다.

Syntactics, Semiotics, Pragmatics

통사론, 의미론, 화용론

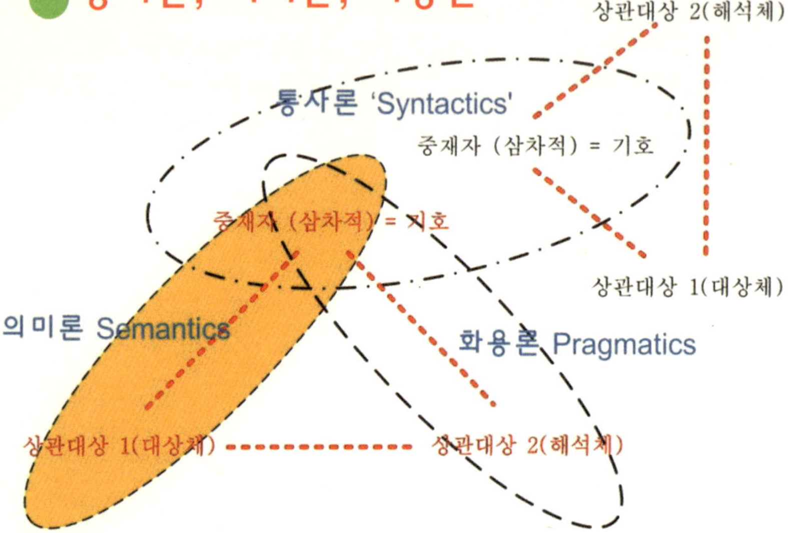

기호는 3가지 범주로 나누어 집니다.

1. 철저하게 자의적인 것 **2.** 일정한 자연적 표현성을 구비한 것 **3.** 전적으로 자연적인 것으로 구분되었습니다. 그러한 구분은 의미작용의 지시작용, 현시작용, 기호작용의 구분과도 거의 일치합니다.

모리스 Morris Charles는 **첫째.** 모리스는 먼저 기호 매체가 지시대상과 맺는 관계를 **의미론적 차원**이라고 부르고 이를 연구하는 분야를 의미론 Semantics라 명명한다. **둘째.** 기호매체가 해석체와 맺는 관계를 **화용론적 차원**이라 부르고 이를 연구하는 분야를 화용론 Pragmatics으로 **셋째.** 기호매체가 다른 기호 매체와 맺는 관계를 **통사론적 차원**으로 규정하고 그 연구를 통사론 Syntactics이라 명명했습니다. 이 세 가지의 하위분야를 포괄하는 일반과학이 바로 모리스가 구상한 **기호학** Semiotics입니다.

모리스에 의하면 해석체 역시 3원적으로 나뉘게 됩니다.

하나. 일차성 : 정서적 해석체 emotional interpretant : 감정과 속성의 연계

둘. 이차성 : 역동적 해석체 energetic interpretant : 노력과 반동수반

셋. 삼차성 : 논리적 해석체 logical interpretant : 일반개념

또 기호 사용 목적에 따라서 다음과 같이 구분됩니다.

하나. 정보적 사용 informative usage 기호가 어떤 것에 관한 정보를 제공하기 위해 사용될 때

둘. 가치적 사용 valuative usage : 기호가 대상들에 대한 우선적 선택을 도와주고자 할 때

셋. 선동적 사용 incitive usage : 기호가 반응-연쇄 response-sequence를 선동할 때

넷. 체계적 사용 systemic usage : 기호가 기호 생산된 행동을 하나의 한정적인 통일체로 편성할 때 입니다.

모리스는 담론의 유형에 따라서는 **지시적, 강조적, 처방적, 형성적 양식**으로 나누고 기호사용에 따른 목적에 따라서 16가지로 구분하였습니다.

담론유형	정보적	가치적	선동적	체계적
지시적	과학적	허구적	합법적	우주론적
강조적	신화적	시 적	도덕적	비판적
처방적	기술적	정치적	종교적	선전적
형성적	논리수학적	수사학적	문법학적	형이상학적

건축에 있어서 기호학적 해석과 분석의 적용

건축에서 기호학은 언제부터 적용되었으며 어떠한 방식으로 기여하였습니까 기호학을 건축에 적용하고 개념화하기 시작한 이론가들은 누구입니까 그리고 어떠한 방식을 사용하였습니까

기호학은 우리시대의 사회와 문화를 이해하는
 중요한 수단임을 자처했습니다. 그 이유는 기호학이 다른 모든 과학의 방식들보다 유연하고 광범위한 분석의 방법과 시야를 제공하였기 때문입니다. 기호학은 사실 사회전반에 드러나는 기호적 양상들을 연구하고 기호에 의한 삶을 연구하기 위한 것이었습니다.

기호학이란 단어는 기호을 의미하는 그리스어 세메이온 semeion 에서 유래했습니다. 기호학은 세미올로지 semiology 혹은 세미오틱스 semiotics로 불려졌으나 오늘날 국제적 합의에 의하여 세미오틱스로 통일되었습니다. 퍼스는 기호는 인간의 어떠한 측면 혹은 능력을 대신하는 것이며 존재하지만, 눈앞에 있지 않은 것, 현실의 지시대상을 대신하고 오직 인간의 정신에만 나타나는 것을 의미했습니다.

기호는 나름의 체계를 지니고 있으며 그것은 사실을 진술할 수도 그 이면의 의미를 표현할 수도 있는 것이었습니다. 모든 커뮤니케이션의 과정 그리고 의미체험의 과정에는 기호가 포함되어 있다고 보았습니다. 기호학의 연구는 그러므로 인간의 모든 행위와 창조 그리고 삶, 제스처, 표정, 의상, 사진, 영화, 만화, 도표 그리고 인간의 예술, 과학, 모든 창조물 물론 건축에 까지 포함됩니다.

그 모든 기호 가운데 언어는 가장 대표되는 기호로 여겨졌습니다. 결과적으로 언어학은 기호학의 중대한 영역을 구성하게 되었습니다. 소쉬르는 기표(시니피앙)과 기의(시니피에)라는 두 구성요소를 처음으로 정립하였습니다. 기표는 기호의 물질적인 차원이며 그것을 드러내는 기호, 언어, 소리, 문자, 그림, 표식 등을 의미합니다. 그리고 기의는 기호의 개념을 의미했습니다. 건축에 있어서 기호학은 건축을 더 깊은 의미의 세계로 확장시켜 주었습니다.

기호학에 의한 건축적 사유체계는 1960년데 문화 일반을 분석한 에코 Eco Umberto, 가로니 Garroni E, 등에 의하여 개시되었으며, 드 푸스코 De Fusco R, 스칼비니 Scalvini M-L 와 같은 건축학자들은 건축학적 관점에서 기호학의 함의를 적용하였습니다.

건축 형태와 언어가 갖는 의미는 어떻게 파악되었습니다. 그리고 기호학에서 발견한 건축적 의미와 가치는 무엇입니까

많은 건축가들이 건축에서 언어를 찾고자 하고 그 언어가 형태를 통하여 드러내고자 하는 의미를 넘어서 다양한 상징을 지니게 되었습니다. 그러자 2차, 3차의 의미로 확장되었습니다. 의미는 더욱 많은 층위를 지니게 되고 지시, 기호, 상징 등으로 나누어 불리게 되었습니다. 그 결과 건축 형태는 그 자체로서 중요하다기보다는 어떠한 의미를 전달하는 매개체가 되었습니다.

Micheal Graves. Portland Building. 1982.

Peter Eisenman. Aronoff Center for Design and Art. Ohio. 1988.

이러한 작업의 가능성은 젱크스 Charles Jencks와 바이어드 Baird가 그들의 책 <건축에서의 의미 Meaning of Architecture>에서 선구자적인 견해를 피력함으로써 구체화되었습니다. 이 저작물에서 일군의 학자들이 이 분야에 대한 국제학술대회를 마련하여 건축기호학이 하나의 분야로 자리잡게 되었습니다.

그 이후
대표적 저서로서는 본타 Bonta, 크람펜 Krampen, 프레지오시 Preziosi, 브로드벤트 Broadbent 의 책들이 있습니다. 젱크스 Jenck의 기호학적 아이디어들이 대중적저서 <포스트모던의 건축언어 The Language of Post-Modern Architecture>로 출간됨으로써 기호학적 적용과 일련의 건축언어에 대한 연구로서 중요한 전기를 마련하였습니다.

건축적으로 기호학의 사유체계가 되는 중요한 기반은 다음의 근거로부터 시작된다고 할 수 있습니다. 그것은 기호학의 문화적 배경이 될 수 있는 포스트모더니즘에 대한 찰스 젱크스의 연구를 시작으로 하는 건축 경향의 기호학적인 접근이 하나입니다. 찰스 젱크스는 <Architecture Today>, <New Paradigm in Architecture>등으로 지속적인 연구과정을 출판하였습니다.

또 다른 건축 이론가들은 언어적 측면의 연구를 확장하여 다양한 의미에서 건축을 기호학적으로 연구하고자 하는 사람들입니다. 우리시대의 거의 모든 건축이론가들은 건축의 표현의 체계와 경향에 관심을 가지고 있으며 그것을 건축언어와 연관시키게 됨으로써 사실상 기호학적 접근을 확장시키고 있다고 볼 수 있습니다. 노베르그 슐츠 Christian Norberg-Schultz는 그의 책 <건축에 있어서의 의도 Intention of Architecture>에서 모리스의 기호학의 삼분법인 화용론, 통사론, 의미론을 건축학에 도입하였습니다.

간델소나스Gandelsonas와 모턴 Morton이 쓴 <건축읽기 On readind Architecture>에서는 아이젠만과 그레이브스의 작품을 분석하고 복잡한 기하학적 규칙체계들이 하나의 통사구조를 가지고 있음을 제시하였습니다. 그들의 기본 생각은 촘스키의 통사구조에 근거하고 있습니다. 실제적으로 건축히호학은 언어학적 이론들과 밀접하게 소통하게 되었습니다. 그리고 그레이브스가 시각적 참조를 르 꼬르뷔제와 모던 운동의 거장들의 작품을 근거로 하자 그레이브스의 작품을 의미론적으로 해석하였습니다. 브로드벤트 Broadbent 와 바르트 역시 건축적 의미와 정보에 관한 기호학적 논의가 있었습니다. '건축언어'라는 메타포를 연구한 사람은 건축기호학의 선구자들이었습니다.

건축 기호학의 본질적 내용과 기능

건축기호학 연구의 상당 부분은 건축체계의 성분 요소들을 파악하고 고립시키고 분류하는 작업입니다. 건축 대상을 요소로 보는 것이기 때문에 구조주의적 사고를 근거로 합니다. 언어에서 문장의 단위들을 해당 건물의 요오들, 벽, 마루 ,출입구 등으로 구분하는 것이며 이러한 사고는 유형적 사고와도 밀접합니다

건축은 문화적 기원에서 안식처를 제공한다는 실제적인 기능을 가지고 있습니다. 그 기능에 의하여 그러한 기능 이외에 소통되는 것은 아무것도 없어 보입니다. 전통적 미학은 따라서 건축을 음악과 더불어 의미론적 예술로 분류하고 있습니다. 그러나 건축은 실체가 가진 근본으로서 공리적 기능만으로 제한되는 것은 아닙니다. 그것은 건축이 모두 기능적일 뿐만 아니라 의미의 여러 가지 차원을 가질 수 있는 것을 근거로 하고 있으며 실제로 바탕으로부터 시작되는 것입니다.

건축을 기능적인 시각으로 바라보는 것은 건축자체를 하나의 의도된 표현으로 볼 뿐 아니라 기능적 유형과 그 유형이 가진 의미를 가지고 있다는 것을 보여줍니다. 무카로프스키는 일찍이 건축의 다기능적 관점을 제공하였습니다. 그러한 기호학적 관계와 구조에서 건축의 미적 기능을 기능적 관점과 대립시키고자 하였습니다. 그가 분석한 기호학적 표상으로서 직접적인 실제적 기능, 건축물의 선행방식과 관련된 역사적 기능의 차이 건축물을 지은 사람의 사회적 위상과 경제적 재원에 의한 차이, 개인적 스타일과 연결된 개인적 기능의 구조와 체계. 이 4 가지 기능과 대조적으로 건축물의 미적 기능은 합목적적이라고 보았습니다.

즉 건축물은 그 자신만을 지칭하는 것으로 보이지만, 실상은 다른 4 개의 기능들의 변증법적 부정이라고 할 수 있습니다. 그것은 건축이 보이는 것, 들리는 것, 일컫는 것, 알고 있는 것 모두는 다양한 층위의 의미체계들이 갖고 있는 관계에서 형성됩니다.

건축의 기능적인 기호학적 기술들은 야콥슨이 제시한 커뮤니케이션의 6 가지 기능의 모델을 살펴 봄으로서 더욱 분명하게 확인할 수 있습니다.

1 첫째. 표현적 기능이 개인적 스타일에서 지배적으로 나타납니다. 이 표현은 건축하는 주체의 기본적인 자기 표상방식입니다.

2 둘째, 건축의 호소적 기능은 건축의 사용자에게 호소를 하고 방향설정, 해석들 그리고 공간적 행동을 암시합니다.

3 셋째, 교감적 기능은 사람들 상호간의 상호 교섭의 틀을 만들어내는 환경적 틀입니다. 그것은 건축적 영토성의 양상을 띠고 있습니다. 다양한 영역의 장입니다.

4 넷째, 미적인 기능은 건축이 그것 자체의 건축 구성을 유도할 때 우선적으로 지배적인 요소이며 판단의 기준이 됩니다.

5 다섯째, 메타코드적 기능은 역사적 참조, 시대의 연결 또는 환상 그리고 인용들을 통해 실현됩니다. 기호의 의미적 차원은 결코 단편적인 시대의 일면은 아니기 때문입니다. 그 의미는 보이지 않는 부분들의 통시적인 연관을 의미합니다.

6 여섯째, 지시체적 기능은 프레지오시 Preziosi가 제시한 것과 같은 문맥적 공리성 또는 직접적 의도성으로 규정된다. 그것은 본질적인 원리이며 가장 근본이 되는 대상과의 연결이라고 할 수 있습니다.

Daniel Libeskind. Jewish Museum. Berlin. 1999.

다니엘 리베스킨트의 새로운 언어는 어떠한 영향을 미치고 있습니까 우리가 알고 있는 건축언어와 그의 언어의 차이는 무엇이고 건축설계 프로세스의 차이는 무엇입니까

¿

새로운 건축언어 그리고 새로운 형태와 건축 프로세스는 훌륭한 건축물을 창조하였습니까 우리가 이러한 건축물에서 얻게 되는 경험은 무엇입니까 우리는 어떠한 이유로 이러한 건축물에 열광하고 있습니까 ¿

Coop Himmelblau. Ufa-Palast Movie theatre. Dresden. 1998.

건축이 담고 있는 다양한 의미는 어떠한 관점에서 확인될 수 있습니다. 우리가 의미론이라 부르는 것은 무엇입니까 그리고 내는 무엇이며 건축의 외시는 무엇입니까 우리가 다른 차원에서 접근할 수 있는 건축의 의미는 어떠한 것입니까

건축 의미론

건축적 형식은 많은 의미의 차원들을 가지게 됩니다. 에코는 퍼스의 무한한 세미오시스semiosys의 예를 들고 있습니다. 이런 불확실한 의미론적 공간에서는 바르트도 지적했던 것처럼 정확히 기표화된 기호는 존재하지 않습니다. 그러나 건축은 다양한 건축적 외시와 내포들 그리고 건축학적 의미의 차원들을 지니고 있다는 것은 분명합니다. 우리는 건축에 있어서 이미 다양한 커뮤니케이션을 가능하게 하고 있기 때문입니다.

건축학적 의미의 차원들

건축적 의미에서 두 가지 연구 방향은 이점에서 공간적 언급을 필요로 한다. 도상학 iconology과 심리기호학 psychosemiotics이 그것 입니다. 도상학은 아이콘과 상징들을 연구하는 방법으로서 예술사에서 건축 연구의 중요한 도구가 되어 왔습니다.

건축적 내포와 외시

건축의 의미적 공간을 구조화하려는 시도는 내포 Connotation와 외시 denotation의 이분법에 의해서 이루어졌습니다. 퀘니히에 따르면 건축기호의 외시는 존재론적 기호입니다. 즉 외시로서 건축적 기호는 실제적으로 물리적으로 구축된 결과이고 외형입니다. 건축물은 기능을 내포 할 수도 있고 그 기능을 통하여 특정한 이데올로기를 공공연하게 드러낼 수도 있습니다. 그러나 건축물은 또 다른 것을 보여줍니다. 일종의 가설적 모델로 제시했던 동굴은 대피의 기능을 내포 할 수도 있으나 시간의 흐름과 더불어 가족, 공동체, 안락함으로 전환된 의미를 가지게 되었습니다. 이러한 시각에서 기능의 속성은 거의 모든 의미체계로 확장됩니다. 왜냐하면, 공동체 생활에서 공리적 사물이 가지는 상징적 내포들은 시대와 문화에 따라서 변화해 왔습니다. 그리고 그 의미를 구축하면서 다양한 의미는 확장되고 누적되었습니다. 그러한 누적된 체계는 건축의 커뮤니케이션을 가능하게 하는 공통적으로 인정하는 것이 되었습니다.

소쉬르의 언어학

소쉬르는 언어를 하나의 체계로 파악하였습니다. 그리고 기호학은 구두적 혹은 비구두적인 모든 의미 있는 체계들을 다루는 기호들의 일반적 과학입니다. 소쉬르적 기호학이 갖고 있는 의미소통 방식의 의의는 기호학의 메타이론적 특성을 규명했다는 점입니다. 즉 기호가 커뮤니케이션에서 어떠한 의미를 전달하는 매개적 역할을 규명한 것입니다. 언어체계인 랑그는 보다 일반적인 기호체계들의 부류들 가운데 한가지이며, 소쉬르는 모든 유형의 기호체계들에 대한 보다 일반적인 사회적 기호학적 이론에 토대를 둔 언어체계의 이론을 발전시켰습니다. 소쉬르 기호학의 개념적 틀의 본질은 곧 기호, 기표, 기의, 의미, 랑그, 파롤, 통합체적 관계, 연상적 관계, 가치, 차이 따위의 개념들이 기본적으로 메타 이론적 범주들이라는 점을 의미합니다. 그 모든 것이 어떠한 역할 위하여 내세워진 규칙에 따르는 매개체라는 것입니다. 언어는 동일한 공동체에 속하는 화자들 속에 규정에 의하여 저장된 체계이며, 각 뇌리 속에 혹은 좀더 정확히 말하면, 모든 개인의 뇌 속에 잠재적으로 존재하는 문법체계입니다. 왜냐하면, 언어란 그 어느 개인 속에서도 완전할 수 없고 집단 속에서만 완전하게 존재하기 때문입니다. 명시적인 언어와 실제 사용되는 언어를 분리하면 동시에 다음과 같은 것도 분리된다고 보았습니다. 하나는 사회적인 것과 개인적인 것으로 둘째는 본질적인 것과 부수적, 우연적인 것 그러므로 언어란 화자(話者)가 기능적으로 만들어내는 것이 아니라, 개인이 수동적으로 습득하는 산물이며 경험적인 수준에서 모든 기호체계 중 가장 중요한 것이 언어체계라고 할 수 있습니다. 그러한 체계로서 언어의 속성은 자의성의 차원에서 언어기호는 최고의 이상형이며 언어는 사회적 제도입니다. 언어의 제도성은 곧 언어 기호의 공동체적 특성을 의미합니다. 그러므로 사실상 언어는 개인이나 특성 집단의 의지나 사회적 입법으로 무관합니다. 언어는 사회내부의 제도이므로 표현수단에 있어서 어떤 선험적으로 규정된 단위들이 존재하지 않으며 심리적, 물리적 고려사항이 존재하지 않습니다. 생산력이란 차원에서 언어기호는 한정된 기호체계 목록으로 무한한 수의 의미를 창출할 수 있다는 면에서 매우 뛰어난 효율성을 지니고 있습니다. 그러므로 언어를 기반한 문화와 사회가 무한히 발전할 수 있는 것은 바로 이 생산력에 의한 것입니다.

언어의 작동과 건축언어

언어의 작동의 원리는 소쉬르에서 촘스키에 이르는 많은 학자들이 연구하였습니다. 가장 중요한 두 원리 중 첫 번째 원리는 스위스의 언어학자 소쉬르 Ferdinand de Saussure에 의해 명료하게 표현된 것으로서 소리와 의미가 완전히 인습적으로 결합한다는 **기호의 임의성**입니다. 두 번째의 신비는 촘스키 Noam Chomsky에 앞서 빌헬름 폰 훔볼트 Wilhelm Von Humbolt의 언어는 "유한한 매체를 무한히 이용한다."라는 문구에 담겨있습니다. 그것은 언어의 생산성입니다. 문법의 기저에 놓인 원리는 자연체계에서 흔치 않은 일입니다. 문법은 이산조합체계의 한 예입니다. 유한한 수의 개별 요소들(단어들)이 조합되고 치환되어 그 요소들의 특성과는 아주 다른 특성을 띠는 더 큰 구조(문장)을 무한히 창조할 수 있습니다. 언어의 작동 방식은 각각의 사람의 두뇌에 단어의 목록과 그 단어로 상징되는 개념(정신상의 사전)이 들어 있고 그 단어들을 조합해서 개념간의 관계를 전달하려는 일련의 법칙(정신상의 문법)이 들어 있다는 것입니다. 문법이 이산조합체계라는 사실은 두 가지 중요한 결과를 낳게 됩니다. 첫째 언어의 방대함이고 무한함입니다. 두번째 그것이 인지과정에 의존하지 않는 자립적인 하나의 부호법이라는 것입니다. 문법은 의미를 표현하기 위해 단어들이 조합되는 방법을 지정합니다. 그러한 지정 방식은 우리가 일반적으로 전달하는 특정한 의미 또는 다른 사람들이 우리에게 전달해 주기를 기대하는 특정한 의미들과는 무관한 것입니다. 어떤 단어의 순열은 문법부호법과는 전혀 일치 하지 않기도 하고 전혀 예상할 수 없기도 합니다. 문법에 맞는 구문만이 의미를 전달하는 것이 아니며, 그렇지 것도 아닙니다. 실제로 문법이란 공통적으로 사용하는 지정방식으로 존재하는 배경에 가깝습니다. 이러한 원칙은 건축언어에도 동일하게 적용되었습니다. 형태와 건축적 요소는 하나의 기호로서 작용하고 그 심미적 표현과 의미는 기호(건축요소와 형태표현)의 문법적인 조합을 통하여 새롭고 무한한 건축물이 창조되었습니다.

건축 언어는 나름의 자의적인 다양한 의미적 연관을 지니고 있으며 이들의 조합을 규정하는 문법이 존재한다고 보았습니다. 즉 기호라고 할 수 있는 기둥의 형태, 비례, 장식, 박공벽, 지붕의 형태, 평면의 형식, 창호와 벽체의 관계, 그 밖의 요소들은 모두 일정하게 조합되어 건축물에 적용될 수 있습니다. 이때 나름의 조합방식이 존재하고 이들의 모든 조합방식은 문법이며 수사학이라고 불렸습니다. 그리고 그 모든 조합의 가능성 가운데 가장 규범적인 것이 존재하고 그것은 건축의 형태원리 그리고 구성원리가 되었습니다. 그러한 것은 비트루비우스 시대부터 일컫어져 왔던 거의 모든 질서의 이름들이고 우리시대 디자인의 원리들입니다. 오르디나티오 Ordinatio, 디스포지티오 Dispositio, 에우리드미아 Eurythmia, 슘메트리아 Symmetria, 데콜 Décor, 디스트리뷰티오 Distributio가 바로 그것입니다. 그리고 그들은 모두 다양한 표현의 방식으로서 이들 기호들의 조합들, 순열들, 체계를 지닐 수 있었습니다. 물론 이러한 조합 역시 무한히 생산됩니다. 그리고 그 생산은 우리가 어떠한 규정으로 방향성을 제시할 수는 없습니다. 바로 이것이 건축이 언어체계를 지니고 있으며 그것을 통하여 의미를 전달해 왔다고 보게 된 이유입니다. 그것을 다양하게 구분하고 체계화하고자 하는 노력이 있어 왔고 그것은 여러 유형으로 나타났습니다. 실제로 언어자체로 접근하는 것이 있었고 한편으로 건축기호학으로 접근하기도 하였으며 유형학으로서 형태 자체로 접근하고자 하는 노력이 있어 왔습니다.

언어의 학습과 건축 언어의 통제

언어를 배운다는 것은 단어를 순서에 맞게 배치하는 법을 배우는 것이지만, 이것은 어떤 단어가 어떤 단어 뒤에 놓이는가를 기록함으로써 얻어지는 것이 아닙니다. 언어는 어떤 단어의 범주와 범주 사이의 관계이며, 어떤 단어의 범주 다음에 어떤 단어의 범주가 오는가를 기록 함으로서 습득됩니다. 즉 우리가 생각하는 구분의 형식들 <주어 + 목적어 + 보어 + 서술어>와 같은 범주들의 조합들을 습득합니다. 그것은 수많은 문장들을 사용함으로써 얻어집니다. 우리는 그것을 단어의 연쇄장치로서 작성해 볼 수 있습니다. 단어 연쇄장치에서 볼 수 있는 인공적인 조합체계와 인간의 두뇌에서 볼 수 있는 자연적인 조합체계의 차이는 조이스 킬머 Joyce Kilmer의 시에 나오는 "오직 신만이 나무를 만들 수 있다."는 한 문장으로 요약될 것입니다. 문장은 단어의 나열이나 연쇄가 아니라 하나의 나무입니다. 잔가지가 굵은 가지가 되는 것처럼 인간의 문법에서는 단어가 모여서 문구(文句)가 됩니다. 문구에는 이름(정신적 기호)이 붙여지며 작은 구들은 더 큰 문구로 합쳐집니다. 많은 문장들을 통하여 얻어지는 유형들에 의하여 우리는 일련의 문구들이 어떠한 범주를 구성하고 이 범주들이 문장을 구성한다는 것을 인식할 수 있습니다. 그것은 우리가 말하는 **통사적 구조**를 구성합니다. 우리에게는 어떤 단어가 어떤 언어범주 (명사, 동사, 형용사, 전치사, 한정사 등) 에 속하는가를 지정하는 정신적 사전을 필요로 합니다. 이것은 건축에서도 마찬가지입니다. 어떠한 건축적 기호로서 단어와 어떠한 단어가 만날 수 있으며 그것은 우리가 일상적으로 언급하는 문장으로도 존재할 수 있으며 그것이 공간적으로 혹은 형식적, 구조적으로 어떻게 연관될 수 있는가를 미리 알고 있어야 합니다. 그것은 우리가 <기둥 위에 지붕이 있다>라는 문장이 당연하고 그러한 건축형태적인 구조를 분명히 전달한다는 것을 보여주기 때문입니다. 우리는 문장으로도 실제 건축공사에서도 그리고 구조적으로 인정할 수 있게 때문에 존재합니다.

수형도 그리기 : 통사구조

열거한 일련의 규칙들은 "구 구조문법"은 거꾸로 선 나뭇가지에 단어를 매달리게 함으로써 문장을 규정하는데 이것을 "수형도"라고 부릅니다. 그것은 통사구조를 보여줍니다. 가장 흥미로운 것은 기호가 붙여진 구 구조 수형도의 가지들이 전체문장을 지배하는 기억장치 또는 전체 설계도로 작용한다는 점입니다. 그러므로 이러한 구조적 관계가 어떠한 건축적 사고의 방식을 형성한다는 것을 확인하게 됩니다. 우측의 그림들은 이 수형도를 통하여 어떠한 어휘가 어떠한 방식으로 서로 관계를 갖는가를 보여줍니다.

The Little Star is Beside The Big Star.

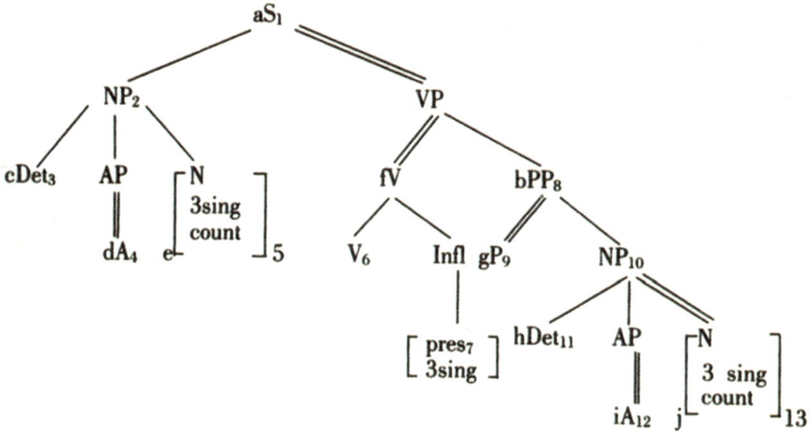

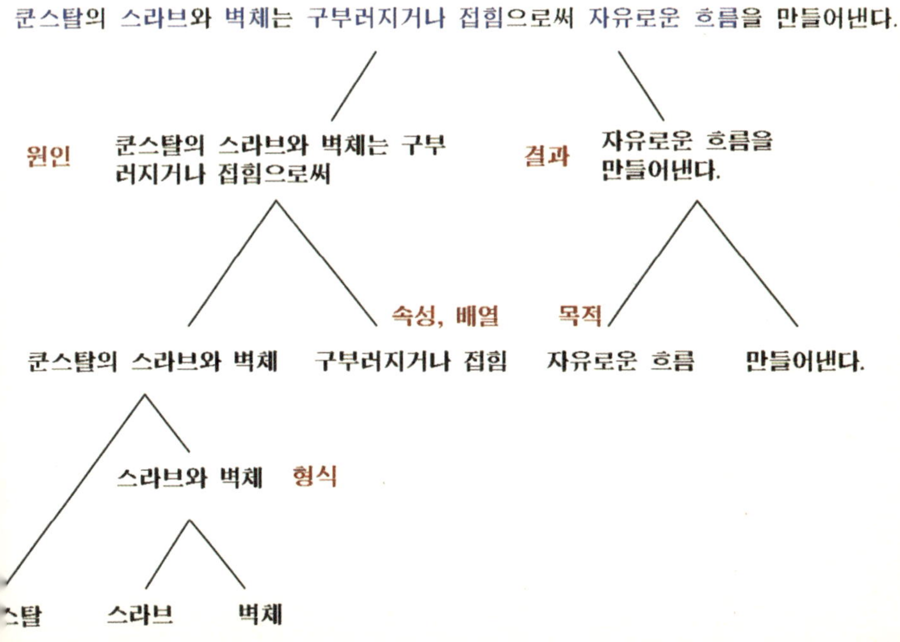

건축 언어의 문법과 구조

이러한 수형도(통사구조)와 같은 구조적 규칙 덕분에 규칙에 따라 한 기호의 예는 그와 동일한 기호의 다른 예 속에 적용되고 반복될 수 있습니다. 하나의 문장이 다른 또 한 문장 속에 들어갈 수 있는 것입니다. 그러한 방식으로 건축의 언어 역시 반복적으로 증식해 나갈 수 있습니다. 우리는 다양한 형태들을 어떻게 조합할 수 있는가를 얼마간 알고 있고 그것의 자유로운 조합을 구조적으로 창조합니다.

쿤스탈의 스라브와 벽체는 구부러지거나 접힘으로써 자유로운 흐름을 만들어낸
쿤스탈은 자유로운 흐름을 위하여 벽체와 스라브를 구부리거나 접었다.
쿤스탈의 자유로운 흐름은 구부러지거나 접힌 스라브와 벽체로부터 나온다.

•

•

•

•

쿤스탈 ? 스라브 ? 벽체 ? 구부러지거나 접힘 ? 자유로운 흐름

또한 문장이 의미하는 바는 문장 내의 관계적 구조를 통하여 나타나지만 실제의 문장구조는 그 어휘들이 조합되는 무수한 방식에 의하여 변화할 수 있습니다. 그러나 의미는 변화하지 않으며 건축 어휘들이 구축되는 실체도 변화하지 않습니다. 가장 중요한 개념 어휘들이 어떻게 구조화되는가는 통사구조가 갖는 관계일 뿐이며 문장구조에서 순서와 조사의 형태는 중요하지 않습니다. 그 이유는 이 건축 어휘들이 실제적으로 구축하고 있는 물리적 존재는 결합의 원칙들이 이미 존재하기 때문입니다. 우리가 찾고자 하는 것은 바로 그러한 원칙들의 다양성입니다. 지난 수 천년간 그러한 원칙들은 하나의 정확한 언어적 체계에서 부르는 문법으로 제시되기도 하였고 유형이 되기도 하였습니다. 또한 그것은 구축이고 텍토닉이기도 하였습니다. 우리는 그 자유로움에 의하여 건축의 시학이라는 표현도 사용하였습니다. 그것은 완전히 밝혀서 제시할 수는 없으나 무한한 표현의 가능성을 지닌 장(場)이었습니다. 그 장은 언어학적으로는 이산조합체계의 장점을 지니고 있습니다.

Michael Graves. Humana Building. 1986.

건축물을 언어로 파악하게 되면서 건축물 내에서 언어가 가진 구조를 찾을 수 있다고 보았습니다. 그러한 구조는 문법, 구분, 통사구조, 어휘, 조합 등으로 불리게 되었습니

모든 건축물에서 분명한 구축의 방식, 문법, 구조가 나타나는 것은 아닙니다. 우리가 얻고자 하는 가치와 의미가 반드시 텍토닉적인 구축방법에 의하여 성립되는 것은 아닙니다.

최근에 나타나고 있는 건축물의 대부분은 그러한 문법을 찾을 수 없는 것이 대부분입니다. 우리시대의 건축은 그러한 구조로부터 벗어나고자 하는 탈구축, 탈구조의 시대입니다. 그렇게 보자면 건축은 임의적이고 다양한 상호작용의 가능성을 지닌 예술입니다.

Frank O. Gehry. Guggenheim Museum. Bilbao. 1997.

우리가 언어에 의하여 사고하고 연구하는 동안은 그 언어를 연구하는 것이 당연합니다. 마찬가지로 우리가 건축한다는 것은 우리가 표현할 수 있는 다양한 기호로서 건축언어를 학습하고 그것을 통하여 건축을 모색하는 것입니다. 그것은 과거의 사실을 연구하는 것이 아니라 현재에 까지 죽지 않고 살아 있는 정신을 담고 있기 때문입니다. 그것은 모든 건축언어가 그 형태 자체의 시각적 인식이면에 다양한 의미와 상징 그리고 시대에 따라 변화하는 양상을 내포하고 있다는 것을 의미합니다. 그리고 그 물리적 실체가 건축적으로 어떠한 요소들과 연관되거나 인접하여 구축되고 어떠한 구성원리에 의하여 조정되는가를 우리가 알고 있어야만 합니다. 그래야만 우리는 그러한 물리적 실체를 건축 설계에 포함시키고 건축물의 부분으로 구축할 수 있습니다. 그러한 방식과 마찬가지로 언어체계에서 우리가 사용하고 있는 단어의 품사는 그 언어의 작용과 특성을 구별 짓게 합니다. 명사는 사람이나 장소, 사물에 대한 이름 뿐 아니라 여러 종류가 있으며, 동사는 행위 뿐 아니라 상태, 소유, 개념의 **추상**적 관계까지도 나타내며 그것은 그 단어가 가진 역할이고 의미이며 실체를 대변합니다. 그러므로 언어체계에서 품사는 단순한 의미류가 아닙니다. 그것은 공식적인 규칙을 따르는 일정한 매개적 형식입니다. 그러한 매개적 형식이 가지는 그릇은 우리가 특정한 건축부재에 부르는 이름과 같이 역할 할 수 있습니다. 그것은 구조재, 마감재, 창호재, 지붕재, 바닥재 등과 같은 포괄적인 역할을 부여하고 건축 프로세스에서 전체의 부분들과의 관계들을 규정하게 됩니다. 그러므로 건축언어는 풍부한 체계를 얻게 됩니다. 건축적인 모든 단어 즉 건축언어는 그러한 품사적 구분과 역할을 지니고 있으며 그들만의 관계가 존재합니다. 그것은 건축언어가 존재하고 그 언어의 조합에 관한 체계를 규정하는 동시대의 사고와 가능성, 그리고 가치의 체계에 의하여 이루어집니다.

추상 : 구체화와 종합의 반대로서 경제적, 다이어그램적, 혁신적, 복층적인 의미의 추구, 고대유산이나 원시성으로부터 기인하는 단순화, 오늘날 독립적이며 새로운 표현으로서의 철학과 그 자연적인 표현으로서의 실체를 추구하는 것입니다. abstraction abs + traction 즉 traction의 한 형태, 다양한 tract의 개념의 시작으로 contract와 attract를 유도, 사실상 어떠한 추상적인 의도는 사회적인 공유, 상징성, 모호성, 암시성, 매혹, 요약, 종합, 심상적인 표현과 매력을 추구하는 과정과 행위를 의미합니다.

8. 건축을 구체화하는 여러가지 범주

양식, 이즘, 타입, 형식, 장르

우리는 건축을 포함한 많은 예술을 다양한 형태로 구분하고 범주화하고 있습니다. 우리가 생각하는 많은 예술은 그 시대와 지역에 따라서 그리고 주체의 사고와 표현의 경향에 따라서 주된 범주를 구분할 수 있습니다.

양식 건축에 있어서 주로 사용되는 것은 양식, 이즘, 타입입니다. 예술 전반에서는 장르와 형식의 문제가 존재합니다. 양식은 논쟁적인 것이며 일련의 형식적 특징으로 정의하게 되지만 어떠한 정신적인 일치감을 정의하는 것입니다. 그러므로 양식은 시대정신과 일치하는 것으로 여겨져 왔습니다. 양식은 예술 형태의 차이와 기능, 규모의 차이를 넘어서 다양한 건축물들을 구별할 수 있는 기준으로 제시됩니다. 우리가 양식이라 부르는 것은 다양한 경우에 사용되는 스타일 style을 우리말로 옮긴 것입니다. 그 자체로서 양식 style은 다양한 경향과 특성을 일컫는 말이기 때문에 우리는 매우 많은 경우에 사용합니다. 스타일은 사람에게도 작품에도 특성에서 결과물에까지 모든 것에 하나의 일관된 흐름을 일컫을 수 있습니다. 양식은 역사적 과정에서 하나의 시대정신이고 일관된 특색이지만 동시에 그 시대의 모든 작품이 그 스타일 안에서 정당하고 타당한 근거를 확보할 수 있고 최소한의 기준을 제시한 것은 사실입니다. 그 시대가 그러한 양식을 고수함으로써 한 시대의 사회문화적 요구에 적절하게 대응할 수 있는 관계를 설정할 수 있었으며 하나의 완성된 역사의 시기를 대변합니다. 그러나 양식은 일정한 시기 동안에만 절대적인 기준으로 작용합니다. 실상 그것은 시대의 이데올로기임에 틀림이 없으며 지배적 사회계급의 내적 투쟁과 논쟁의 결과로서의 주장입니다. 최근에 와서 그러한 양식은 복잡한 개념으로 변화하였습니다. 그러나 실상은 통일된 양식, 즉 통일된 스타일이 존재하지 않기 때문에 다양한 양식(스타일)들이 나타난 것이며 오늘날 풍부한 양식(스타일)은 사회문화적인 다양성의 결과이며 과거와는 다른 무수한 사회계층과 주체들의 나름의 양식(스타일)의 표현으로부터 시작된 것입니다. 우리 시대의 풍부함은 양식의 다양성과 풍부함을 낳았고 그 결과, 생활양식(라이프 스타일), 건축양식, 표현양식, 문서양식, 관리양식 등으로 사용됩니다. 영어의 스타일 style은 헤어스타일, 패션스타일 등 훨씬 더 광범위하게 사용됩니다.

Style [stail]

The word "style" came from Latin stilus = a writing instrument (compare stylus), and originally meant a style of writing. The s pelling was influenced by Greek στυλος = "column".

1. a pair of extra appendages located on the last segment of a male cockroach.
2. Genre, design, format, or looks
3. Fashion, applies to a prevailing mode of expression, i.e. clot hing.
4. Carpel, in botany: part of the pistil of a flower
5. The artistic characteristics which signify, unify or distinguis hes an artist's work
6. Painting style, in art and painting style can refer either to th e aesthetic values followed in choosing what to paint (and h ow) or to the physical techniques employed
7. Music genre, category (or genre) of pieces of music that sha re a certain style or "basic musical language"
8. Style (manner of address), titles or honorifics, including Chi nese courtesy names
9. Cascading Style Sheets, in web design
10. Style guide and literary genre, in writing
11. Stylistics (linguistics), in Linguistics: Variation in the langu age use of an 12. individual, such as formal/informal style
12. Typeface, style is one of the three traditional design featur es along with size and weight: either regular, italic or conde nsed
13. Not to be confused with stile, a step used for crossing a fe nce

이즘 or 주의

건축에 있어서 이즘이란 것은 어떻게 생겨난 것입니까 그리고 이즘이 의미하는 것은 무엇입니까 이즘은 왜 생겨났으며 이즘이 양식을 넘어서 우리시대 건축을 이름하기 시작한 것은 무엇 때문입니까 1750년 이후의 건축은 과거와는 다른 새로운 국면으로 치닫고 있었습니다. 수많은 복잡한 시도들이 난무하고 저마다 자신의 표현방식과 기존의 고전적 형태의 종합, 절충, 파괴가 동시에 일어나고 있었습니다. 그 시점은 서양 역사상 최후의 통일된 문화시대인 바로크의 위대한 종합화가 끝난 1750년을 전후한 시기였습니다.

서양문명사상 중요한 단절점이 있다면 그것은 로 이때가 해당될 수 있을 것입니다. 왜냐하면 1750년 이후에 나타난 것들은 이제 더 이상 일된 양식이 아니며 그 성격에 있어서 이른바 당시까지의 역사적 양식이나 시대와는 확연 다른 운동이나 이즘으로 불리 우게 되기 때문입니다. 이즘은 흔히 주의(主義)로 번역됩니 이즘은 실상은 독립적으로 사용되는 것이 아닌 접미어입니다. 우리가 이즘을 때어 용하는 것은 그것이 하나의 사고방식 혹은 행동방식, 상태, 체계 등을 지칭하는 대 인 접미어이기 때문에 그것을 통칭하기 위하여 일컫는 것입니다. 그러므로 이즘이 면 -ism 이 붙게 되는 관련된 모든 사상들을 통틀어 부르고자 하는 것입니다. 오늘 이즘이 양식 보다 더 많이 불려지게 된 것에는 다양한 주체들이 나름의 사고방식과 장을 표방하고 그것을 스스로 혹은 역사가들이 하나의 이즘-ism으로 이름 붙여 부 기 때문입니다. 시대를 구분하던 양식과의 차이가 생겨난 것은 우리시대가 다양 시대이고 상대주의를 인정하기 때문입니다. 그리고 그러한 배경에서 어떠한 형태적인 과 체계는 사실상 구분하는 것이 불가능해진 것도 사실입니다. 형태의 자유로움과 디자인 자유로움은 형태보다는 그러한 디자인과 형태에 접근하는 사고의 유형을 중시하기 시작 습니다. 사실, 이즘을 주의(主義)로 번역한 것은 일제시대의 영향이라고 볼 수 있습니다.

양식을 중심으로 확인할 수 있는 과거와의 단절과 그 이후 계속되는 이즘에 의한 변화를 유발시킨 것은 산업혁명과 민주주의 그리고 과학기술입니다. 산업혁명은 인류가 오늘날과 같은 무한한 생산과 창조를 가능하게 한 원동력이라고 할 수 있습니다. 양식을 중심으로 확인할 수 있는 과거와의 단절과 그 이후 계속되는 이즘에 의한 변화를 유발시킨 것은 산업혁명과 민주주의 그리고 과학기술입니다.

산업혁명은 인류가 오늘날과 같은 무한한 생산과 창조를 가능하게 한 원동력이라고 할 수 있습니다. 계몽주의 철학에 의하여 싹튼 정치적인 민주주의 혁명으로서 교회와 국가의 낡은 절대주의는 도전 받게 되었으며 민주주의, 자유, 평등, 사회정의, 민족주의 등의 새로운 가치가 대두 되었기 때문입니다. 과학기술의 발전으로 자연의 지배가 점점 가속화되고 더불어 과학이 모든 문제의 해답을 제시해 줄것이다는 자신감을 얻게 된 것입니다. 이러한 확신에 의하여 기술과 산업은 사회활동과 열망의 특징이 되었습니다. 그러한 과정에서 서양문명은 분열되었으며 현재의 다양하고 개방된 사회가 탄생하게 되었습니다. 우리시대는 이러한 다원화된 주체들의 사고들 받아들임과 동시에 절대적인 사고를 해체하고 거부하기 시작했습니다. 그것이 양식을 소멸시키고 이즘의 시대를 낳게 되었습니다.

이즘

1 . 행동,상태,작용 baptism, heroism
2 . 체계,주의,신앙 Darwinism, Calvinism
3 . 특성,특징 Irishism
4 . 병적상태 alcoholism

ism /-?zəm/ (-isms)

1. SUFFIX

-ism is used to form uncount nouns that refer to political or religi ous movements and beliefs.

Gere became interested in Buddhism in the 1970s.
a time of growing Slovak nationalism.

2. SUFFIX

-ism is used to form uncount nouns that refer to attitudes and beh aviour.

an act of heroism.
He didn't hide his pacifism.

3. SUFFIX

-ism is used to form uncount nouns that refer to unfair or hostile t reatment of a particular group of people.

discrimination based on racism, sexism and disability.

패러다임

우리시대에 거론되는 패러다임이란 무엇을 의미합니까? 그리고 건축에서는 어떠한 방식으로 사용되기 시작하였습니까 우리시대가 창조한 패러다임은 어떻게 작용하고 그것은 어떠한 역할을 하고 있습니까

패러다임은 그리스어의 paradeigma 에서 유래하는 말로서 원래는 규범이나 본보기를 의미합니다. '패러다임'은 '사례·예제·실례' 등을 뜻하는 그리스어(語)에서 유래한 것으로, 언어학에서 빌려온 개념입니다. 으뜸꼴·표준꼴을 뜻하기도 하고 이는 하나의 기본 동사에서 활용(活用)에 따라 파생형이 생기는 것과 마찬가지입니다.

미국의 과학사가인 Thomas Samuel Kuhn은 「과학혁명의 구조」(1962)에 패러다임을 과학이론의 역사적 발전을 분석하는 열쇠로 도입하고 그 이후 패러다임을 현장의 과학연구에 있어서 문제를 제기, 해석방법을 도입하는 이론 방침 및 절차의 총체를 의미하는 것이라고 논하고 있습니다.

즉 패러다임을 한 시대를 지배하는 과학적 인식·이론·관습·사고·관념·가치관 등이 결합된 총체적인 틀 또는 개념의 집합체로 정의하였습니다. 패러다임은 분야에 따라 사고의 체계, 조직 혹은 사물을 보는 방법이라는 일반적인 의미로 사용될 수 있습니다. 패러다임을 언급하게 된 것 자체는 과거와는 다른 새로운 사고방식으로 건축 디자인이 이루어지고 있다는 것을 의미합니다.

근대로부터 새로운 건축을 유도하고 과거와 절연하기 위하여 근대의 패러다임에 신하는 새로운 패러다임이 형성되어야 했습니다. 즉 사상체계와 어휘를 근본적으로 바꾸지 않으면 안되지만 그것이 쉬운 것은 아니었습니다. 계몽으로부터 시작된 새운 사상은 새로운 패러다임을 낳았습니다. 패러다임과 이즘은 비슷한 것 같지만 실 패러다임이 더 포괄적이고 다양한 요소들의 관계의 구조라고 볼 수 있습니다.

이즘은 실상은 하나의 주장이고 표현이므로 이데올로기적 성향을 지니고 있습니다. 그러나 패러다임은 그러한 사고와 경향에 내재된 근본적인 유형을 일컫는 것이라고 할 수 있습니다.

Paradigm [pǽrədàim, -dìm]

Paradigm = model, example, pattern, ideal...

noun

1. an example, model or pattern.

2. a conceptual framework within which scientific theories are constructed, which is consistent within itself, but may need completely revising as evidence challenging the factual acc uracy of some aspects of it accumulates.

3. *grammar*

a. a table of the inflected forms of a word serving as a patter n for words of the same declension or conjugation;

b. the words showing a particular pattern.

paradigmatic /-digm tik/ or
paradigmatical *adj*
paradigmatically *adverb*

critical pragmatism

이 용어는 그 기원을 독일에서 찾을 수 있습니다. 건축가는 현대의 경제적 사회적 시스템에 의하여 지배 받고 있습니다. 그들은 최신의 유행을 따르고 존재적 균형을 얻고자 합니다. 인간은 상업적으로 존재하는 현대에서 삶을 영위합니다. 이러한 와중에 그들의 진보적인 미래를 받아들였습니다. 그 대표적 인물은 램 쿨하스 입니다. 그를 비롯한 최근의 건축가들은 경제적 사회적 추세에 따른 표현을 우선으로 하고 새로운 형태와 가능성을 통하여 우리시대를 대변하고자 노력합니다. 어쩌면 우리시대의 선동적이고 이데올로기적인 경향을 표현하는 거의 대부분의 건축가들은 비평적 진보주의의 노선을 취하고 있다고 볼 수 있습니다. 이들에게 미학적 판단과 역사적 전통, 형태, 전통적인 건축언어보다는 전혀 보지 못하던 새로운 형태의 건축은 기존의 구조를 파괴하고 형식을 재생산합니다. 우리시대의 건축은 산업혁명 전후의 새로운 기능의 건축물이 요구되었던 시기 이후 가장 큰 변화를 겪고 있습니다. 혁명적인 아방가르드와 산업기술의 발전 그리고 새로운 건축적 표현의 열망은 건축을 무한한 실험과 유희적 게임의 장으로 바꾸어 놓았습니다.

MVRDV. Dutch Pavilion for Expo 2000.

인간은 역사적으로 주체와 객체의 상호작용을 통하여 세계를 해석하는 패러다임을 창조해 왔습니다. 그리고 동일한 사실이라도 상이한 패러다임으로 설명될 수 있다는 것을 전제하고 있습니다. 패러다임으로서의 이론은 현실에 대한 유일한 해석이 아니며, 특정한 정의 역시 보편 타당한 것이 아니라고 보았습니다. 그러므로 패러다임적 사고는 다양성과 상대성 그리고 다원성을 바탕으로 하고 있습니다. 그러한 배경에서 특정한 패러다임에서 하나의 정의는 일정한 범위를 지니며, 그 범위를 넘어서면 타당성을 잃게 됩니다. 즉 패러다임은 영원할 수 없으며, 변화와 전화의 가능성을 내포합니다. 이러한 패러다임은 이즘보다는 더욱 확장된 사고의 체계에 관계한다고 볼 수 있습니다. 보편법칙의 추구는 본질추구의 양상을 띠게 됩니다. 절대적 본질의 추구는 공리와 정의 공식에 대한 추구로 나타났습니다. 공리⊠정의⊠공식을 찾아내면, 그것은 사물의 본질을 파악하는 것이며, 그 본질은 사람의 의지로 바꿀 수 없는 객관적 본질로 여겨진 것입니다. 소위 법칙, 본질, 공리, 정의, 등이 보여주는 것은 순수한 객관체계의 본질자체가 아니라, 인간과 세계가 상호작용한 기호의 체계에 지나지 않습니다.

새로운 패러다임이 가지고 있는 건축적인 경향은 무엇으로 나타납니까 그리고 우리시대의 건축을 어떻게 부르고 있습니까 이러한 건축은 어떠한 가능성을 지니고 있습니까

그러한 모든 시도는 패러다임적 사고에서 볼 때 하나의 사고 체계이며 유형에 지나지 않습니다. 더 많고 풍부한 가능성과 가치가 존재한다는 것을 인정하게 되는 것입니다. 그러므로 한 시대에 다양한 이즘과 사고방식이 존재합니다. 이즘 -ism이 가진 이데올로기적 성격과 주장이 우리시대의 건축에 그다지 적절한 것은 아니라고 볼 수 있습니다. 이미 이즘은 해체되고 사고방식, 디자인 방식, 표현의 유형, 건축적 경향만이 남게 되었습니다. 그러한 의미에서 우리시대가 포스트모더니즘이라고 부르게 된다 하더라도 모든 건축을 특정한 이즘 -ism으로 이름할 수 없으며 실상 그러한 체계가 사라졌습니다. 최근의 동시대의 현대 건축은 전혀 다른 방식으로 범주를 형성합니다. Folding, Datascape, Diginature, Landscape, Hyper~, Hybrid~, ~ Architecture 등으로 규정하는 것은 바로 이러한 패러다임적 사고에 의한 결과라고 할 수 있습니다.

우리시대의 패러다임

우리 시대 건축 이론에 있어서 주된 패러다임은 현대 건축의 주된 철학 경향과 흐름을 같이 하는 것으로 보여집니다. 그 중요한 논제들은 다른 분야로부터 유입되었습니다. 우리는 현상학, 미학,언어학, 기호학, 구조주의 , 후기구조주의, 탈구축, 마르크스, 페미니즘 등으로부터 형성되었습니다.

다음의 패러다임은 Kete Nesbitt이 Theorizing a new Agenda for Architecture <건축이론 1965-1995> (시공문화사) 에서 현대건축의 패러다임으로 제시한 것입니다. 그는 우리시대의 가장 중요한 논의를 다음과 같이 제시하였습니다. **현상학, 숭고함, 언어학, 막시즘, 페미니즘**.

Nieto Sobejano. Media Conference and Exhibition Center. 2004.

패러다임 1. 현상학

현상학적 사고와 시야는 철학으로부터 얻어진 결과입니다. 그 결과 철학적 요소들은 대지, 장소, 랜드스케이프, 텍토닉적 제작에 대한 믿음에 바탕을 이루게 되었습니다. 최근의 이론들은 신체와 신체 주위 환경과의 상호작용을 문제화하였습니다. 건축에 대한 신체적이고 무의식적인 연결은 현상학으로 인하여 일부 이론가들의 연구대상이 되었습니다. 그러한 토대는 후설에 의하여 개진되었습니다. 하이데거와 바슐라르의 작업들에 의하여 건축의 현상학적 고려는 형태중심적 사고로부터 벗어날 수 있었습니다. 그리고 오늘날의 미적 토대를 마련하였습니다. 이러한 현상학적 결과들을 존재철학적인 토대에서 장소론으로 발전시킨 것은 Norberg-Schulz에 의한 것이었습니다. 그리고 Alberto Perez-Gomez는 하이데거의 거주개념을 존재적 적응, 문화적 정체성, 역사적 연계로 확장할 것을 제안하고 존재적 발판으로서의 건축을 제시하였습니다.

현상학이라는 용어는 일반적으로 E.후설을 중심으로 하여 잡지 〈철학 및 현상학적 연구 연보〉에 참가한 M.가이거, A.펜더, A.라이나흐, M.셸러, M.하이데거, O.베커 등 이른바 현상학파라고 불리는 학자들의 철학운동을 뜻합니다. 이 운동은 당초 '사상(事象) 그 자체로'라는 표어와 같이 의식에 나타난 것(현상)을 사변적(思辨的) 구성을 떠나서 충실히 포착하고, 그 본질을 직관(直觀)에 의하여 파악, 기술한다는 공통적인 지향성(志向性)을 가지고 있었습니다.

패러다임 2. 숭고함

미학은 예술작품의 생산과 수용을 다루는 주된 패러다임을 다루는 학문입니다. 우리시대에 숭고함은 새로운 미학적 범주의 대상입니다. 이러한 숭고함은 서양 건축의 주된 미학적 대상이었습니다. 그리고 우리시대의 경험으로부터 숭고함은 기괴함 uncanny과 괴상함 grotesque과 같은 새로운 의미를 담게 되었습니다. 그것은 그 자체로 새로움이고 자유로움의 하나입니다. 우리시대가 형태중심적 건축에서 벗어나는 것에는 현상학과 동시에 미학적인 숭고함의 가치가 존재합니다. Anthony Vidler와 Peter Eisenman에게 있어서 기괴함, 괴상함. 즉 숭고함은 신체의 의식적 존재를 억압해온 건축으로부터 탈출하는 것이었습니다. 기괴함으로 불리는 uncanny는 실제로 흔하지 않다는 의미를 지니고 있습니다. 그 결과 아이젠만은 우리가 접하는 기괴함, 흔하지 않음은 감각의 통합적인 상태와 통합된 신체의 사유화에 두려움을 유도하고 미적 인식의 역전을 유도합니다. 그는 과거의 인도주의적이고 고전적인 이상에 의존하기를 거부합니다. 우리시대의 새로운 미학적 감각들은 새로운 영역으로의 가능성을 열고 전통적 공간과 형상의 규범으로부터 탈구축과 추상이 가진 비결정성을 지지하고 있습니다.

Sublime

전통적으로 숭고의 감각이 설명해야 할 것은 인간의 초월심리라고 보았습니다.

1. 자아라는 존재는 일반적 상황에 있다
2. 자극물이 등장하면서 자아는 자신이 왜소함을 느끼게 된다
3. 이에 자아는 위대한 무엇인가의 도움을 구하게 되고
4. 그로 인해 자아는 왜소함을 넘어 숭고의 경지에 이른다.

이러한 숭고론은 바로 자극물과 그에 대한 그 무엇으로 이루어집니다. 헤겔은 거시적 역사관에서 출발하여 숭고를 상징형 예술의 특징으로 간주하고 이를 인류의 초기 예술 유형으로 파악하였습니다. 어떠한 숭고한 건축적 형태와 가치를 찾는 것은 우리시대의 새로운 가치와 쾌감으로 확장되었습니다.

Peter Eisenman. Columbus Convention Center, Ohio. 1993.

패러다임 3. 언어학

건축언어를 형성하고 언어에 의한 **패러다임**은 **기호학, 구조주의** 특히 **탈구축**을 포함한 포스트 구조주의에 의한 것이며 문학, 철학, 인류학, 사회학, 일반 비평에도 새로운 국면을 열었습니다. 이러한 학문적인 성과는 건축에서 의미와 상징에 대한 관심과 부활을 유도하고 건축을 언어로서 이해할 수 있도록 해 주었습니다. 언어학 이론은 의미와 창조와 수용을 분석하는데 중요한 패러다임입니다. 기호학과 구조주의는 어떻게 언어가 전달되고 언어를 하나의 시스템으로 작동하는 것을 보여주었습니다. 기호학은 언어를 구조적 차원(구문적 차원 syntactic)과 의미적 차원(semantic)을 가진 기호시스템으로 언어를 간주하고 과학적으로 접근하고자 하였습니다. 구조적 관계는 기호와 그 구성요소인 기표과 기의의 관계이며 의미적 관계는 대상과 기호 사이의 관계로서 의미입니다. 이러한 구조는 소쉬르적 개념으로부터 시작된 것이었습니다. 언어는 개별적 용어의 가치가 다른 용어들의 동시적 존재로부터만 초래되는 상호의존적인 용어들의 시스템이라는 것을 제시하였습니다. 기호학은 에코 Umberto Eco의 기호론적 시스템에서 더욱 발전하였습니다. 에코는 건축적 부호인 형태소 morpheme가 관습이나 코드의 시스템을 통하여 가능한 기능을 전달한다고 주장합니다. 있는 그대로의 사용 또는 프로그램적인 기능은 건축의 중요한 의미가 되고 기호는 일차적 기능을 외연하고 2차적 기능을 내연합니다. 에코는 건축적 요소(기둥, 벽체, 스라브 등)가 의미의 매개체가 될 수 있으며 절절한 의미론적 단위라고 언급하였습니다. 구조주의는 사물의 진정한 특성이 사물 자체에 존재하는 것이 아니라 우리가 구축하고 인식하는 관계에 의하여 사물이 존재하고 언어 시스템 내부에는 단지 차이만이 존재한다고 보았습니다. 구조주의는 작품이 사회적으로 인정되는 의미를 생산하는 방식은 코드, 관습, 프로세스에 의한 것이라고 설명합니다. 바르트의 작품과 텍스트에 대한 아이디어는 예술적 혹은 문화적 생산에서 전체와 통합으로부터 다차원적이고 방법론적인 영역으로 변화하고 있음을 제시한다는 것을 보여줍니다. 후기 구조주의는 그러한 토대에서 다원성과 다양성 그리고 방법론적인 가능성을 제공하였습니다. 포스트구조주의에서 텍스트는 기호의 현재적인 소멸과 기표의 해방된 유희를 반영합니다. 바르트는 기표가 자유로운 유희의 잠재성 그리고 은유의 무한한 연쇄로부터 유래하는 의미의 무한한 지연의 가능성을 가지고 있다고 보았습니다.

이러한 시각은 데리다의 해체주의 철학과 다르지 않은 것입니다. 포스트 구조주의(후기 구조주의)의 또 다른 특징은 언어를 객관적으로 보는 것이 아니라 주체로서의 개개인의 담론 discourse으로 보는 것입니다. 그러므로 언어가 사용되는데 있어서 차이를 인정하고 화자와 청중의 의사소통에서 대화의 개별적인 중요성을 인정하는 것입니다. 전통적으로 서양 철학은 대화는 해석과 표현, 의도가 일치하는 것에 중점을 두고 있었으나 이 시기에는 그 차이가 존재하고 다르게 의미한다는 것을 받아들이게 된 것입니다. 그러므로 어떠한 작품을 비평하고 감상하는 것은 실체가 반영된 것이라기 보다는 하나의 새로이 만들어진 것입니다. 이러한 포스트구조주의의 가장 중요한 현상의 하나는 탈구축입니다. 철학적이고 언어적인 실제인 탈구축은 로고스 중심적인 과거세계로부터의 탈피를 의미합니다. 데리다의 해체는 현재 자명하고 자연적으로 간주되는 개념적인 이항대립적인 용어들을 제도화되지 않은 방식으로 그리고 그 역사적인 선례로부터 벗어나서 분석하고 질문을 제기하는 방식을 선택하였습니다. 그러므로 탈구축은 의미의 가장자리로부터 보여지는 방식에까지 작용하여 반대적인 것과 텍스트를 구축하는 견고하지 못한 가정들을 공격하고 해체하고자 합니다. 그리고 학문의 역사가 감추거나 제외시킨 것들을 밝혀냄으로써 시스템의 일반적인 변화를 시도하고 정체성을 구성하고자 압박합니다. 이러한 전략은 철학적 범주들을 뒤바꾸고 이항대립의 언휘 예를 들어 실제와 부재와 같은 용어를 서로 대립이 아닌 하나가 다른 다른 하나의 용어에 속하는 종속적 관계로 바꾸어 놓습니다.

RCA Arquitectes. Bellows House. Spain. 2001.

패러다임 4. 막시즘

마르크스의 자본론으로부터 시작되는 일련의 사고들은 현대 도시와 도시구조에 적용된 영향력있는 패러다임을 형성하였습니다. 그것은 그 이론을 받아들인 새로운 시야에 의하여 제시된 이데올로기적인 사상을 낳았습니다. 그리고 건축의 역사와 이론에 있어서 계급투쟁과 건축 사이의 문제를 낳았습니다. 타푸리 Manfredo Tafuri는 모던 건축운동 Modern Movement는 단지 건축에 있어서 계층의 비평에만 가능하기 때문에 사회적 질서의 바람직한 질서를 수립하는 것은 실패하였다고 보았습니다. 타푸리는 모던 건축은 언어, 방법, 구조 등의 요소들에 대한 개정 없이는 자유사회를 향한 건축의 이미지를 생산할 수 없다고 보았습니다. 또한 마르크스적 폐쇄 이론, 비판적 지역주의에 이어서 푸코 Michel Foucault에 의하여 더욱 발전하엿습니다. 그러한 연구는 푸코의 고고학, Archaeology, 지식 계보학 Genealogy, 담론의 분류 Taxonomy로 이어졌습니다. 그의 저서 광기의 역사, 사물의 체계, 감시와 처벌은 그 대표적인 책들입니다. 또 그가 언급한 건축적 유토피아는 그의 에세이 <Of Other Spaces Utopia and Heteropias>(1967)에서 찾아볼 수 있습니다.

패러다임 5. 페미니즘

건축에서 1960년대의 행동주의는 성, 인종적 지향에 의하여 정의되는 불평등 혹은 의사소통의 차별에 관심을 보여왔고 비참정권에 대한 관심은 평등, 포괄, 타자적 비평으로 포장되어 있는 편견을 타파하기 위한 중요한 논의로서 등장하였습니다. 이러한 논의들은 건축의 문제를 형태와 미학적 의미적 영역에서 문화적, 사회적, 윤리적, 역사적 영역으로 확장시켜줍니다. 이러한 비평의 사례가 페미니즘이라고 할 수 있습니다. 페미니즘은 남성우위적 건축 경향과 정치적 여건으로부터 발생하였습니다. 성별에 바탕을 둔 차별의 거부는 성의 구분 자체를 비자연적인 것이고 임의적인 것이며 부적절한 것으로 보는 시각을 낳기도 하였습니다. 그리고 사회구성원 내의 불균등한 타자적 희생과 특권을 부여하는 사회적 조절기능을 부여하기 위하여 성적 이슈들을 제시한 페미니스트들은 후기구조주의, 마르크스주의, 정신 분석 등의 패러다임을 사용하였습니다. 그가 말하는 바에 따르면 성별 gender는 성적 sexual차이의 의미를 생각하기 위한 수단이라고 언급하였습니다. 이러한 문화적 재구축은 푸코가 언급한 바와 같이 주체 subject의 단순한 외재성, 힘의 관계에 의한 산물이라는 것을 받아들임으로써 가능하게 되었습니다. 즉 그것은 진리가 아닌 권력의 양상일 뿐입니다. 이로써 우리는 건축이 의미를 넘어서 문화와 사회전체의 양상으로 확대된다는 것을 확인할 수 있습니다.

ohn Pawson. Casa Tetsuka. Yokyo. 2005.

우리시대의 건축은 건축물 자체가 가진 내용과 의미 이상으로 상회적인 관계를 대변하고 그 양상을 표출하는 건축이 되었습니다. 많은 사람들이 건축물에 영향을 주고 받으며 건축은 사회현상과 상호작용합니다. 그러므로 어떠한 이데올로기적 성향을 지니게 되었으며 우리시대가 갖고 있는 사회적 문제와 시대정신을 반영하는 도구가 되었습니다.

현대 건축의 테마들

우리시대에 건축적 패러다임이 가져온 논의들은 무엇입니까 우리시대가 바라는 건축적 의미는 무엇입니까 현대건축은 무엇으로부터 시작되고 무엇을 통하여 가치를 얻게 되었습니까 우리에게 필요한 현대적 의미의 논의는 어떻게 시작된 것입니까

테마 1. 역사주의

시대정신의 구현, 역살 결정적 관점, 새로운 이상, 문화적 모더니티, 아방가르드, 자연적 법칙, 전통, 미래, 유산, 규범, 역사적 형태, 스타일. 이 모두는 역사적 관점으로부터 시작된 개념들이며 건축적 테마들입니다. 우리는 흔히 고전의 종말로부터 새로운 이즘과 경향에 접근하고자 합니다. Colquhoun은 포스트모던의 역사주의적 건축 경향에 두가지 다른 방향이 있음을 제시합니다. 우선 과거 전통에 대한 관심의 태도이며 다른 하나는 역사적 형태를 사용하는 예술적인 실행입니다. 포스트모던의 역사결정주의적 경향의 건축가들은 고전주의 또는 다른 과거의 스타일적 요소들을 꼴라주, 모방, 재구축 등의 방식 등을 이용하여 구축하고자 합니다. 그리고 그러한 형태는 현대가 창조한 건축적 형태보다 우수하다고 주장합니다.

테마 2. 의미

건축은 그 창조 환경으로부터 의미를 만들어 냅니다. 건축은 형태와 켄텍스트의 관계에서 유형, 기능, 구축의 의미를 생성합니다. 건축의 본질은 비트루비우스의 3원칙과도 연관되어 있습니다. 우형은 다른 두 용어, 즉 용도에 바탕을 둔 유형을 통한 기능 그리고 구조적 시스템에 바탕을 둔 구축과 연관됩니다. 의미는 불변의 요소들(원형 archetype)이거나 간에 형태의 과잉으로 인하여 유형의 일부분이 된다. 의식적으로 또는 무의식적으로 인지되는 유형은 역사와 연속성을 창조하고 한 문화 내에서 건축물과 도시에 지성을 부여합니다. 모더니즘의 언어 "형태는 기능을 따른다. Form follows function."는 우리시대에 전복되었으며 건축형태 자체의 창조가 우선시되었습니다. 그러므로 형태는 구조주의와 포스트구조주의에서 언어학적 발전과 상응합니다. 언어는 우리 세계를 발전시키고 외적인 의미들을 풍부하게 했습니다. 또 건물 building과 건축 architecture의 차이는 텍토닉 tectonic적 문제를 부각시켰습니다. 건축의 목적은 기능과 결합한 구축적 담론을 조성하였습니다. 건축의 구축에 대한 강조는 모더니즘의 진부하고 소진된 역사주의에 대한 비평적 시각으로서 작용하였습니다. 장식, 모방, 절충, 재료, 디테일, 상징 등의 문제는 실용적인 구축 즉 텍토닉과 연관됩니다.

Hose Antonio Ramos + Ignacio Vicens. Old Peoples' Home. San Juan. 1997.

테마 3. 장소

인간이 장소를 형성하고 구축하는 것은 자연과의 관계로부터 생존과 주거 그리고 삶으로의 확장으로 이어지는 사회문화적인 문제들을 만들어냅니다. 그것은 오래된 철학적 문제와 관련이 있습니다. 즉 인간-자연-건축의 관계가 생겨납니다. 아인슈타인은 장소를 땅 표면의 작은 부분으로 이름에 의하여 규정할 수 있고 재료대상들의 어떤 질서 이상이 아닌 것이라고 규정하였습니다. 현상학과 실질적 지리학에서 유래된 장소의 이론은 공간적 경험의 특수성으로서 장소성을 강조합니다. 장소는 신체의 개입과 대지의 본질을 통하여 형태적인 역사적 모더니즘과 다른 이론적 경향을 제시하였습니다. 슐츠는 건축가의 책임이 장소성을 발견하고 독특한 실재를 설명할 수 있는 방식으로 디자인 하는 것이라고 하였습니다. 건축에서 일부 중요한 요소들이 현상학자들에 의하여 차이의 구체화로 나타났습니다. 그러므로 경계와 발단이 중요한 구성요소가 되고 심리적이고 물리적인 영역의 이미지와 범위가 중요한 테마가 되었습니다. 장소의 사고는 인간의 삶과 근원에 가까운 건축작업을 고양시킵니다. 대지를 수정하고 변형하는 것으로서 환경의 구조적 관계들을 새로이 구성합니다. 이러한 차이의 인식은 독립된 오브제의 존재보다는 이들 사이에 존재하는 변화의 과정과 정도에 더욱 중요한 가치를 부여합니다. 그러므로 우리가 랜드스케이프라고 하는 작업이 생겨났습니다.대지 자체가 추구하는 건축을 발견하고 건축의 존재가 필연적으로 만들어 내는 새로운 랜드스케이프에 주목하게 되었습니다.

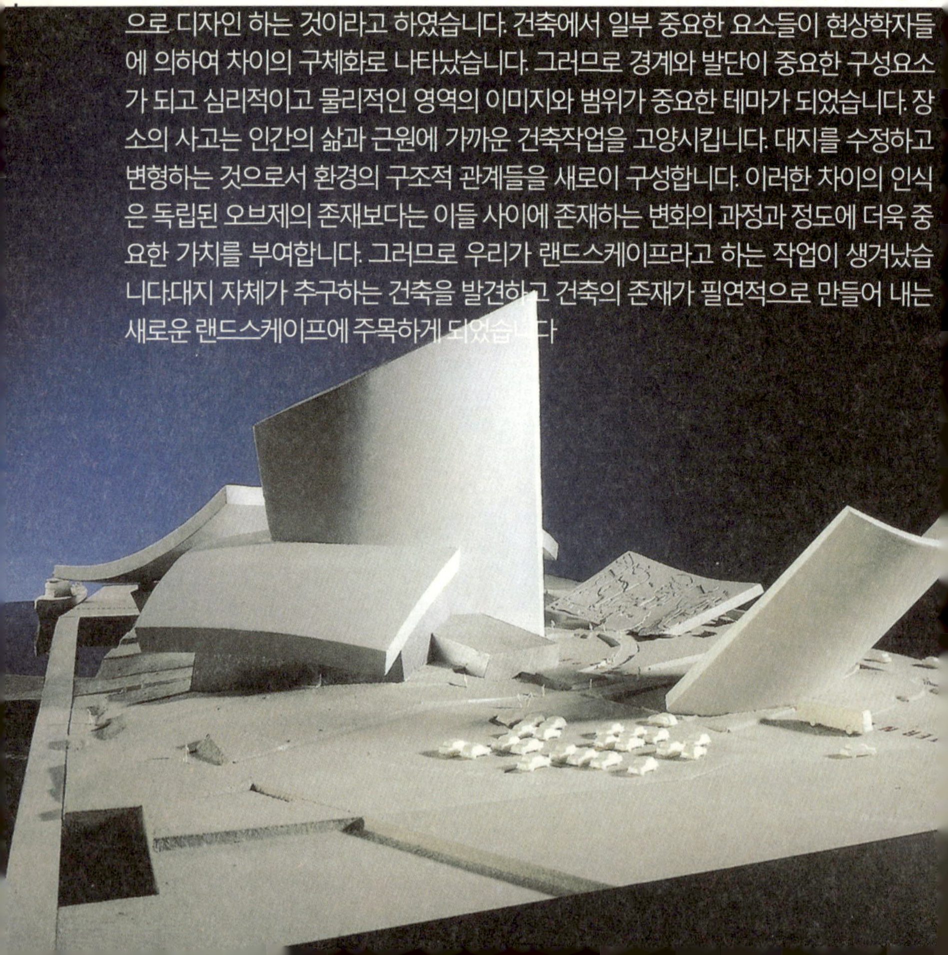

이제 건축은 의미있는 장소의 틀을 형성하고 존재의 잠재적인 가능성을 확대하는 비어있는 연속적인 지형으로서 틀을 제시합니다. 그러한 맥락에서 다른 시도로서 현상학에 바탕을 둔 비판적 지역주의가 나타났습니다. 이러한 시도는 더 큰 경험적 의미의 건축으로서 주거의 가능성을 주장하였습니다. Keneth Prampton은 지역 특유의 건축적 요구와 인식, 빛, 바람, 온도, 조건에 따른 민감함을 주장하는데 이 모든 것들이 특정한 장소에 적합한 건축적 결과들을 이끌어 낸다고 보았습니다. 비판적 지역주의는 기후적으로 특정한 디자인이 미적, 생태적으로 성공적인 결과를 제공한다고 주장합니다. 장소는 현재 디지털화되는 정보와 건축 디자인에 의하여 새로운 시대의 건축으로 발전하고 있습니다. 전자적 패러다임은 장소의 구축에 있어서 신체의 공간적 경험을 변화시키고 있습니다.

카펫 : carpets(advanced landscaping) 영역의 표면, 조경적인 대지의 표면, 거주지의 표면, 인위적이거나 자연적인 대지의 연속적인 표면을 의미합니다. 즉 펼쳐진 영역을 하나의 연속적인 조직망으로 인식하고 디자인하는 것이며 랜드스케이프 아키텍쳐의 기본적인 전제가 될 수 있습니다.

지도제작 : cartographies 지역적인 공간적인 해석과 실체화의 방법, 다수의 요소와 지도적인 구성방법, 일련의 의미적 요소와 개념에 의하여 공간을 해석하고 기호화하여 전달하고, 최대한의 인지 가능성을 얻는 모든 물리적 정신적 방식, 그러므로 대상은 복수적인 인식과 연속적인 정보의 체계로 변환됩니다.

Daniel Libeskind. Imperial War Museum North. 1997.

테마 4. 도시이론

1960년대 도시의 개발과 재개발, 기타 도시이론이 두드러졌습니다. 건물 대지를 랜드스케이프나 정원으로 개발하는 것은 거의 무시되어 모던의 도시들은 획일적인 열린 공간으로 떠다니기 시작했습니다. 우리의 도시는 기능별 조닝에 의한 접근 방식에 의하여 건조한 도시로 창조되었습니다. 이러한 조닝은 새로운 용도의 혼합으로부터 재산의 가치와 거주자들을 보호하고자 하는 것이었습니다 .하지만 그러한 도시의 조닝은 주거, 식료품점, 마트, 필수요소, 복지시설, 문화시설들의 거리를 증대시키게 되었습니다. 그러므로 새로운 교통체계가 성립하고 자동차 교통이 증가하게 되었습니다.

Ron Heron. Instant City

자동차를 비롯한 교통수단의 증가는 도로 우선의 디자인 기준에 의하여 보행자와 거주민 그리고 다른 공간들은 무시되었습니다. 이러한 도시적 발전은 거대도시 Metropolis의 발전을 가져왔습니다. 상업지역들은 확산된 주거지역을 따라 발생하였고, 도시의 교통체계는 새로운 흐름과 결절점을 만들어 냈습니다. 그리고 결과적으로 도시의 구조가 변화하였습니다. 도시는 이제 다양한 지점들을 밀집시킨 거대한 고립지역이 되었습니다.

Ron Heron. Collage of Vehicles from Walking Ciry, 1964.

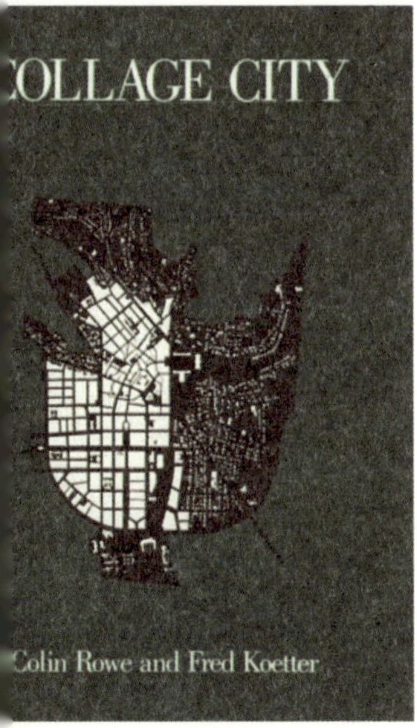

도시화는 물리적, 생태학적, 사회적, 형태적, 문화적, 심리학적, 행태학적인 다양한 특성이 확대되고 변화하였습니다. 도시 확산의 문제점들 즉 개성=없는 개발, 자연의 파괴가 지속되었습니다. 도시의 재건설, 유토피아 디자인, 도시개발의 규범들, 현대적 도시, 콜라주 등이 나타났습니다. 문맥주의 contextualism, Collage City, Figure-Background, 부여와 적응, 질서/무질서, 단순/복합, 전통/혁신, 공적/사적, 형태/의도, 솔리드/보이드의 상대적 개념들의 공존의 장입니다. 도시의 켄텍스트가 중요한 테마가 되자 도시를 하나의 기호학으로 읽기 이한 시도 역시 생성되었습니다. 바르트는 도시가 강력한 요소들과 중립적인 요소들로 이루어진 짜임새 fabric 이라고 언급하였습니다. 도시를 기표와 기의로 적용하고 도시는 방대한 기표를 생산하고 어휘목록의 개념은 쇠퇴한다고 보았습니다. 그러한 언급으로서 바르트의 <기호학과 도시계획>과 <Le plaisir du texte>는 츄미의 <건축의 즐거움 Pleasure of Architecture> 에 영향을 주었습니다. Kevin Lynch의 생각은 그의 책 <Image of the City>는 도시환경의 이미지성 Imageability 즉 형태의 읽기쉬움 Legibility 에 관하여 언급하고 시각적 질서의 필요성을 주장하였습니다. 린치는 통로 Path, 경계 Edge, 결절점 Node, 구역 District, 랜드마크 Landmark적 특이함에 의하여 도시의 의미적 문제가 생성된다고 보았습니다.

린치의 도시개념은 사실상 구조적이라기 보다는 게슈탈트적입니다. 도시적 양상의 확대는 도시 지역의 다양한 공간과 형상의 유형적인 접근을 낳았습니다. 그리고 그러한 방식의 디자인 경향으로 신이성주의 Neo-rationalism을 낳았습니다. Rossi의 유형적인 연구와 시학적 도시 읽기는 그 한 사례입니다. <The Architecture of the City. 1982> Leon Krier는 도시영역을 구성할 때 유형의 중요성에 관하여 원칙적으로는 동의하지만 도시 빌딩 유형의 분류 taxonomy와 건물 재료들의 신중하게 제한되고 이성화된 범위를 사용함으로써 Krier는 엄격함을 건축과 도시계획에 재도입하고자 하였습니다. 우리시대의 도시는 다양한 선례와 기호학적 연구에 의하여 많은 부분 도움을 받았습니다. 최근에 Rem Koolhaas는 기존의 도시를 파괴하지 않고 리모델링하는 19세기의 아이디어를 옹호합니다. 그는 자신의 저술에서 새로운 거대도시의 모형들을 언급합니다. 그리고 이 도시의 건축물을 S.M.L..XL.로 제시하였습니다. 오늘날 디지털의 도시, 노마디즘, 비트의 도시, Metapolis, 생태도시 등은 다양한 도시적 접근을 보여줍니다.

Lebbeus Woods. Quake City. San Francisco. 1995.

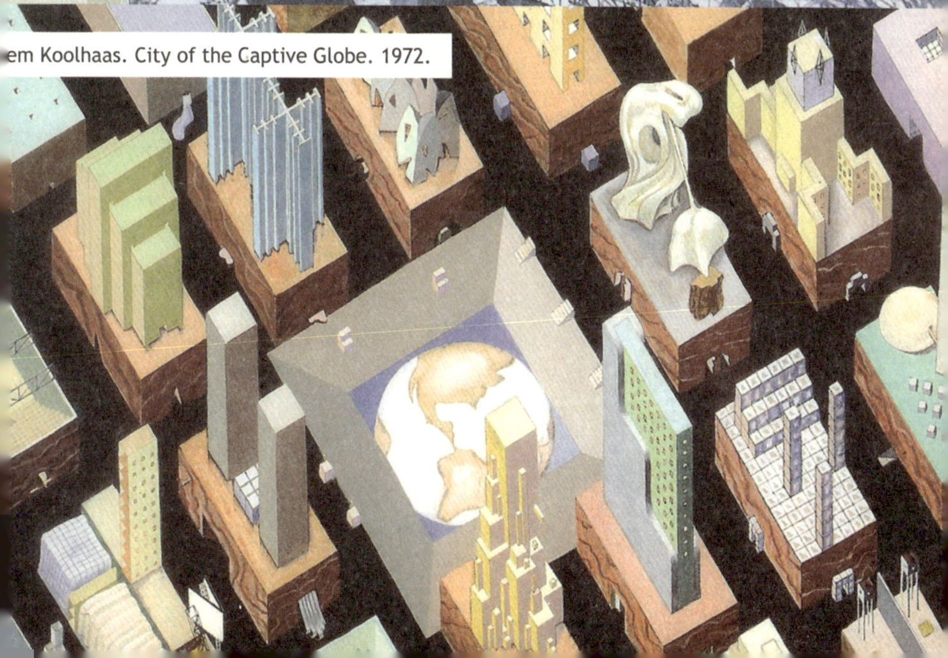

em Koolhaas. City of the Captive Globe. 1972.

5. 정치적,윤리적 계획

건축이 직면한 또 다른 문제는 건축자체가 생산하는 물리적 구조물 뿐만 아니라 거의 모든 사회문화적 행위를 담는 그릇으로서의 역할이 두드러짐에 따라서 건축이론의 역할과 가능성에 관한 것들입니다. 그 중심에는 다음의 역할이 존재합니다.

- 건축은 사회적 관심의 표현과 재현과는 무관할 수 있다.
- 현상을 뒷받침하고 기존상태를 수용하는 긍정적인 행위자가 될 수 있다.
- 건축은 사회를 새로운 방향으로 안내할 수 있다.
- 건축은 사회를 급진적으로 비판하고 개조할 수 있다.

건축의 사회적 역할에 대한 논제는 자율적 입장의 가능성과 도덕성의 관점에서 논의되며 건축이론이 이 모든 역할로부터 자유롭거나, 중립적이거나, 비판적이거나 혹은 반작용적인 것 중 하나로 간주됩니다. 관련된 내용으로서 츄미의 책임성의 예술, 아도르노의 미학에서의 예술을 위한 예술 등에서 찾아볼 수 있습니다. 그러므로 이러한 이론들은 건축가의 직업적 윤리와 연관되었습니다. 다양한 건축적 요구사항들은 규범처럼 제시되었습니다. 사회적 환경적 영향을 고려하고, 자연적 문화적 유산을 존중하고 삶의 환경의 질을 향상시키고 인간의 권리를 보존하고, 도시적 행위에 참여할 것을 요구합니다. 구축된 세계가 시장경제로부터 자유롭지 못하며 정치적 의도, 사회적 현실, 건물 상호의 관계에 관하여 새로운 시각을 제시합니다. 이러한 시도는 전통적인 예술사적 접근과는 다른 것입니다. 윤리적인 측면 중 하나로서 건축물의 환경적 윤리의 필요성은 녹색건축으로 나타났습니다. 그것은 재생가능하고 지속가능하고 오염되지 않고 순환하는 건축이며 그러한 재료를 사용하고 설비를 가질 것을 제안합니다. 건축 서비스를 수많은 윤리적 견해들처럼 환경 보호주의와 연결시키고 현대 건축을 비판합니다. 이러한 견해들은 건축실무의 변화, 건축재료, 건설 프로세스 등에서부터의 변화를 요구합니다. 그것이 자연세계에서의 인류가 얻는 장소에 평화를 가져올 것이며 지구의 생명시스템을 재생하고 회복하는 것임을 제시합니다. 건축가는 상처받기 쉽지만 견고하고, 부정당하나 정의에 열정을 지니고 있으며, 그리고 어떠한 부끄러움이나 자부심 없이 모든 시각에서 건축적 작업을 유지하는 것은 고통과 아름다움 사이에 긴장을 지니고 있습니다. 잘 조정된 해결과 아름다운 윤리로부터 우리는 많은 것을 희망할 수 있습니다. 진실은 신비하고 변화기 쉬운 것이며 항상 정복당하는 것입니다. 자유는 위험스러운 것입니다. 마치 열정적으로 살아가기 힘든 것과 마찬가지입니다. 많은 사람들은 새로운 시대를 선전하는 것으로 여길 수 있습니다. 그것은 지성적인 숙고입니다. 혹은 다른 종류의 철학이기도 합니다. 아마도 그것은 태도에 관한 문제이고 성향에 관한 문제입니다.

만약 무엇인가 더 나은 것을 선택한다면 그것은 윤리적인 문제가 될 것입니다. 건축이 그 직업적인 가치를 사고의 형태로서 찾고자 한다면 그것은 지식을 축소한다기 보다는 생산하는 면에서 가능성을 확보하는 것이어야만 합니다. 건축은 어떠한 도덕적 문제보다도 더 도덕적인 것입니다. 어떠한 사회의 시스템 속에 자신을 참여시키는 것은 커뮤니케이션을 가능하게 하고 진작시키고 그러므로 정보를 생산하는 것이기 때문입니다. 그것은 어떠한 폭로라기 보다는 오히려 요구사항입니다. 동시에 그것은 피할 수 없는 반박입니다.

6. 신체

모더니즘에서는 신체와 자연은 서로 다른 대립적인 유기적 시스템으로 존재했습니다. Le Corbusier만이 인간에 바탕을 둔 비례 시스템인 모듈러 Modular를 추구하였습니다. 신체와 건축 사이의 관계는 주거에서 인간 신체 측정의 실용적 적응을 제외하고는 기능주의적 건축가들에게는 무시되어 왔습니다. 포스트모던 건축에서 건축의 영역으로서 인간 신체에 집중합니다. 신체에 대한 흥미는 현상학, 포스트구조주의, 페미니즘 등으로 나타났습니다. 신체는 인간의 구체적인 본질로서 마음이나 영혼과는 반대되는 것으로 종종 묘사됩니다. 철학자들은 신체와 영혼에 의하여 구성된 실체로서 사람 혹은 자신을 정의합니다. 주체로 간주되는 정신적 요소가 심리학, 정식의학, 인식론 등의 주목을 받았습니다. 인식론적으로 주체는 인식주체, 자아, 인식의 행위입니다. 다른 분야에는 주체가 관찰에 집중된 상태로서의 개체로 이해되었습니다. 푸코는 주체를 통제와 의존에 의하여 다른 누군가에 종속된 주체와 분별력 있는 자기 인식에 의하여 정체성에 묶여 있는 것으로 구별하였습니다. 신체의 형상에 집중한 고전적인 건축에서는 신체의 이미지가 비례와 스케일을 통하여 수학적으로 묘사되거나 요소의 관계로서 환유로서 비유로서 사용되었습니다. 이러한 대표적인 경향은 신인통형론 anthropormorphism 입 니다. 인간 중심의 세계관과 인간의 주체사상이 발전하자 인간이 물질 세계와 관계함으로써 존재한다는 실존주의적 견해가 나타났습니다. 그리고 포스트모던에 들어서 건축이 인간과 자연의 관계를 확립하고 상징화할 수 있어야 한다고 제시하였습니다. 이제 신체가 감각하는 것, 신체로부터 이끌어 낼 수 있는 것, 신체가 요구하는 것이 건축의 중심에 들어섰습니다. 그러나 맹목적인 이론과 로고스적 세계가 파괴되기 시작했습니다. 이제 디오니소스적 과잉과 이성적 한계로부터의 일탈이 중요한 주제가 되었습니다. 그것은 진정한 인간중심적 건축이며 지금까지 인간 주체의 정신성을 세계에 투사한다는 것(내재성)으로 보았던 것을 제도, 관습의 외부세계가 인간을 결정한다(외재성)이 중시되었습니다. 그러한 측면에서 여성의 신체가 사회문화적 배경에서 유래한 건축시스템에 의하여 억제된다는 것은 타당한 논리를 지니게 되었습니다. 신체를 기하학으로 동시에 외적 세계인 자연을 건축으로 변화하는 것은 자연스럽게 유도되었습니다.

그 밖의 여러 의미들, 유형, 형식, 규범, 장르, 구조

유형 Type

기능주의 그리고 형태의 유형, 공간의 유형은 건축디자인과 사고 전반에 걸쳐서 가장 중요한 테마가 되었으며 아무도 모르게 다가왔습니다. 우리가 유형학을 통하여 그 유형에 대한 의식과 중요성을 알기 전부터 가치를 증가시켜왔습니다.

건축가는 매번 유형적인 사고를 하고 새로운 건축물을 만들 때마다 유형을 창조합니다. 새로운 형태는 모든 과거의 문화와 형태로부터 자유로울 수 없습니다. 그러므로 어떠한 유사한 경험, 형태, 비례, 공간, 의미, 재료, 구조 등을 생산하고 범주를 구성합니다. 우리는 특별히 건축에 있어서 구별된 유형의 개념을 사용합니다. 그 유형이 무엇인가는 유형학의 한자어를 구성하는 뜻을 살펴본다면 더욱 잘 알 수 있습니다. 넓게 보자면 유형은 매우 광범위한 곳에 퍼져 있는 근본적인 사고입니다.우리는 건축 디자인을 위하여 사례조사를 할 때에도, 여러가지 계획의 대안들을 제시할 때에도, 건축 디자인을 해석하고 분석할 때에도 유형적 사고를 피할 수는 없습니다. 즉 많은 경우에 당연한 작업과 과정들을 유형적인 사고를 통하여 해결합니다. 이와 같은 유형학적 문제가 제시되고 문제시 되는 것은 유형에 대한 근본적인 사고에 의하여 접근할 때입니다. 즉 특별한 유형의 근원에 다가가고자 할 때, 다시 말하면 건축유형에 관한 역사적 연구가 필요할 때입니다. 혹은 그 유형적인 건축물에 둘러싸인 새로운 건축물을 계획할 때입니다.

Type Archetype Prototype Code Rule Composition Formation Deformation Criterion Standard Classification Form Feature Shape Syntax Language ....

유형 또는 유형학은 형태적 측면 이상으로 우리가 생각하는 것 보다 훨씬 많은 것과 관계하고 또 근본적인 건축과 관련이 되어 있는 것은 분명합니다

비유형 : 현대의 사고와 건축적 도전은 비유형적입니다. 그것을 비유형적 a-typ-l-call(atypical) 이라고 부릅니다. 오래된 유형적인 사고들은 모두 형태는 기능과 일치하는 것이었습니다. 오늘날 그러한 사고는 거의 사라지고 없습니다. 우리는 유형과 그래픽적 사고(typo-graphical)를 결합시키고 있습니다. 이러한 경향은 유전자형 genotype과 관련이 있습니다. 주변 상황과 자연, 프로그램과 작용 사이에 방법상의 혼성화 hybridization의 전략을 받아들인 것입니다. 그러므로 단순한 형태와 기능과 관계보다는 종합적인 발전과 디자인 과정을 우선하게 되었습니다.
반유형 : antitypes 상대적 개념과 형태를 지닌 두 요소, 그리고 이 두 요소 사이에 일어나는 관계와 조합, 건축적 사용에 의하여 생겨난 개념입니다. 서로 대조적인 두 기능, 역할, 행태, 가능성, 건축적 특성, 요구사항들을 하나로 결합하는 것을 의미합니다. 그것은 수륙 양용차, 비행기 자동차, 주상복합, 문화와 소비의 결합, 자연과 인공의 결합을 가져왔습니다.

type /taip/ (types)

1. N-COUNT : usu with supp, oft N of n
A type of something is a group of those things that have partic ular features in common. = sort, kind
2. N-COUNT : with supp, usu N of n
If you refer to a particular thing or person as a type of somethin g more general, you are considering that thing or person as an example of that more general group. = sort, kind
3. N-COUNT : usu supp N
If you refer to a person as a particular type, you mean that they have that particular appearance, character, or way of behaving. = sort
4. PHRASE : v-link PHR
If you say that someone is not your type, you mean that they ar e not the sort of person who you usually find attractive.[INFOR MAL]

유형 Type

건축에 있어서 유형은 실제적인 형상의 다양상을 인정하고 그 가운데 어떠한 범주를 형성하고 있다는 것을 근거로 하고 있습니다. 가장 큰 유형은 실제로 고대 건축의 모든 것이고 우리가 알고 있는 양식으로부터 이즘으로 그리고 패러다임으로 변화해 오면서 많은 기능과 형식을 낳았습니다. 우리는 그 모든 것을 유형으로 구분하여 파악하고 이해합니다. 실상 건축은 유형학으로 발전하여 왔습니다. 자세한 유형 Type에 관한 설명은 <자유로운 건축 개념의 구조로서 건축 >의 18. 유형의 늪과 환상에서 이해할 수 있습니다.

장르 Genre

장르는 종, 종류, 혹은 부류, 범주, 영역 등을 의미하는 프랑스어입니다. 이 어휘는 사고방식, 표현양식, 아이코노그래피적 요소, 주제, 양식적인 관습을 공유하는 예술작품을 분류, 구분, 무리로 나눈 것을 일컫습니다. 그것은 예술작품을 이해하고 비교할 수 있는 예술에서의 새로운 의미관계를 이해할 수 있는 중요한 체계가 됩니다. 장르는 예술가 집단에 있어서 그들 나름의 정체성을 확인하고 자신들의 작업을 구별하는 방법일 뿐 아니라 그들의 창조 수단과 방식을 생산하도록 유도하였습니다. 장르는 주로 문학, 회화, 영화 등에서 활용되었습니다. 다양한 장르는 그 나름의 분야로서 의미와 가치를 지니고 있습니다. 상대적으로 다른 장르의 특성을 수용하기 위하여 새로운 방식을 모색하고 서로 경험 될 수 있습니다. 그것은 건축에서도 마찬가지로 일어나는 형상입니다.

시, 소설, 수필, 희곡, 시나리오 ……

역사화, 나체화, 초상화, 동물화, 풍경화, 정물화,……

느와르, 서부극, 뮤지컬, 호러, 멜로, 코미디. 드라마 ……

예술에 있어서 창조하는 모든 범위에 있어서 그 독특한 표현의 방식의 세분화된 내용들을 우리는 구분하게 되는데 거의 대부분 그 자유로운 형식들은 어떠한 장르로 나뉘게 됩니다. 우리가 장르라 부르는 것은 예술가들이 그들이 창조하는 형식에 가치와 독특한 차이를 부여하고자 사용한 것이었습니다.

규범 Canon

한 시대의 걸작들 그리고 가장 훌륭한 본보기로서의 건축물, 훌륭한 해결방식들은 시대의 경향과 건축적 양상을 만들어 냅니다. 동시에 그 건축물들은 하나의 규범을 형성합니다. 이 규범들은 절대적인 원칙이고 변하지 않는 권위를 제공하였습니다. 규범 canon은 그리스도교에서 유래했습니다. 규범은 교회 공의회에서 제정한 규칙, 법규, 원리였습니다. 그 원래의 목적은 교회내의 다양한 안건들을 결정하기 위하여 설정하고 제시한 기준들이었습니다. 그러나 오늘날 그 종교적인 절대적 권위는 이성의 시대에 와서 약해졌으며 규범을 규정하는 주체 역시도 변화하였습니다. 우리시대는 권위있는 건축가와 기관들에 의하여 그리고 다양한 잡지, 서적, 시각매체 나아가 교육기관에 이르기까지 나름의 규범들을 창조하고 선도합니다. 그것은 규범과 같이 강력한 힘을 가지게 됩니다. 우리시대의 규범은 문화적인 기념비를 통하여 남게 됩니다. 그것은 세기를 넘어서 규범으로 남게 됩니다. 그리고 시대가 지남에 따라서 재평가되고 재해석됩니다. 거의 모든 규범들은 변화를 통하여 새로운 양상으로 변화해 왔습니다. 우리시대의 규범은 완전히 새로운 것이 아니라 과거의 규범으로부터 다양한 새로운 내용들을 수용하고 관점을 달리해온 결과입니다. 규범은 문화의 투쟁과 사회적 정치적 경제적 결과들의 상호작용에 의한 것입니다. 그것은 이데올로기적이며 문화적인 토론의 장이 됩니다. 우리의 문화는 거대한 시대정신의 규범으로부터 토대를 얻고 그 토대는 더 강력한 문화토론의 장이 됩니다. 규범은 또한 작품을 평가하는 기준이며 가치와 목표로서 역할합니다. 건축에서 규범이라고 하는 것은 오늘날 다양한 원리, 원칙, 기준, 법규, 관습, 기술, 제한 등으로 제공됩니다. 규범은 우리 문화와 마찬가지로 재생산됩니다. 그리고 그것은 다양한 교육기관과 건축사무소, 기관들에 의하여 지속적으로 유지되고 재생산되고 재정의됩니다. 사실상 현실에 맞는 규범은 어떻게 결정되는가를 규정할 수는 없습니다. 그것은 다수의 공통적인 약속을 근거로 하고 커뮤니케이션에 의존합니다. 항상 새로운 규범은 극단적인 대립과 맞서게 되고 그러므로 구시대적인 무가치한 통제와 새로운 창조 사이에서 존재합니다. 우리가 창조하는 거의 모든 새로움은 바로 오래된 것이자 익숙한 것과 대립되는 것으로 여겨져 왔습니다. 그러나 이 세계에서 우리가 제시하거나 혹은 규범이라고 배워온 것인 실제로는 서로에게 있어서 어떠한 지켜져야 할 강제성을 의미합니다. 그러한 차원에서 보자면 규범은 우리 서로가 의미 있다고 보는 것을 강제하고 그 강제성에 따르게 됨으로써 서로간에 존재하는 혼란으로부터 벗어나기 위한 공통의 약속이기도 합니다.

형식 Form

형식 Form은 실체를 구성하는 다양한 본질 그리고 내용을 일컫습니다. 대상의 형태, 공간, 구조, 질감, 재료, 기법, 구도, 색조, 명암, 선, 색, 소재 등의 모든 것을 포함합니다. 예술에 있어서 형식은 모든 예술가와 이론가들에게 가장 중요한 관심의 대상이었습니다. 형식은 다양한 요소들의 관계로서 예술을 치환하고 예술이 실질적으로 무엇으로 이루어져 있는가를 이해하기 위한 목적으로 접근한 사고방식이었습니다. 그리고 대상이 무엇으로 이루어져 있으며 어떻게 구조화되어 있는가를 이해하기 위한 것이었습니다. 실제로 형식은 세계를 이해하기 위한 수단이고 이 세계의 원리를 규명하는 근본 중 하나였습니다. 종종 내용과 형식은 매우 밀접한 관계를 구성하고 있으며 내용은 형식을 규정하고 실체는 내용의 형식화를 통하여 형성된다고 보았습니다. 서구 문화에서 실체 세계를 구체화하고 정교화 한 것이 바로 Form 입니다.

중국어로 Form은 형식으로 번역되는데, 이 개념은 우리말로서는 형(形), 형모(形貌), 외형(外形) 등에 비교해 볼 수 있습니다. 사실 외형은 영어의 Body, Shape 에 해당합니다. 따라서 형식이라는 말로 Form을 이해할 때는 특히 식(式)의 뜻에 주의할 필요가 있습니다.

式 Form

폴란드의 미학자 타타르키비츠는 <여섯가지 개념의 역사>에서 서구의 형식이란 말이 다섯가지의 의미를 지닌다고 하였습니다.

하나. 형식은 각 부분들의 배열로서 그 상대적 개념은 요소(element) 입니다.

둘. 형식은 감각 기관의 직접적 소여(所與)로서, 그 상대적 개념은 내용입니다.

셋. 형식은 대상물의 외형 혹은 윤곽으로 그 상대적 개념은 질료 혹은 물질이다.

넷. 형식은 대상물의 개념적 본질로서 그 상대적 개념은 대상물의 우연한 특징이다.

다섯. 형식은 주체의 지각이 대상물을 파악하는 선험적 형식이다.

Sol Madridejos. Chapel in Valleaceron. Spain. 2000.

형식 Form은 사전적으로 사물이 외부로 나타나 보이는 모양, 일을 할 때의 일정한 절차나 양식 또는 한 무리의 사물을 특징짓는 데에 공통적으로 갖춘 모양, 철학적으로 다양한 요소를 총괄하는 통일 원리이고 사물의 본질을 이루는 것 혹은 시간, 공간, 범주(範疇) 따위와 같이 사상(事象)을 성립하게 하는 선험적인 조건, 개개의 논증이 지니고 있는 그 논증을 타당하게 하는 논리적 구조 등을 의미합니다. 즉 형식은 이러한 다의적 의미를 지니고 있으며 사실상 형태, 형상의 의미로부터 구조, 양식, 조건 등의 의미로 확장되어 왔다는 것을 보여줍니다.

우리시대는 형식의 시대라고 할 수 있으나 이러한 형식의 강화는 매우 천천히 일어났습니다. 뉴턴과 하느님에 대한 절대 믿음의 변화, 헤겔의 절대이념의 붕괴와 더불어 다층구조이론과 심층구조이론이 등장하였으며 언어학, 인류학, 심리학, 문예학에 어떠한 절대주의적 사고보다는 상대적이고 관계적인 그리고 새로운 차원의 의미적 문제들이 널리 확산되었습니다. 그러므로 그 새로운 문제는 층위를 구성하고 그 층위들은 각각 서로 다른 형식을 만들고 있다는 것이 받아 들여졌습니다. 근대에는 형식이 내용보다 중요하든지, 혹은 내용이 형식보다 중요하든지 상관없이 어떤 모순이 있더라도 내용과 형식이 연관되어 있음이 분명합니다. 그것은 건축의 개념과 사고 나아가 건축언어와 표현의 문제에 까지 영향을 미쳤습니다. 언어적 차원에서 촘스키를 통하여 이러한 형식적 구조가 더 깊이 연구되었습니다. 심층구조이론에서 표층형식과 심층구조 사이의 관계는 완전히 대립적인 것이 아니더라도 은밀하게 감추어져 있다고 보았습니다. 심층구조는 우리가 언어를 사용하면서 그것을 문법적으로 구성하기 시작하는 우리의 의식에 내재된 추상적인 문법구조를 일컫는 말입니다. 그리고 그것이 음성으로 표출 나타날 때 드러나는 형식을 일컫습니다. 그러한 방식으로 거의 모든 내용들이 다양한 형식으로 재조명되면서 그것은 구조를 지니고 층위를 얻게 되었습니다. 우리시대의 다양한 체계와 구조 그리고 상대적 개념들과 실체는 이렇게 생겨나게 되었습니다. 이것은 구조주의의 말과 언어, 사물과 체계, 정신분석학의 의식과 무의식, 실존주의의 존재와 존재자와의 관계는 바로 이러한 형식적인 분화로부터 시작된 표현입니다.

Manisulla + Tunon. Ciudad de Leon Auditorium. Spain. 2000.

우리시대의 예술은 형식이 창조합니다. 그리고 창존 자체가 인정되는 순간 내용을 어떻게 형식화하고 구조화하고 전달하는가 하는 문제를 낳았으며 이것은 바로 형식의 본질이었습니다. 바로 이즘과 경향은 그들의 사고방식과 디자인 과정 그리고 건축철학을 대변하는 것이고 그러므로 하나의 형식을 구축합니다.

David Chipperfield. House in Manhattan. 2003.

새로운 도전 : 구조주의, 탈구조 그리고 구조의 변화

그러한 의미에서 현대에 와서 얻어진 세계는 미완성이며 따라서 궁극적인 것을 추구하는 것은 불가능하다고 여겨졌습니다. 또 세계는 끊임없이 변화하는 과정이기 때문에 모든 구조는 다 만들어져 가는 과정에 있습니다. 물론 일단 파악할 수 있는 구조가 만들어지면 구조는 내부적으로 고정된 구조를 가지게 됩니다. 그러나 세계는 변화하기 때문에 만들어진 구조는 필연적으로 해체되거나 새로이 변모합니다. 따라서 존재자 배후에는 존재가 없고, 의식 밑에 무의식이 없으며, 표층구조의 깊은 곳에는 심층구조가 없이 단지 형식의 끊임없는 변화이고 과정에서 드러나는 구조만이 존재합니다. 나아가 존재로서의 사물의 의미는 결정되는 것이 아니라 상대적이며 생성 변화하는 것으로 여겨졌습니다. 형식은 문화에서 근본적인 의미를 지닐 뿐 아니라 실체를 구체화한 것이자 과학적 명료성의 산물입니다. 형식은 객관법칙의 표현이자, 인간의 객관법칙에 대한 인식적 파악입니다. 그러한 형식화의 목적은 명료함이었습니다. 명료함은 형식구조의 특징이자 형식구조가 추구하는 것이기도 합니다. 플라톤의 이데아, 아리스토텔레스의 형식논리, 유클리드 기하학, 토마스아퀴나스의 그리스도 철학, 데카르트의 코기토, 이후의 모든 위대한 철학자, 계몽주의자, 과학철학자들이 얻고자 한 것은 바로 분명한 형식이었습니다. 그러나 그 형식은 오늘날 그것이 불가능함을 제시합니다. 본질의 부재, 총체성의 불가능, 구조의 해체성을 명료하게 논증해 냈습니다. 따라서 우리 세계의 상대적 가능성이 인정되고 우주적 총체는 바로 지금 이루어지는 새로운 관계에 의하여 정립된다는 것을 인정합니다. 우리시대 거의 모든 건축의 시도는 그 절대적 가치의 부정을 통하여 개별적인 시도를 가능하게 해 주었습니다. 그것은 형식이 변화해온 과정이기도 합니다. 건축에서의 양식, 스타일, 이즘, 경향, ~scape, ~architecture, ~space 등은 모두 형식을 일컫는 말들입니다. 우리시대를 가늠하는 기준이 존재하지 않는다는 것은 무질서 chaos 이며 혼란이지만 그것은 파괴가 아니며 새로운 창조의 과정임을 인정받게 됩니다. 현대 건축이 얻고자 하는 것은 그러한 과정에서의 다양성이고 어떠한 관계로서의 구조입니다.

꼬르뷔제를 포함하여 거의 모든 모더니즘의 작가들 그리고 물론 그 이전의 고전주의의 건축가들이 몰두하고 있었던 절대적인 원칙과 거대한 획일화는 오늘날 찾아보기 어렵습니다. 고전으로부터 모더니즘으로의 전환 시기에 겪었던 것과 같은 단순화와 장식의 배제, 기술의 도입, 이데올로기적 건축과는 다른 양상을 보이고 있으나 여전히 우리시대의 건축은 혼란스럽고 매우 난해한 것으로 다가옵니다. 그러나 모더니즘 초기에 나타났던 격렬한 마찰은 일어나지 않고 있습니다. 르네상스의 주거들 다시 말하면 매우 아름답고 즐거운 궁전들, 고딕의 성당들, 바로크의 궁전들이 가진 격조와는 달리 거의 매일 황량한 콘크리트 박스로 도시를 채워나가는 일들이 겪었던 대단한 반발을 겪지는 않습니다. 그러나 무자비한 콘크리트와 철의 구조물들은 우리도시를 장악하였고 지금은 변모하고 있습니다. 돌이켜 보자면 그 초창기의 시도는 현대의 도시를 탄생시키기 위한 시작이었다고 할 수 있겠습니다. 그러나 그 당시의 고전적 작가들은 모더니즘에 몸서리 쳤을 것임에 분명합니다. 너무나 딱딱하고 기계적인 포아시의 빌라 사보아는 실제로 당시에는 전혀 살수 없을 것으로 여겨졌으며 전쟁으로 유럽이 초토화될 때까지 꼬르뷔제를 부실시공의 책임으로 소송에서 벗어나지 못하게 하였습니다. 그것은 바로크의 장인들에게는 괴물이고 창고이고 공장이었습니다. 우리시대의 미학적 관점들이 얼마나 많은 것을 바꾸어 놓았으며 그 모든 다양성을 인정하고 있는가는 바로 이러한 측면에서 확인할 수 있습니다. 그러나 우리시대의 또 다른 다양성, 새로운 시도, 모더니즘으로부터의 자유는 도시를 무질서함에 빠뜨리는 것으로 보여질 수 있습니다. 그러나 그것은 거의 100년전에 우려한 것들과 다르지 않습니다. 빠리에 세워질 에펠탑에 온 시민들이 반대한 것과 마찬가지로 우리는 우리시대의 건축물들에 혐오감과 거부감을 지닐 수도 있습니다. 그러나 그러한 시도들이 도시를 풍부하게 하고 그것을 받아들일 수 있는 시각과 가치관이 이미 정립되었다고 보여집니다. 그리고 한편으로 여전히 거대한 콘크리트 덩어리인 아파트와 초고층 타워에서 침대에 몸을 누이는 사람들이 행복한 잠을 청합니다. 그러한 관계 역시 얼마 지나지 않아 변화할 것입니다. 그것은 우리가 우리시대에 우리 자신을 위하여 선택한 시대정신으로부터 이루어질 것입니다. 그 내용은 3 권에서 다루어질 것입니다.

개념의 구조로서의 건축 III

Book 3. 아름다운 건축. 창조와 디자인으로서의 건축

참고문헌

이 책은 세상에 한번도 없었던 이야기를 써낸 새로운 책이 아닙니다. 이 책은 수많은 철학자와 건축이론가, 미학자, 사회학자, 건축가를 포함하여 위대한 인류가 이룩해 놓은 결과를 이해하기 쉽게 음미하는 것입니다. 무엇이 중요하고 무엇을 건축하는가 가늠하기 위한 책입니다. 따라서 사실상 새로운 것은 하나도 없다고 할 수 있습니다. 이 책에 나타나는 거대한 의미의 바다는 단지 넘치는 것만이 아닙니다. 그것은 우리가 살고 있는 세계 전체이고 항상 접하는 이야기 입니다. 그 이야기들은 다음과 같은 훌륭한 선험자들의 서적을 통하여 생각을 얻었습니다. 여러분이 이 책을 통하여 더욱 위대한 정신과 만날 수 있기를 바랍니다.

이정우. 개념-뿌리들. 철학아카데미. 2004.
장정제. 자유로운 건축 개념의 구조로서 건축. 시공문화사. 2007.
Alan Chalmers. 신중섭 외 譯. 과학이란 무엇인가 ?. 서광사. 2003.
Alex Sanchez Vidiella. The Source book of Contemporary Architecture. 2007.
Andreas Schunider. 김경균 譯 정보디자인. 정보공학. 2006.
Ben Farmer. Companion to Contemporary Architecture. Routledge 1991.
Benister Fletcher. A history of Architecture. Achitectural Press. 1996.
Bernard Tschumi⊠Mathew Berman. Index Architecture. The Mit Press. 2003.
Bruno Zevi. 이해성 譯 The Modern Language of Architecture. 세진사. 1998.
Bruno Zevi. 최종현 譯 공간으로서의 건축. 세진사. 1998.
Bruce Goldstein. 정찬섭 외 譯. 감각과 지각. 시그마프레스. 2000.
Camillo Sitte. 손세욱 외 譯. 도시건축미학. 태림문화사. 2007.
Chales Jencks. The language of Post-Modern Architecture. Rizzoli. 1977.
Chales Jencks. The New Paradigm in Architecture. Yele Univ. 2002.
C .Norberg Schultz. 정영주 외 譯. 서양건축의 본질적 의미. 세진사.1994.
Christian Norberg Schulz. 민경호 외 譯. 장소의 혼. 태림문화사. 1998.
Christian Norberg Schulz. 진경돈 외 譯. 건축의 의미와 장소성. 1999.
Christian Norberg Schulz. 김광현 외 譯. 실존 공간 건축. 태림문화사. 1999.
David Micheal Levin. 정성철 외 譯. 시각의 헤게모니. 시각과 언어. 2003.
David Watkin. 우동선 譯. 건축사학사. 시공사 1997.
Edmund Husserl. 이종훈 譯 유럽학문의 위기와 선험적 현상학. 한길사. 2003.
Edward T. Hall. 김광문 외 譯. The Hidden Dimention. 세진사. 1988.
Ernst H Gombrich. 차미예 譯. 예술과 환영. 동문선. 1997.
Erwin Panofsky. 이한순 譯. Studies in Iconology. 시공사. 2002.
Farchid Moussavi. The Function of Ornament. ACTAR. 2007.

George A Miller. 강범모 외 譯. 언어의 과학. 민음사. 1998.
Georges Nataf. 김정란 譯. 상징⊠기호⊠표지. 열화당. 1995.
Gilles Deleuze. 이정우 譯. 의미의 논리. 한길사. 1999.
Gilles Deleuze & Felix Guattari. 김재인 譯. Mille Plateaux. 새물결. 2001.
Hans Ibelings The Artificial Landscape. NAI. 2002.
Hans Sedlmayr. 박래경 譯. Verlust Der Mitte. 중심의 상실. 문예출판사. 2002.
Heinrich Rombach. 전동진 譯. 살아있는 구조. 서광사. 2004.
Helmut Seiffert. 전영삼 譯. 학의 방법론 입문 I, II. 교보문고. 1992.
Henri Refebvre. 이종민 譯. 모더니티입문. 동문선. 2003.
Jack Tresidder. 김병화 譯. 상징이야기. 도솔. 2007.
Jean Baudrillard. 하태환 譯. 시뮬라시옹. 민음사. 2002..
James F. O.Gorman. 김은중 譯. 건축의 ABC 이경훈. 국제. 2004.
John Summerson. 최대 외 譯. 건축의 고전적 언어태림문화사. 1991.
Kenneth Frampton. Studies in Tectonic Culture. MIT Press 2004.
Loger K Lewes. 류종우 譯. 건축가. 화영사. 1998.
Marc Aronson. 장석봉 譯 ART Attack. E 이후. 2007.
Monroe C. Beardsley. 이성훈 외 譯. 미학사. 이론과 실천. 1995.
MVRDV. KM3. ACTAR. 2005.
Noam Chomsky 이선우 譯. 언어지식. 아르케. 2000.
Norman Brison. 김융희 譯. 기호학과 시각예술. 시각과 언어. 2002.
Patrick Nuttgens. 윤길순 譯 The Story of Architecture. 동녘. 2001.
Paul Whitney. 이승복 외 譯. 언어심리학. 시그마프레스. 1999.
Phillip Johnson. 최종현 譯. 국제주의 양식의 건축. 세진사. 1994.
Pierre Bourdieu. 하태환 譯. 예술의 규칙. 동문선. 2002.
Pierre von Meiss. 정인하 외 譯 형태로부터 장소로. 시공사. 2000.
Ralph Stephenson. 송도익 譯 예술로서의 영화. 열화당. 2005.
Ray Jackendoff. 김종복 외 譯. 언어의 본질. 박이정. 2004.
Roger Scruton. 김경수 譯 Aesthetic of Architecture. 기문당. 1992.
Rudolf Arnheim. 정용도 譯. The Power of Center. 눈빛. 1995.
Rudolf Arnheim. 이춘길 譯. 미술과 시지각. 미진사 1995.
Sasaki Ken-ichi. 민주식 譯. 미학사전. 동문선. 2002.
Stanley Abercrobie. 김종현 譯 Architecture as Art. 세진사 1994.
Sten Eider Rasmussen. 건축예술의 체득. 야정문화사. 2007.
Steven Pinker. 김한영 외 譯. 언어본능. 그린비 1995.
Steven Pinker. 김한영 譯. The Blank Slate. 사이언스북스. 2005.

Udo Kulterman. 김문환 譯. 예술이론의 역사. 문예출판사. 2000.
Umberto Eco. 서우석 譯. 기호학의 이해. 문학과지성사. 1999.
Van de Van. 고성룡 譯. 건축공간론. 기문당. 1994.
Andre Vergez. Denis Huisman. 이재형 譯. 철학강의. 청하. 1987.
Vitruvius. 오덕성 譯. 건축십서. 기문당. 1996.
Wayne Attoe. 이동건 외 譯. 건축과비평. 두영. 1997.
William Henry Werkmeister 최병환 譯. 가치론의 역사적 조명. 서광사. 1999.
Winand Klassen. 심우갑 譯. 서양건축사. 아키그램. 2005.
Wladyslaw Tatarkiewicz. 이용대 譯. 여섯가지개념의 역사. 이론과실천. 1990.
Wolfgang Meisenheimer. 공간의 안무. 동녘. 2007.
Wolfgang. Heineamann. 백설자 譯. 텍스트 언어학 입문. 역락. 2001.
Yuri M Lotman. 유재천 譯 . 문화기호학. 문예출판사. 1998.
Zwlanski Fisher. 김현중 외 譯 . 디자인 원리. 도서출판 국제. 2005.
마츠다 유키마사. 김경균 譯 . 눈의 모험. 정보공학연구소. 2007.

Macmillan Encyclopedia of Architects. Macmillan 1993.
Manuel Gausa 외. Metapolis dictionary of advanced Architecture .Actor. 2004
Nicolaus Pevsner Dictionary of Architecture. The overlook Press. 1976.
Harold Osborne. 한국미술연구소 譯. 옥스퍼드 미술사전. 시공사 2002.
Harold Osborne. 한국미술연구소 譯. 옥스퍼드 20세기 미술사전. 시공사 2002.

장 정 제 (Jungjae Jang)

1970년 출생. 홍익대학교 건축학과 및 동대학원 박사 과정을 졸업. 건축가. 다수의 저서와 논문을 발표. 다수의 연구용역 및 설계프로젝트에 참가.하였으며 홍익대학교 건축대학 및 대학원 박사과정에 출강하였다.

연구논문

석사학위 논문 서울시 자치구청사 계획에 관한 연구 (199912)
박사학위 논문 건축언어에 의한 의미구조와 가치구조에 관한 연구 (200512)
건축언어의 의미와 연관에 관한 연구 대한건축학회논문집 (200508)외 10여편 발표

저술 및 번역

자유로운 건축 개념의구조로서의 건축. 시공문화사. 2007.
실내건축디자인. 구미서관. 2007.
Companion to Contemporary Architecture. 시공문화사. 2008.
건축설계제도. 시공문화사. 2008.
개념의 구조로서의 건축 창조적 사고와 디자인의 도전. 시공문화사. 2008.
개념의 구조로서의 건축 건축과 도시의 상호작용. 시공문화사. 2008.

박 성 현 (Sunghyun Park)

1973년 출생. 프리랜서 컨설턴트. 프리랜서 작가

개념의 구조로서 건축 II

건축과 도시의 상호작용

2008년 4월 10일 1쇄 발행 | 장정제 저 | 발행인 김기현 | 발행처 Spacetime · 시공문화사

등록 1993.3.12 제1-1493 | 인쇄 예림인쇄사 | 제본 문종문화사 | 용지 대림지업(주)

서울시 서대문구 현저동 200번지 극동빌딩 5층 | 전화 02-3147-1212 | 팩스 02-3147-2626

e-mail spacetime@korea.com www.spacetime.co.kr

ISBN 978-89-5592-097-0

정가 12,000원